青海省生态环境监测与评估

李甫　肖建设　主编

内容简介

近年来，青海省气象局深入贯彻落实中国气象局、青海省政府关于生态文明建设指导精神，按照青海省气象局党组要求，优化完善生态气象综合观测站网，建设野外生态气象观测试验基地、卫星地面直收站和卫星遥感产品校验场，建立空中无人机观测平台，形成天一地一空生态气象立体监测体系。本书是基于青海省气象部门建设的生态气象立体监测体系，结合青海省气象科学研究所和青海省卫星遥感中心多年的研究结果编写而成。全书共6章，主要介绍了青海省气象部门在生态环境监测、评估、服务和预估等方面的工作。包括青海省生态气象观测站网建设的目标、内容和成效，青海省生态气象遥感监测评估中数据来源、方法原理以及应用案例，青海省以及不同生态功能区中草地、水体荒漠化、土壤水分、冰川等动态变化评价，青海省气象生态与农牧业服务平台从系统设计到系统实现与应用的开发过程和经验，以及气候变化对生态系统的影响预估。

本书可供气象和生态科研、业务人员和有关院校师生阅读，特别适合气象行业中从事生态环境监测、评估、服务等各类实际应用的专业技术人员使用，亦可为水文、生态、环保、旅游、民政等相关行业的人员参考。

图书在版编目（CIP）数据

青海省生态环境监测与评估 / 李甫，肖建设主编
. -- 北京 : 气象出版社，2021.11
ISBN 978-7-5029-7580-7

Ⅰ. ①青… Ⅱ. ①李… ②肖… Ⅲ. ①生态环境－环境监测－评估－研究－青海 Ⅳ. ①X835

中国版本图书馆CIP数据核字(2021)第211070号

Qinghai Sheng Shengtai Huanjing Jiance Yu Pinggu
青海省生态环境监测与评估
李　甫　肖建设　主　编

出版发行：气象出版社
地　　址：北京市海淀区中关村南大街46号　　**邮政编码**：100081
电　　话：010-68407112(总编室)　010-68408042(发行部)
网　　址：http://www.qxcbs.com　　**E-mail**：qxcbs@cma.gov.cn
责任编辑：王元庆　　**终　　审**：吴晓鹏
责任校对：张硕杰　　**责任技编**：赵相宁
封面设计：地大彩印设计中心
印　　刷：北京中石油彩色印刷有限责任公司
开　　本：787 mm×1092 mm　1/16　　**印　　张**：13
字　　数：333千字
版　　次：2021年11月第1版　　**印　　次**：2021年11月第1次印刷
定　　价：88.00元

编委会

前　言

青海省地处青藏高原东北部，总面积 72.23 万 km^2，列全国各省（自治区、直辖市）的第四位。因黄河、长江、澜沧江发源于此，故又有“中华水塔”之称。其脆弱生态系统对全球气候变化的响应十分敏感。21 世纪初受外部环境的影响，青海出现草场退化、冰川冻土退缩、荒漠化加剧和生物多样性减少等问题。近些年在政府的关注下，青海成为生物多样性保护和生态环境建设的重点区域，多种生态保护工程相继上马，生态恶化得到遏制，生态环境有所恢复。近年来，青海省气象局深入贯彻落实青海省政府、中国气象局关于生态文明建设指导精神，优化完善野外生态气象观测试验基地和生态气象综合观测站网，建设卫星地面接收站，建立空中无人机观测平台，形成天—地—空生态气象立体监测体系；集约资源研发草地、积雪、干旱、湖泊生态气象反演算法，并开展气候变化背景下生态预评估。同步强化生态气象业务标准体系建设，开放合作，初步形成了以遥感技术为支撑体，高寒生态气象业务服务和农牧业气象业务服务为发展翼、具有高原特色的生态气象业务体系。青海省气象科学研究所于 2009 年后逐步在高寒草原、高寒草甸、高寒湿地、高寒荒漠化草原、沙漠等下垫面上开展地气能量物质交换观测。并且最早于 1999 年开始在生态监测中引入遥感手段，经过近 20 年的发展，牧草、积雪、水体、土壤水分、荒漠化等遥感反演技术日趋成熟，并在生态气象服务中发挥着越来越重要的作用。目前生态气象服务中存在数据管理不高效、平台分散化、预警和服务信息传送效率低等问题，为了提升生态气象服务的时效和自动化水平，按照“平台上移，服务下延”的原则，通过集成、研发、优化，针对农牧业气象服务信息、牧草、积雪、干旱等精细化遥感反演模型，构建高原智慧特色生态与农牧业气象监测评估预警一体化平台。该平台基于云计算和并行数据处理技术，实现数据科学管理、智能检索以及产品自动生产发布和实时推送，产品还与外部门服务平台无缝对接，产品服务能力得到进一步拓展。

本书共分为 6 章，2018 年 4 月开始构思，最终于 2019 年 12 月完稿，得以付梓出版。除正式编写人员外，参加生态监测数据处理、分析和材料撰写等相关工作的还有数人，在此一并感谢。另外，本书在编写、出版过程中得到“青海省生态与农牧业气象科技创新服务平台（2017-ZJ-Y02）”“三江源区生态安全预警体系构建研究（2016YFC0501906-5）”“基于多源卫星的青藏高原湿雪判识算法研究（41761078）”“青藏高原典型区融雪型汛情风险预警技术研究-以昆仑山为例（2020-ZJ-731）”等项目的资助。

目 录

前言

第 1 章 绪论 …… 001

1.1 自然地理特征 …… 002
1.2 社会经济状况 …… 005
1.3 生态环境的现状 …… 006
参考文献 …… 011

第 2 章 青海省生态观测站网建设 …… 012

2.1 生态站网建设意义及目标 …… 012
2.2 生态站网布局及观测主要任务 …… 017
2.3 生态气象观测内容及方法 …… 025
参考文献 …… 030

第 3 章 生态气象遥感监测评估方法 …… 031

3.1 草地监测技术方法 …… 031
3.2 水体监测 …… 043
3.3 积雪监测 …… 049
3.4 干旱监测 …… 054
3.5 荒漠化监测 …… 063
3.6 热点监测 …… 065
参考文献 …… 070

第 4 章 一体化平台建设 …… 071

4.1 系统建设背景 …… 071
4.2 系统功能需求 …… 071
4.3 系统设计 …… 078
4.4 系统实现 …… 088
4.5 系统应用 …… 098
参考文献 …… 101

第 5 章　青海省生态环境变化评价 …… 103
5.1　草地动态变化 …… 105
5.2　水体动态变化 …… 124
5.3　荒漠化动态变化 …… 136
5.4　土壤水分动态变化 …… 148
5.5　冰川动态变化 …… 153
5.6　生态安全事件 …… 156
参考文献 …… 160
第 6 章　气候变化对生态系统的影响预估 …… 163
6.1　气候变化对草地植被系统影响预估 …… 163
6.2　气候变化对水资源影响预估 …… 169
6.3　气候变化对冰川冻土的影响预估 …… 179
6.4　气候变化对生态系统影响预估产品 …… 188
参考文献 …… 191
附录:正文所对应的彩图 …… 193

第1章 绪　论

青海省位于中国西部，雄踞世界屋脊青藏高原的东北部。因境内有国内最大的内陆咸水湖——青海湖而得名，简称“青”。青海是长江、黄河、澜沧江的发源地，故被称为“江河源头”，又称“三江源”，素有“中华水塔”之美誉。青海省地理位置介于东经 89°35′—103°04′，北纬 31°40′—39°19′，全省东西长 1240.6 km 多，南北宽 844.5 km 多，总面积 72.23 万 km^2，占全国总面积的十三分之一，面积排在新疆、西藏、内蒙古之后，列全国各省（自治区、直辖市）的第四位（图 1-1）。青海北部和东部同甘肃省相接，西北部与新疆维吾尔自治区相邻，南部和西南部与西藏自治区毗连，东南部与四川省接壤，是联结西藏、新疆与内地的纽带。青海全省平均海拔 3000 m 以上。天地有大美而不言。青海地大物博、山川壮美、历史悠久、民族众多、文化多姿多彩，具有生态、资源、稳定上的重要战略地位。青海的美，具有原生态、多样性，不可替代的独特魅力，李白有诗曰：“登高壮观天地间，大江茫茫去不还。黄云万里动风色，白波九道流雪山。”正是青海山河的生动写照。

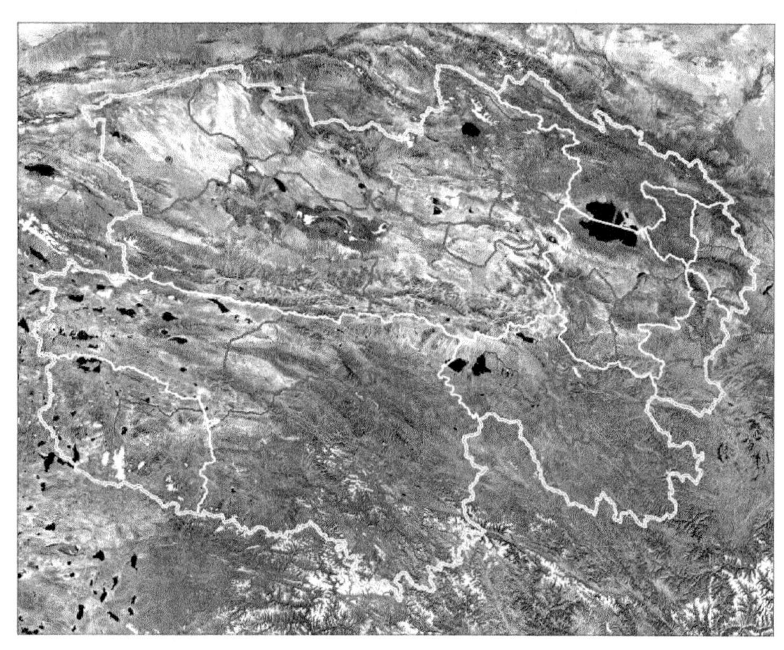

图 1-1　青海省行政区划图

青海省地处我国东部季风区、西北部干旱区和西南部高寒区的交汇地带，自然地理环境具有明显的过渡性。它既是维系青藏高原东北部生态安全的重要屏障，又属于脆弱生态系统典型地区，对全球气候变化的响应十分敏感，同时也是生物多样性保护和生态环境建设的重点区域。而作为青海省生态旅游业、草地畜牧业等社会经济发展的集中区域，近年来在气候变化和人类活动的共同影响下，青海省草地退化、湿地面积缩小、沙化土地扩张、野生动植物生存环境恶化，整个区域正面临着严重的生态破坏和环境退化危机。

1.1 自然地理特征

青海山脉纵横、峰峦重叠，湖泊众多，峡谷、盆地遍布。祁连山、巴颜喀拉山、阿尼玛卿山、唐古拉山等山脉横亘境内。青海湖是我国最大的内陆咸水湖，柴达木盆地以“聚宝盆”著称于世。全省地貌复杂多样，五分之四以上的地区为高原，东部多山，海拔较低，西部为高原和盆地，境内的山脉有东西向、南北向两组，构成了青海的地貌骨架。青海是农业区和牧区的分水岭，兼具了青藏高原、内陆干旱盆地和黄土高原的三种地形地貌，汇聚了大陆季风性气候、内陆干旱气候和青藏高原气候的三种气候形态，这里既有高原的博大、大漠的广袤，也有河谷的富庶和水乡的旖旎。地区间差异大，垂直变化明显。年平均气温－5.1～9.0 ℃，降水量 15～750 mm，绝大部分地区年降水量在 400 mm 以下。青海太阳辐射强度大，光照时间长，平均年辐射总量可达 5860～7400 MJ/m^2，比同纬度的东部季风区高 33%左右，仅次于西藏高原，日照时数在 2336～3341 h，太阳能资源丰富。

1.1.1 地形地貌

青海全省地势总体呈西高东低，南北高中部低的态势，西部海拔高峻，向东倾斜，呈梯型下降，东部地区为青藏高原向黄土高原过渡地带，地形复杂，地貌多样。各大山脉构成全省地貌的基本骨架。全省平均海拔 3000 m 以上，省内海拔高度 3000 m 以下地区面积为 11.1 万 km^2，占全省总面积 15.9%；海拔高度 3000～5000 m 地区面积为 53.2 万 km^2，占全省总面积 76.3%；海拔高度 5000 m 以上地区面积为 5.4 万 km^2，占全省总面积 7.8%。青南高原平均海拔超过 4000 m，面积占全省总面积的一半以上；河湟谷地海拔较低，多在 2000 m 左右。最高点位于昆仑山的布喀达板峰，海拔为 6851 m，最低点位于海东市民和县马场垣乡境内的青海省最东端与甘肃交界处，海拔为 1644 m。青海省地貌相接的四周，东北和东部与黄土高原、秦岭山地相过渡，北部与甘肃河西走廊相望，西北部通过阿尔金山和新疆塔里木盆地相隔，南与藏北高原相接，东南部通过山地和高原盆地与四川盆地相连。省内平原面积为 19.7 万 km^2，占全省总面积 28.3%；山地面积为 34.1 万 km^2，占全省总面积 48.9%；丘陵面积为 10.2 万 km^2，占全省总面积 14.6%；台地面积为 5.7 万 km^2，占全省总面积 8.2%。

1.1.2 气候条件

青海省气候以高寒干旱为总特征，属于典型的高原大陆性气候，具有年平均气温低、日温差大、年温差小；降雨少而集中，地域差异大，东部雨水较多，西部干燥多风；日照时间长、太阳辐射强等特点。

(1)年平均气温在－5.1～9.0 ℃，受地形的影响，北高南低，1 月平均气温－17.4～－4.7 ℃，其中托勒为最冷的地区；7 月平均气温在 5.8～20.2 ℃，民和为最热的地区，东部湟水、黄河谷地、年平均气温在 6～9 ℃。全年气温日较差为 12～16 ℃，比东部沿海平原地区高出一倍以上。气温日较差 1 月为 14～22 ℃，7 月为 10～16 ℃，冬季大于夏季。气温年较差为 20～30 ℃，比同纬度的平原地区小 4～6 ℃。

(2)多年平均降水量为 16.8～746.4 mm，降水集中于 5—9 月，年降水量总的分布趋势是由东南向西北递减，且多夜雨；绝大部分地区年降水量在 400 mm 以下，祁连山区东部边缘地带在 410～520 mm，东南部的久治、班玛一带超过 600 mm，其中久治年平均降水量达到 746.4 mm，为降水量最大的地区；柴达木盆地年降水量在 16.8～356.9 mm，其中冷湖为降水最少的地区。

(3)年太阳辐射量高达 5860～7400 MJ/m^2，比同纬度的东部季风区高 33%左右，仅次于西藏自治区，居全国第二位；日照时数在 2336～3435 h，平均每天日照时数为 6～10 h，夏季长于冬季，西北多于东南，其中冷湖全年日照时数 3553.9 h，比“日光城”拉萨还要高。

(4)年平均相对湿度为 40%～70%，一般东南部较大，柴达木盆地较小。受地形和海拔高度的共同影响，青海省各地全年主要盛行偏西风和偏东风。全省年平均大风日数为 38 天，以青南高原西部为最多，达 100 天以上；东部黄河、湟水谷地最少，为 13 天左右。青海省境内的主要气象灾害有干旱、雪灾、霜冻、连阴雨、冰雹和大风。

1.1.3 水文状况

青海省地处青藏高原东北部，是长江、黄河、澜沧江、黑河等大江大河的发源地，全省集水面积在 500 km^2 以上的河流达 380 条。黄河总径流量的 49%、长江流量的 2%、澜沧江国内流量的 17%、黑河流量的 41%都从青海省流出。全省水资源量按流域分：黄河流域 208 亿 m^3、长江流域 179.4 亿 m^3、澜沧江流域 1089 亿 m^3、内陆河流域 1325 亿 m^3。水资源总量居全国第 15 位，人均水资源量为全国人均占有量的近 6 倍，素有“中华水塔”之称。省内河流大体上以昆仑山、布青山、鄂拉山、日月山和大通山为界，东部和南部为外流河，西部和北部为内陆河。河流归属为四大流域：即黄河流域、长江流域、澜沧江流域和内陆河流域。内陆河流域又分为六大水系：柴达木盆地水系、青海湖水系、哈拉湖水系、茶卡-沙珠玉水系、祁连山地水系和可可西里水系。地表水径流年内分配不均，6—9 月占全年径流量的 70%以上，多年平均出境水量为 596 亿 m^3。全省面积在 1 km^2 以上的湖泊有 242 个，省内湖水总面积 13098.04 km^2，居全国第二；青海水资源总量丰富，但供需矛盾仍然十分突出。长江、澜沧江流域人口中等、工农业经济总量少，但水资源丰富。黄河流域是省内开发历史最早，人口、耕地比较集中，经济较发达的地区，水资源占全省的 33.1%，流域内人口、耕地面积、地区生产总值分别占全省的 81%、84%、70%，其中湟水资源仅 22.2 亿 m^3，占全省的 3.5%，流域内人口、耕地面积、地区生产总值分别占全省的 56%、52%、56%，经济社会发展与水资源的分布不相匹配，已成为制约流域经济社会发展的主要因素之一。

1.1.4 植被类型及分布

青海省植被类型比较丰富，有针叶林、阔叶林、灌木、灌丛、草原、草甸、戈壁、荒漠、草本沼泽以及水生植物等多种。林业用地面积 112 万 km^2，主要分布在长江、黄河上游及祁连山东段等地区，森林覆盖率为 6.1%；草地面积 40 万 km^2，占全省面积的 55.8%，主要分布在青南高原和环湖地区；高原湿地面积 8.14 万 km^2，占全省面积的 11.3%，主要分布在江河源头；荒漠化面积 19.14 万 km^2，占全省面积的 26.07%，主要分布在柴达木盆地和共和盆地。由于受地貌和气候的影响，青海省植被类型在水平分布和垂直分布上变化较大，地带性植被明显地分为温带草原和温带荒漠两个类型。高寒草甸作为垂直带谱上的优势类型也有较大面积分布。

温带草原类型主要分布于黄土丘陵和西倾山地的东南部，植物区系以青藏高原植被亚区的唐古特地区区系为主，西倾山部分地区为横断地区区系。植被以旱生为主，多为中国-喜马拉雅成分，也有中亚和蒙古成分，并以北温带成分为主，组成成分比较复杂。从植被群落来看，主要是由长芒草、蒿类等组成的草原植被，分布面积较广。祁连山东部、西倾山和河湟两岸海拔 2100～2900 m 以上的山地，有桦树、山杨组成的阔叶林和青海云杉、青杆和祁连圆柏等组成的寒温性针叶林，河湟下游少数林区还有油松、华山松等组成的温性针叶林和针阔混交林。森林带以上是以山生柳和杜鹃属等木本植物为主组成的高寒灌木植被带，分布海拔最高可达 4000 m。再向上即为高山寒漠草原植被。

温带荒漠区以柴达木盆地为主体。植物区系以亚洲荒漠植物亚区的喀什亚地区区系为主，盆地西部可可西里地区为帕米尔、昆仑、西藏地区的羌塘亚地区区系。温带荒漠区是超旱生植被的集中分布地带，主要以中亚成分的旱生植物属种组成，如梭梭、盐爪爪、驼绒藜、猪毛菜、白刺、柽柳等。盆地东部山地有祁连圆柏和少量青海云杉呈不连续分布，由于气候干燥、多风，林分稀疏、树干低矮。盆地周围山地有零星或块状分布的山生柳、杜鹃等灌木林，其余地方大部分为高山草甸或高山草原植被。

1.1.5 土壤类型及分布

青海省土壤类型分布数据采用传统的“土壤发生分类”系统，基本制图单元为亚类，共分出 12 个土纲，61 个土类，227 个亚类。此外，该分布数据是以全国土壤普查办公室 1995 年编制并出版的《1：100 万中华人民共和国土壤图》为依据进行数字化生成的，原始数据来源可靠，均经过了大量的野外调查和实地采样进行核实。该土壤类型分布数据为栅格图像数据，图像分辨率为 500 m(约合 1：100 万比例尺)，数学基础采用 2000 国家大地坐标系(CGCS2000)及 Albers 投影。首先，流域地带性土壤为栗钙土，主要分布在布哈河中下段山前冲积阶地、湖滨平原、丘陵前沿地带和冲积平原，面积约占流域总面积的 3.4%；其次为黑钙土，主要分布在海拔 3200～3500 m 的山体下部、山前冲积、洪积平原和滩地等，占流域面积的 3%左右。青海省土壤根据不同自然因素特征及改良利用的方向大致可分为 4 个区：

东部黄土高原温暖半干旱栗钙土、黑钙土农林牧区：主要分布在青海省东部，地处黄土高原，海拔 1650～3900 m，土壤类型有黑钙土、栗钙土、灰钙土；适宜种植业，耕地面积 39 万 hm^2，占全省耕地面积的 62.86%，是青海省粮食主要产区，次之可利用草地面积 318.28 万 hm^2，亦可发展林业和畜牧业生产。整体东部浅山干旱缺水，耕作粗放，农作物产量低，不保收，牧用地土壤由于单纯靠天养畜，草地退化，自然灾害频繁，鼠害较严重，由于长期以种植业为主，经营单一。

环湖温凉半干旱栗钙土高山草甸土牧农林渔区：此区围绕青海湖的 8 个县，主要为栗钙土、黑钙土和高山草甸土；是发展青海细毛羊的草地畜牧业精华所在地区，在环湖和海拔 3200 m 左右的栗钙土和黑钙土区可垦殖生产粮油，此区农业生产主要问题在于自然灾害频繁，主要是风灾、旱灾、霜害，农作物不保收，在畜牧业生产上呈现为单纯靠天养畜、草地放牧过度、鼠害猖獗、草地退化、产草量下降、畜体变小。

柴达木盆地温暖干旱极干旱灰棕漠土盐土农牧林区：此区系指柴达木盆地，土壤从东到西依次有棕钙灰棕漠土、石膏灰棕漠土、石膏岩磐灰棕漠土、盐土和风沙土，高山地带有寒漠土、高山荒漠草原土、高山草原土，中山地带有石灰性灰褐土、山地草甸土等；目前种植业开发利用仅限于棕钙土和灰棕漠土。在某种意义上而言，在这里无水就无种植业。由于气候干旱少雨，多大风和沙尘暴，风沙危害严重，土壤盐渍化面积大，基础肥力低。

青南高原冷湿润高山草甸土高山草原土牧区：此区含玉树州、果洛州全部和黄南州的泽库县、河南县以及格尔木市管辖的唐古拉山乡，共14个县，占全省土地面积的46.73%。其中可利用草地面积1778.04万hm^2，占全省可利用草地面积的56.26%。东南部河谷海拔3643～4000 m，地处高寒，水热条件好，适宜云杉、圆柏等乔木生长，还可种植春小麦、青稞、油菜、蔬菜等。而青南高原的北部西部海拔均在4500 m以上，年平均气温0.2～5.6 ℃，积温仅442.7～1337.5 ℃·d，年降水量264.8～516.1 mm，只能生长天然牧草，植株低矮，鲜草产量低，适宜放牧牦牛和藏系绵羊。整体表现为，畜牧业生产落后，量少、质差，商品率低，抗灾能力弱；鼠害严重、雪灾频繁，西部因高寒缺氧，藏系绵羊虽能适应，但影响羊毛质量的干死毛多；林业建设缓慢，更新培育尚未全面展开；种植业存在耕作粗放、生长季短等问题。

1.2 社会经济状况

一个地区的社会经济发展状况，不仅影响土地、水、生物、矿产等资源利用的水平和强度，而且对生态环境等产生重要影响。青海省人口以汉族为主，其余还有藏族、回族、撒拉族、蒙古族等。青海省的社会经济发展还处于欠发达水平，流域内地广人稀、以牧为主，工业化水平较低。

1.2.1 行政区划

按行政区划分，青海辖2个地级市、6个自治州，分别是西宁市、海东市、海北藏族自治州、黄南藏族自治州、海南藏族自治州、果洛藏族自治州、玉树藏族自治州、海西蒙古族藏族自治州；全省辖6个市辖区、4个县级市、27个县、7个自治县，共计44个县级区划；辖37个街道、143个镇、195个乡、28个民族乡，合计403个乡级区划(表1-1)。

表1-1 青海省行政区划

行政区划名称	市辖区、县级市、县	区划代码
西宁市	城中区、城东区、城西区、城北区、湟中区、大通回族土族自治县、湟源县	630100
海东市	乐都区、平安区、民和回族土族自治县、互助土族自治县、化隆回族自治县、循化撒拉族自治县	630200
海北藏族自治州	海晏县、祁连县、刚察县、门源回族自治县	632200
黄南藏族自治州	同仁县、尖扎县、泽库县、河南蒙古族自治县	632300
海南藏族自治州	共和县、同德县、贵德县、兴海县、贵南县	632500
果洛藏族自治州	玛沁县、班玛县、甘德县、达日县、久治县、玛多县	632600
玉树藏族自治州	玉树市、杂多县、称多县、治多县、囊谦县、曲麻莱县	632700
海西蒙古族藏族自治州	德令哈市、格尔木市、茫崖市、天峻县、都兰县、乌兰县	632800

1.2.2 人口状况

青海省常住人口为562.67万人(2010年第六次人口普查)，平均人口密度7.87人/km^2，较第五次人口普查增加1人/km^2。属全国地广人稀的省区。境内东部的西宁市和海东地区自然条件较优越，面积只占全省的2.8%，却集中了全省64.08%的人口，常住人口360.56万人，人口密度176人/km^2。其余六个州的常住人口202.12万人，人口密度仅2.61人/km^2。

青海省随着地势升高而人口显著递减，即呈现地形“东低西高”，人口“东稠西稀”的基本特点，人口分布极不平衡。

从各地区看，人口密度差异很大。人口密度最高的是省会西宁市，人口密度为 295.6 人/km^2，其次是海东地区，为 106.14 人/km^2，黄南州为 14.23 人/km^2。人口密度最低的是海西州，1.5 人/km^2。人口密度低于 10 人/km^2 的有海南州、海北州、果洛州、玉树州，人口密度分别为 9.62 人/km^2、6.94 人/km^2、2.38 人/km^2、2 人/km^2。

全省常住人口中，接受大专及以上教育的人口为 48.48 万人，占六岁及以上人口的比重（下同）为 9.35%，接受高中（含中专）教育的 58.67 万人，占 11.32%；接受初中教育的 142.77 万人，占 27.54%；小学程度的 198.43 万人，占 38.28%；未上过学的 70.05 万人，占 13.51%（以上各种受教育的人包括各类学校的毕业生、肄业生和在校学生）。

1.2.3 经济发展

2018 年全年全省实现生产总值 2865.23 亿元，按可比价格计算，比上年增长 7.2%。分产业看，第一产业增加值 268.10 亿元，增长 4.5%；第二产业增加值 1247.06 亿元，增长 7.8%；第三产业增加值 1350.07 亿元，增长 6.9%。第一产业增加值占全省生产总值的比重为 9.4%，第二产业增加值比重为 43.5%，第三产业增加值比重为 47.1%。人均生产总值 47689 元，比上年增长 6.3%。

2018 年全年全省农作物总播种面积 55.725 万 hm^2，比上年增加 0.193 万 hm^2。粮食作物播种面积 28.126 万 hm^2，比上年减少 0.129 万 hm^2，其中，小麦 11.160 万 hm^2，减少 0.082 万 hm^2；青稞 4.868 万 hm^2，减少 0.109 万 hm^2；玉米 1.845 万 hm^2，减少 0.044 万 hm^2；豆类 1.276 万 hm^2，减少 0.048 万 hm^2；薯类 8.827 万 hm^2，增加 0.144 万 hm^2。经济作物播种面积 19.199 万 hm^2，比上年减少 0.125 万 hm^2，其中，油料 14.791 万 hm^2，减少 0.740 万 hm^2；药材 4.406 万 hm^2，增加 0.614 万 hm^2。在药材中，枸杞 3.553 万 hm^2，增加 0.20 万 hm^2。蔬菜及食用菌播种面积 4.396 万 hm^2，比上年增加 0.085 万 hm^2。全年粮食产量 103.06 万 t，比上年增产 0.51 万 t。

2018 年末全省牛存栏 514.33 万头，比上年末下降 5.9%；羊存栏 1336.07 万只，下降 3.7%；生猪存栏 78.18 万头，下降 5.4%；家禽存栏 305.74 万只，下降 3.7%。全年全省牛出栏 135.59 万头，比上年增长 2.6%；羊出栏 748.10 万只，增长 3.0%；生猪出栏 116.47 万头，增长 5.3%；家禽出栏 494.06 万只，下降 5.1%。全年全省肉类总产量 36.53 万 t，增长 3.5%。

考虑环境的封闭性和生态的脆弱性，青海省独具特色的高原生态景观、丰富的野生动植物资源和独特的宗教文化等优质旅游资源，使旅游业发展具有得天独厚的优势。因此，应该在加强草地基础设施建设和保护草地生态环境的基础上，综合治理退化草地，强化保护高寒草甸植被力度；在以草定畜、禁牧减畜的同时，扩大人工饲草地面积，提高饲草供给能力，在草畜平衡条件下，开发建设高原生态畜牧业。

1.3 生态环境的现状

青海地域广袤，地形、地貌、气候的高度异质性，形成了复杂多样的生态系统，大致可划分为草地、森林、湿地、荒漠和人工生态系统几类；按照降水量和温度的变化特征，又可分为东部农业区、环青海湖区、三江源区和柴达木盆地 4 个不同特点的生态功能区，每个功能区的地形起伏、土壤理化性质、承载力等均不相同，生态系统类型各异，主要有高寒草甸生态系统（三江源区)、荒漠生态系统(柴达木盆地)、高寒草原生态系统(环青海湖区)、农田生态系统(东部农业区)。

1.3.1 冻土层厚度减少

冻土作为一个隔水层或弱透水层,在地下水形成、演化、运移和水动力过程方面具有抑制作用,从而对地下水的分布、动态和水循环产生重要影响。青海省多年冻土主要分布在其东北部的祁连山地区及西部和南部的三江源地区,东部农业区和柴达木盆地为季节冻土分布区。全球气候的持续变暖导致多年冻土温度升高、活动层厚度增加、面积减少等退化趋势,而季节冻土的最大冻结深度则明显变浅。冻土是冰冻圈的重要组成部分,三江源地区冻土面积较大,冻土变化对地表的能水平衡、水文、地气之间的碳交换、寒区生态系统和地表景观等均会产生重要影响。近 57 年来,三江源地区年平均最大冻土深度总体呈减小趋势,1984 年以来退化趋势尤为明显,平均每 10 年减小 5.6 cm。冻土开始冻结日期呈推迟趋势,平均每 10 年推迟 3.2 天。完全融化日期呈提前趋势,其中 1990 年以来融化日期提前趋势显著,平均每 10 年提前 7.6 天。冻土变化对生态、水文、土壤及工程稳定性等产生了明显影响,建议相关部门高度关注冻土退化对生态环境、土壤特性和重大工程建设等方面的影响,加强应对气候变化研究。

青海省台站观测的年最大冻结深度可以理解为季节冻土(含多年冻土活动层,下同)厚度。1961—2017 年,青海省平均年最大冻土深度为 127.7 cm,1983 年最大冻土深度值最高,为 149.2 cm,2017 年最低,仅为 108.4 cm;总体呈略微减小趋势,平均每 10 年减小 1.2 cm;进入 21 世纪后年最大冻土深度明显减小,2001—2017 年最大冻土深度较 1961—2010 年减少 6.8 cm。从空间分布来看(图 1-2),冷湖、小灶火、诺木洪、乌兰、湟源、大通、贵南、玉树、玛多、河南等地年最大冻土深度呈增加趋势,平均每 10 年增加 0.7～10.4 cm,其中以冷湖增加最明显;其余各地均呈减小趋势,其中祁连、德令哈、天峻、兴海、泽库、杂多、曲麻莱、称多等地平均每 10 年减小 10.1～19.5 cm,天峻是冻土深度减小最明显的地区。

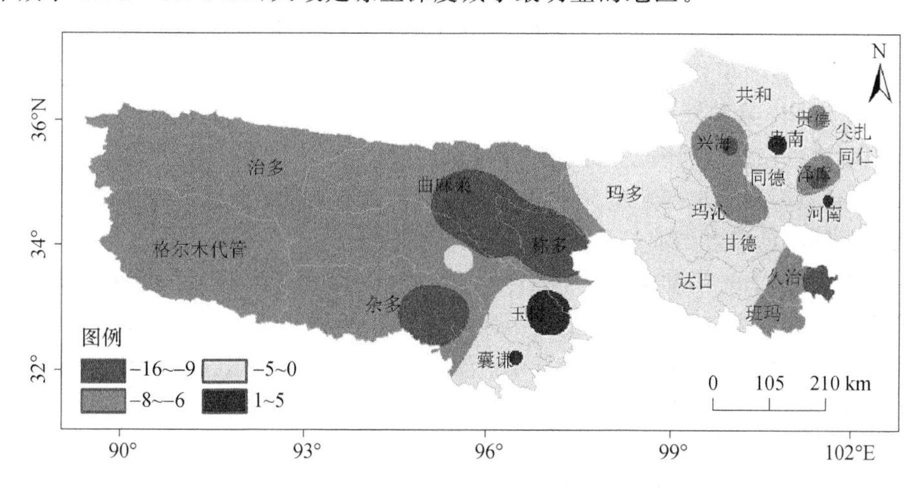

图 1-2 1961—2017 年三江源地区年最大冻土深度变化率空间分布(单位:cm/10 a)

1.3.2 冰川面积萎缩

冰川是冰冻圈的重要组成部分,不仅是生态环境变化的重要驱动因素之一,而且是反映气候变化的可靠指示器和预警器(牟建新等,2018)。青海省冰川的数量和规模位居全国第 3 位,仅次于西藏和新疆，主要分布于祁连山、昆仑山、可可西里山、唐古拉山和阿尼玛卿山等高山地带，属大陆性冰川。

据中国科学院第二次冰川编目数据（刘时银等，2015），青海省境内共发育山地冰川 3802 条，累计面积 3935.81 km^2，占全省国土面积的 0.55%，约占全国冰川总面积的 7.6%。其中，面积小于 1 km^2 的小冰川约占总条数的 4/5；面积介于 1～10 km^2 的冰川占条数的 19.4%，但其占全省冰川总面积 50.6%；面积大于 10 km^2 的冰川仅有 58 条，约占全省冰川总面积 28.9%。青海境内面积最大的冰川是发育于布喀达坂峰（又称新青峰，海拔 6860.0m）南坡的莫诺马哈冰川，面积为 83.94 km^2。

山地冰川是西北干旱区极其重要的“固体水库”，融水径流是西北干旱区地表水资源的重要组成部分，长江和黄河均发源于青海省的冰川区，其融水对补给江河上游径流具有重要作用。青海省冰川现有冰储量为 274.4±0.32 km^3，占中国西部山地冰川冰储总量的 6.11%（刘时银等，2015）。伴随气候变暖引起冰川消融加剧和面积大范围退缩，冰川储存水资源的短期大量释放，会使大部分冰川补给河流径流量在近期和短期内增加；但随冰川的不断退缩和冰川储存水资源的长期亏缺，最终会出现冰川径流由现在的逐渐增加达到峰值后转入逐渐减少的临界点，此后冰川径流的减少会逐步加剧，直至冰川完全消失，从而对下游水资源产生重大影响。

冰川强烈亏损，冰川径流增大，尽管在短期内有助于经济建设发展和绿洲扩展。但在区域升温背景下，随冰川径流增大，冰川消融洪水灾害频率增大；冰湖面积增大，冰湖溃决事件发生频次增加，严重影响下游地区的生命财产安全；冰雪融水供给量增加，冰川区泥石流形成的水源条件易于激发泥石流，冰川泥石流趋于活跃（刘时银等，2017）。冰川灾害暴发频次和规模有所增加，冰川灾害风险加剧。

1.3.3 天然草场退化

高寒草地指高海拔和寒冷地区的草地，具有多种生态功能以及重要的社会经济价值。青海省是我国高寒草地面积分布最广泛的地区之一，该地区种质资源和水热资源丰富，是我国面积最大的生态安全屏障和发展畜牧业的物质基础，但是高寒草地生态极端脆弱，非常容易退化，且一旦退化难以恢复，对该地区的生态环境和经济发展产生长期的、严重的负面影响。由于全球变暖等自然因素和长期超负荷放牧等人为因素的影响，青海省高寒草地面临严重的退化威胁，其退化问题已成为当前最受关注的生态问题之一。

近来，过度放牧，人类活动加剧，加之生态系统脆弱，使三江源区的草地生产力下降，生态环境恶化，水源涵养能力急剧下降，在这些因素的综合影响下，三江源地区草地大面积退化。植物和土壤质量衰退，生产力、经济潜力和服务功能降低，环境变劣以及生物多样性或复杂程度降低，恢复功能减弱或失去恢复能力（李博，1997）。其中，中度以上退化的草地面积达 0.12 亿 hm^2（刘纪远等，2008），占可利用草地面积的 50%～60%，严重地区已沦为次生裸地或利用价值极低的“黑土滩”（以嵩草属植物为建群种的高寒草地严重退化后，生草土层被破坏，形成的大面积次生裸地），约占退化草地总面积的 40%，并逐年加快增长（王启基等，2005）。据刘纪远等（2008）研究发现，三江源地区草场已呈全面退化的趋势，加之该生态系统脆弱，使草地生产力下降，生态环境恶化，水源涵养能力急剧下降，不仅使源区居民生活受到极大影响，同时也威胁着长江、黄河流域乃至东南亚诸国的生态安全（曹广民等，2009）。

通过分析 30 年来草地退化和恢复情况可以看到，全省大部分的草地得到恢复，其中全省有16.51%(91392 km^2)的草地发生退化,平均退化率为-1.85gC/(m^2·a),主要分布在黄河源区、青海南山、柴达木盆地东部、祁连山西段等区域;草地恢复的比例为83.49%(462163 km^2),平均恢复率为2.31gC/(m^2·a),分布在青南高原大部及湟水、大通河流域。为了进一步分析生态建设以来草地的变化,本节分析了2000年前后段内不同生态区草地退化和恢复的面积变化状况。

从2000年之前不同生态区草地退化与恢复状况可以看到,1985—2000年,青海省全省草地退化比例约为18.71%(103578 km^2),平均退化率为2.21gC/(m^2·a),草地恢复的比例为81.29%(449977 km^2),平均恢复率为3.42gC/(m^2·a)。其中柴达木盆地荒漠生态区草地退化最大,达到区域面积的50.38%,主要分布在盆地边缘地带,包括东北部的德令哈市、乌兰、都兰县,恢复面积比例为49.62%,分布零散主要在人迹罕至的山地地区;高山高寒生态区恢复区域主要位于昆仑山西段及可可西里地区,退化比例为23.94%,主要分布在昆仑山东段;江河源区恢复比例(89.33%)远大于退化比例(10.67%),退化主要出现在黄河源扎陵湖、鄂陵湖附近区域及东北部的青海南山、鄂拉山区域;祁连山生态区退化区域主要发生在青海湖布哈河中上游、祁连山脉西段及城镇周边区域,恢复地区主要在青海湖东北部。2000年之后的2001—2014年期间,全省草地总体以恢复为主,4个生态区中恢复比例均高于退化比例,全省12.9%(71385 km^2)的草地发生退化,退化率平均为0.17 gC/(m^2·a),14年内共退化120.7亿gC,87.1%(482170 km^2)的草地得到恢复,恢复率平均为1.2 gC/(m^2·a),4年内共恢复5791.4亿gC。不同生态区中,柴达木盆地荒漠生态区退化区面积达到24.58%,分布区域主要在人类活动比较频繁的盆地边缘城镇周边,如大小柴旦及宗务隆山西段,草地恢复比例为75.42%,主要位于柴达木盆地东南的布尔汗布达山、鄂拉山;高山高寒生态区草地退化最大,达到40.67%,大部分零散分布在昆仑山脉南北两侧,还有部分分布在高海拔区的冰川附近,草地恢复的区域主要分布在高原湖泊周边区域;江河源区和祁连山生态区大部分地区草地恢复比例分别为91.79%和84.63%,只在海拔较高的区域和城镇边缘出现少量退化(王虎威,2017)。

1.3.4 土地沙漠化

特殊的自然因素和人类活动的影响使青海省成为我国受荒漠化影响最严重的地区之一,风蚀荒漠化、水蚀荒漠化、盐渍化荒漠化和冻融荒漠化现象在全省都有分布。其中风蚀荒漠化是青海主要荒漠化类型,占全省荒漠化面积的70%左右,主要分布在柴达木盆地—茶卡盆地和共和盆地。荒漠化给全省的工农业生产和人民生活带来了严重影响,使江河源头的生态环境越来越脆弱,草场退化、耕地受到危害、水土流失严重,给长江、黄河中下游人民带来沉重灾难。据吕爱锋等(2014)分析得出:遥感估算的荒漠化面积和全国荒漠化调查的结论基本一致。2000—2012年的13年间,青海省荒漠化土地的空间分布特征没有明显变化,全省荒漠化和潜在荒漠化土地总面积在研究时段内没有明显变化趋势,但是受自然因素影响,面积年际波动明显。至2012年青海省重度和极重度荒漠化土地总面积为28.51万 km^2,相比2000年减少2.54万 km^2(图1-3)。其中,极重度荒漠化(严重沙化土地,基本无植被覆盖)土地面积在研究时段(2000—2012年)内出现明显的线性增加趋势,平均每年以32.52 km^2 的面积递增。重度荒漠化(即明显荒漠化区域)土地面积则呈不断下降趋势,13年来平均每年减少2091 km^2。全省受荒漠化影响的土地面积(中度及以上程度荒漠化)总和在研究时段内没有明显变化趋势,但是受自然因素影响,面积年际波动明显。重度荒漠化面积整体上呈明显下降趋势,青海省沙化和荒漠化状况有所改善，部分地区生态群落生产力、草地植被覆盖度呈上升趋势，表明近年来在青海实施的林业工程和荒漠化治理措施逐步显现出生态效益，发挥了实际作用。

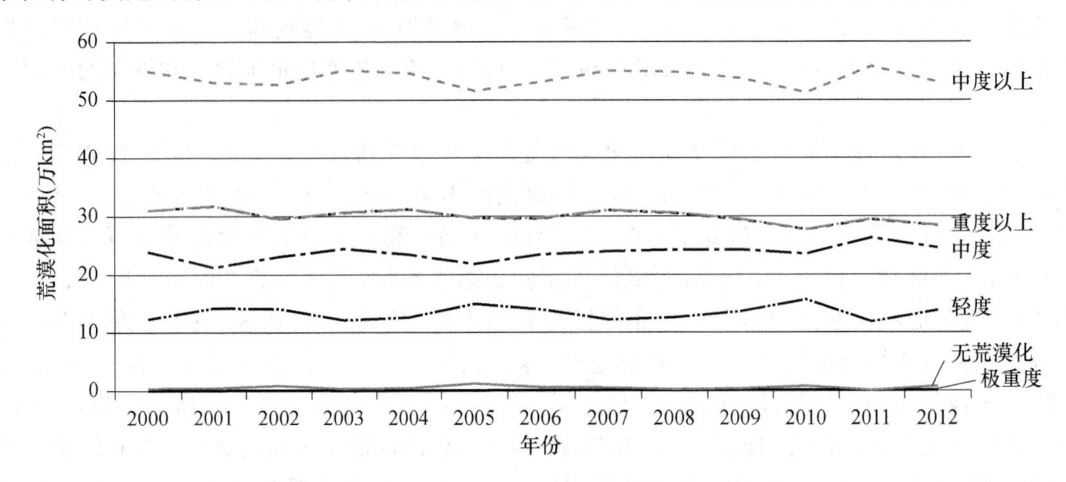

图 1-3 青海省 2000—2012 年不同程度荒漠化面积

注："重度以上"表示极重度荒漠化面积和重度荒漠化面积总和，实际中为荒漠化和沙化总面积；"中度以上"表示极重度荒漠化面积、重度荒漠化面积和中度荒漠化面积的总和，实际中为荒漠化沙化面积和潜在荒漠化面积的总和。

1.3.5 生物多样性减少

青海省地处青藏高原东北部，是我国长江、黄河和澜沧江的发源地，有"江河源"之称。由于高原地域辽阔、地貌特征独特、气候环境多样、土壤类型丰富、生境变化复杂等特点，从而形成了青海高原独特的物种多样性。青海高原有种子植物 2700 种，其中蕨类植物约 41 种、裸子植物 30 种、被子植物 2629 种；野生脊椎动物 476 种。其中鱼类约 55 种、两栖类 9 种、爬行类 7 种、鸟类约 293 种、哺乳动物 103 种（陈桂琛等，2002）。

物种组成种类较少、高原区域特色明显；青藏高原年轻的地质历史以及独特的高寒气候环境条件，对物种的形成演化以及分布迁移起着极其重要的作用。从上面的分析可以看出，青海高原的物种组成种类较少，以被子植物为例，在 72.12 万 km^2 的土地上，被子植物种类仅占我国被子植物科属种的 10.5%、19.5%、32.3%。青海高原现有鸟类约 293 种，哺乳动物 103 种。但有许多高原特有的珍稀物种或以青藏高原为主要分布区域的物种，如穴丝草（*Coelonema draboides*）、青海茄参（*Mandragora chinghaiensis*）、颈果草（*Metaeritrichium microuloides*）、水母雪莲（*Saussurea medusa*）、马尿泡（*Przewalskia tangufica*）、青海湖裸鲤（*Gymnocypris przewalskii przewalskii*）、藏雪鸡（*Tetraogallus tibetanus*）、黑颈鹤、野牦牛、藏羚、普氏原羚、雪豹等，许多物种为青海高原的地产物种，如冬虫夏草（*Cordyceps sinensis*）、大黄（*Rheum tanguticum*；*Rh. palmatum*）、藏菌陈（*Swertia mussotii* Franch）等名贵汉藏药材。因长期适应高原的气候环境，高原植物物种形成了具有适应高寒、干旱、缺氧、强辐射等特点的生理生态与生物学特征（王为义，1985）。

青海高原生态环境十分脆弱、易受外来因素干扰。青海高原平均海拔在 3000 m 以上，其生态环境十分脆弱，容易受气候变化以及人类活动的影响。近几十年来，由于全球气候变化以及人类活动的综合影响，生态环境问题十分突出，如湖泊沼泽湿地萎缩（陈桂琛等，2002）、高原多年冻土退化（王绍令等，1998）、草地不同程度退化、土地荒漠化加剧（李成尊等，1990）等对生物多样性的影响也是明显的。以青海湖为例，根据实测水文资料，湖面海拔 1956—1988 年，湖水位共下降了3.35 m，湖水面积减少了301.6 km^2（陈桂琛，1994）。这导致鸟岛的野生动物栖息地环境恶化，对鸟类种群带来了不利影响。

近几十年来，青海高原许多重要物种受到不同程度的威胁，生物资源过度利用，栖息地破坏以及区域生态环境恶化是导致物种多样性受到威胁的主要原因。鉴于高原珍稀野生动植物的重要价值，应加强青海高原物种多样性的保护。

参考文献

曹广民，龙瑞军，2009. 三江源区“黑土滩”型退化草地自然恢复的瓶颈及解决途径[J]. 草地学报，17(1)：4-9.

陈桂琛，1994. 青海湖地区生态环境演变与人类活动关系的初步研究[J]. 生态学杂志，13(2)：44-49.

陈桂琛，黄志伟，卢学峰，等，2002. 青海高原湿地特征及其保护[J]. 冰川与冻土，24(3)：254-259.

李博，1997. 中国北方草地退化及其防治对策[J]. 中国农业科学，30(6)：1-9.

李成尊，孙勃，陆锦华，1990. 青海省沙漠现状及形成与发展趋势[J]. 中国沙漠，10(4)：38-45.

刘纪远，徐新良，邵全琴，2008. 近30年来青海三江源地区草地退化的时空特征[J]. 地理学报，63(4)：364-376.

刘时银，姚晓军，郭万钦，等，2015. 基于第二次冰川编目的中国冰川现状[J]. 地理学报，70(1)：3-16.

刘时银，张勇，刘巧，等，2017. 气候变化影响与风险：气候变化对冰川影响与风险研究[M]. 北京：科学出版社.

吕爱锋，周磊，朱文彬，2014. 青海省土地荒漠化遥感动态监测[J]. 遥感技术与应用，29(5)：803-811.

牟建新，李忠勤，张慧，等，2018. 全球冰川面积现状及近期变化——基于2017年发布的第6版Randolph冰川编目[J]. 冰川冻土，40(2)：238-248.

王聪强，2017. 近25年唐古拉山西段冰川变化遥感监测[J]. 地球科学进展，32(1)：101-109.

王虎威，2017. 青海省不同生态区草地退化状况及定量评估研究[D]. 西安：陕西师范大学.

王启基，来德珍，景增春，等，2005. 三江源区资源与生态环境现状及可持续发展[J]. 兰州大学学报(自然科学版)，41(4)：50-55.

王绍令，谢应钦，1998. 青藏高原沙区地温研究[J]. 中国沙漠，18(2)：137-142.

王为义，1985. 高山植物结构特异性的研究[J]. 高原生物集刊(4)：20-30.

第2章　青海省生态观测站网建设

依托气象综合探测系统，以多源卫星遥感监测为主，地面自动化观测为辅，完善现有观测站网、提高数据质量和观测稳定性，适当补充空基监测，在重点地区开展综合观测试验，逐步提高气象综合探测系统对生态、环境和气候系统关键要素的实时立体探测能力。

2.1　生态站网建设意义及目标

2.1.1　青海省生态文明建设的战略地位

青海作为青藏高原的主体部分，是我国高原生物多样性最集中的地区，同时也是我国乃至东亚地区气候变化的敏感区和生态演变的脆弱带。天气气候作为影响生态系统和大气环境最活跃、最直接的因子，其气候变化与高寒生态演变之间存在着十分复杂而又极其密切的相互作用和反馈机制，一直以来是科学界普遍关注和着力探究的重大科学问题。近年来，重大气象灾害、极端气候事件给生态环境造成巨大的破坏，给生态保护和建设带来巨大压力。气象部门作为生态安全和气候安全需求提供全链条保障服务的重要部门，多年来，青海省气象局深入开展高寒生态演变对气候变化的响应机理研究和生态气象要素、生态安全事件以及生态气象灾害监测评估技术开发工作，取得了初步成果。为了提升生态文明建设气象保障和服务能力，首先需要完善气候与生态气象观测体系作为基础数据支撑，发展气候与生态气象观测能力是重中之重。

(1)地方与国家生态建设的战略需求

“生态立省”是青海省长期战略和核心建设内容。青海省委、省政府提出了“生态立省”战略和“生态文明先行区”建设规划，构想了“大美青海”生态文明建设的美好蓝图。习近平总书记2016年8月视察青海时明确指出，“要坚持生态保护第一的原则”，并提出“以生态保护优先的理念来协调推进经济社会发展，统筹落实‘四个全面’，把青海建设得更加和谐美丽”等具体要求。早在2014年，青海省委审议通过了《青海省生态文明制度建设总体方案》，深入实施“青海湖流域生态保护与综合治理工程”“三江源生态保护与建设二期工程”等重大生态保护与建设工程。因此，围绕青海生态文明建设工作开展气象科技服务，不仅顺应全省战略发展核心方向，顺应国家为把青海建成我国重要的生态屏障区的规划，也顺应了当前和今后青海省政府工作的重点及一系列的规划、目标和任务与措施。

(2)高原气象特色领域发展的现实需求

中国气象局印发《中共中国气象局党组关于加强四川云南甘肃青海省藏区气象工作保障四省藏区经济社会发展和长治久安的意见》，结合四省藏区气象工作实际，就新形势下加强四省藏区气象工作指明了发展思路和方向，对于青海省藏区公共气象服务、生态文明建设气象保

障等方面提出了新的要求，同时也将在政策上给予倾斜。中国气象局 2017 年 6 月启动了科技援青工作，从中国气象局层面，组织国家气象中心、国家气候中心、国家卫星气象中心、中国气象科学研究院等单位，开展青海气象现代化发展科技援助工作，以促进和提高青海科技发展与支撑能力。

青海省气象部门高度重视气象为生态文明建设服务工作，2003 年就建立了当时全国第一家生态综合监测网络，并逐步发展形成高寒生态气象特色领域。近 10 年来，紧密围绕青海生态保护与建设、生态防灾减灾和生态适应气候变化的需求，全面加强生态要素、生态灾害和生态安全事件气象监测评估，深入开展高寒草地植被恢复与重建技术等生态适应气候变化适用技术试验、示范，不断增强青海生态防灾减灾和适应气候变化的能力，以不断适应国家和人民群众对生态环境气象服务现代化和精细化的需求。在做好青藏高原生态文明气象保障空间布局的同时，重点发展生态环境监测服务的技术与指标等薄弱环节，努力增强和提升生态与环境气象监测与服务的现代化水平，落实省委和中国气象局规划。而这一切能力提升与服务需求的满足，必须建立在机理性研究与服务指标针对性水平提高的前提下，而这又直接关联到野外科学试验支撑能力的发展基础上。所以说，野外试验支撑能力的提升，也是决定高寒生态气象发展和服务的基础。

(3)高寒生态气象机理性研究的科学需求

青海地处青藏高原主体，省内三江源、青海湖、祁连山等生态功能区具有区域与全球生态重要地位，高寒草甸、高寒湿地、高寒生态环境系统在科学研究与生态特殊性方面具有不可替代的地位。而区域自然地理与生态区系差别显著，生态系统构成复杂，区域生态环境系统的监测开始时间较短，其生态屏障功能、水源涵养功能等功能所包含的生态、水文、气象过程的综合观测与认识仍处于初步阶段。生态系统的变化往往是植被、气象、水文要素的耦合变化过程，科学研究及野外试验的需求非常迫切。

(4)高寒生态气象现代化发展技术支撑的基础需求

面对习近平总书记指示以及青海省委生态文明建设宏伟规划的新形势和新要求，生态气象服务不能仍停留在生态气象现象的监测与评估方面，除了需要进一步完善青海生态气象监测基础外、重点要解决现代化水平偏低、生态气象试验研究水平亟须提高的科技基础支撑不足的短板。硬件基础条件的建设相对容易，在全社会与国家的大力支持下，相信会很快取得令人瞩目的成就。然而，“软”技术实力的发展，则需要大量基础的研究工作支撑。当前，生态气象过程的认识、特别是生态环境与气象过程耦合关系的认识十分不足，由于前期基础薄弱、高原自然地理与气候环境恶劣，气象服务指标特别是生态气象精细化服务指标与机理性过程的关系分析极端不足。高寒生态系统与气象的机理性过程研究的不足，成了限制气象为生态服务深化的瓶颈。

2.1.2　生态观测站网现状及存在问题

2.1.2.1　生态观测站网现状

(1)基础生态气象观测站网不断健全

目前青海省综合气象观测站网在国家和地方项目的大力支撑下，综合气象观测站网不断优化，建成了以 52 个国家级地面气象观测站为主，180 个国家天气站(骨干站)和 468 个区域站(含交通气象站)为辅助的地面气象观测站网，在人口密集区和三江源核心区布设了 12 部天气雷达，在西宁等主要城镇建成了 8 个环境气象观测站，在固定地段和作物地段建成了 76 个土壤水分观测站,27 个农业气象观测站、47 个生态气象观测站和 31 个设施农业观测站、33 个闪电监测站、6 个大气电场仪观测站、7 个酸雨观测站、7 个高空气象观测站,上述观测站点涵盖了草地、荒漠、戈壁、高原,基本形成了青海省主要主体功能区多要素、全天候的气象观测站点,建立了地基、空基和天基的立体综合气象观测站网。为开展生态气象服务能力提供了第一手的观测资料,以上不同功能的气象观测网建设,共同提升了生态环境和气象灾害的监测能力基础支撑水平。青海省建成的 47 个生态气象观测站、自动土壤水分观测站、农牧业气象试验站、地面卫星直收站等,承担了森林、草地、农田、湿地、荒漠、水体等典型生态系统的气象生态观测任务。观测数据标准完备、时间序列长、稳定性高、数据质量高,同步积累了长序列地面生态系统观测数据和空基数据。为提高生态文明建设保障能力和推进气候资源开发利用奠定了基础。可为生态文明建设气象保障提供重要的数据支撑。

(2)高寒生态野外科学试验基地初步建成

依据青海省“生态立省”战略和中国气象局全面深化气象改革的总体部署,着眼于高寒生态气象学科建设和现代农牧业气象服务精细化水平的提高,立足建立布局合理、功能齐全、设施完善的青海省高寒生态与现代农牧业气象观测试验基地体系。通过科学设计,逐步建设完成以“一基地、两站、三场和一中心”为主要内容的高寒生态与现代农牧业气象观测试验基地体系,实现高寒生态与现代农牧业气象观测试验数据的自动采集、传输、汇控和分析应用,全面提升青海高寒生态气象和现代农牧业气象观测试验、研究与示范能力。

海北高寒草地气象野外科学观测试验基地:建设目标主要为高寒草地生态系统与气候环境相互关系研究、现代高效生态畜牧业气象精细化服务技术科学试验基地。发展方向:现代高效生态畜牧业气象精细化服务技术试验;气候变化对高寒草地生态系统的影响评估与适应技术试验研究;高寒草地微气象过程、水热碳通量过程观测与研究;参与高寒草地遥感参数地面校验、陆面过程参数化;高寒草地参量定量遥感试验研究。主要开展气象要素观测;草地试验观测;通量和梯度观测;草地植被遥感参数试验观测;NDVI、LAI、草地波谱特征观测;土壤物理化学属性观测;草地干旱科学试验等。

隆宝高寒湿地气象野外科学观测试验场:高寒湿地水文过程及生态气象研究观测试验场,开展典型高寒湿地长期定位观测、水文及微气象过程观测,参与高寒湿地遥感参数地面校验、陆面过程参数化,开展生态需水调节、湿地保护与适应气候变化适应技术开发。主要开展气象要素观测;近地面通量、动量观测;水文、冻土观测;积雪、冻土定点观测;核心区水位、流量观测;植被生长季遥感参数观测。

甘德高寒草甸气象野外科学观测试验场:开展高寒草甸生态系统地气水热循环观测,试验高寒草甸适应气候变化适用技术,参与高寒湿地遥感参数地面校验、陆面过程参数化,研究高寒草甸生态系统对全球气候变化的响应与反馈机制。主要开展气象要素观测;牧草种群、发育期、高度、产量监测;地气相互作用通量观测;积雪、冻土观测。

乌兰高寒荒漠气象野外科学观测试验场:对高寒荒漠开展连续、定位观测,开展荒漠化的机理研究,参与高寒荒漠遥感参数地面校验、陆面过程参数化,评估自然和社会经济因素对土地荒漠化过程的影响效应,对土地荒漠化和沙化状况、危害及治理效果进行评估,提出防沙治沙和防治荒漠化的对策与建议。主要开展气象要素观测;土壤水分观测;植被盖度、生物量观测;沙尘暴观测;土壤风蚀风积观测;草地荒漠化动态观测;地气相互作用通量观测。

互助现代农业气象观测骨干试验站:青海高原现代农业气象精细化服务技术试验研究站。布设微气象自动站、作物观测试验、土壤观测试验、农业干旱试验设备。开展大田及设施小气

候观测;大田及设施作物生长发育观测;土壤环境观测;作物生长要素观测;旱作农业防灾减灾与适应气候变化适用技术试验与示范。研究农业气象条件和土壤水分、养分对大田及设施作物生长状况、发育进程及产量形成的影响及作物对外部环境变化的响应。

诺木洪特色农业气象观测骨干试验站:青海特色林果农业气象观测试验站,建立特色农业气象适用技术开发与中试基地及特色农业遥感研究校验场;布设特色作物微气象自动观测、枸杞生长发育观测、土壤水热观测等设备,开展地区水、热及枸杞发育期全过程精细化观测;开展柴达木盆地枸杞主要气象灾害、病虫害及其防御防治技术开发研究;开展节水灌溉技术试验研究;开展枸杞面积、长势和产量遥感估算与预报方法研究。

高寒生态与现代农牧业气象科学观测试验数据中心:以无线传感器网络为纽带,高效集成高寒生态和现代农牧业气象科学观测数据,建立自动化、可远程控制的数据传输网络,引进成熟的传输、汇控技术及系统,实现野外无人值守科学试验数据的远程收集、质控、入库、调用分析以及可视化的在线监控,提高高寒生态与现代农牧业气象科学试验观测试验数据自动汇控水平和应用服务能力。

(3)天基、空基遥感观测能力不断强化

建成极轨、静止卫星地面接收站 3 站次,可以实现 EOS/MODIS、FY 系列卫星实时接收、处理,依托地面综合观测系统,实现卫星资料在草地、积雪、干旱、湖泊等生态环境监测评估中综合引用。改装人影作业飞机,试点租用或购置无人机,建设 2.5 km 和 5 km 两个级别无人机遥感监测体系,装载多光谱相机、激光成像仪、气溶胶粒度谱、气溶胶质谱以及温室气体采样装置等机载观测设备,引进开发无人机操控、图像处理、生态监测识别软件的业务支持系统。形成重点区域生态环境要素、生态热点问题、生态安全事件,以及生态气象灾害的快速、应急、超高精度定点监测与灾损评估服务能力。建成与卫星遥感、地面综合观测相互补充的空基遥感快速响应监测与评估业务服务系统。试点开展气溶胶及温室气体飞机探测以及重点流域、重点生态功能区、重大工程建设、重大灾害影响调查,增强空基生态环境气象实时监测能力。

(4)遥感应用真实性检验地面自动观测网建设

在现有基础上,建设遥感应用真实性检验地面自动观测网,开展长期生态气象定位观测。针对不同生态类型和下垫面特点,选取 2 个左右站点增强土壤理化特性、植被物候、种类、覆盖度、叶面积指数、生产力、腐殖层以及荒漠地下水、湿地生物量固碳、雪深等与气象条件密切相关的生态参数的观测能力。加强对气候变化比较敏感的植被、冰川、积雪、湖泊等关键变量的长期定位观测。结合遥感产品真实性结果,研制和改进风云三号以及高分卫星的生态产品,开发风云四号静止卫星地表生态和灾害监测产品,研发多源卫星数据的融合技术,提升卫星遥感对生态监测的支撑与应用能力。

2.1.2.2　生态观测站网存在问题

(1)气候与生态气象观测能力不足

生态气象站网布局密度总体不足,特别在重点生态功能区和生态环境脆弱区;生态环境观测要素种类单一,具备草地、湿地、荒漠、积雪等全要素综合观测的站点稀少;大城市群等重点污染地区尚未形成针对城市生态气象关键变量的立体监测。卫星遥感产品的精度和定量应用水平等相对较低。无人机等新型技术手段仍处于起步阶段。

(2)业务技术体系不完善

生态环境监测标准规范仍处于缺位状态,业务流程不规范,观测体系不健全,考核机制不完善;缺乏完善的生态环境数据综合体系。基础数据库整合不足、未纳入全国综合气象信息共享平台(以下简称"CIMISS");生态气象、环境气象和应对气候变化业务发展协调不足、交叉创新不够,应对气候变化保障生态文明的合力尚未形成,整体业务的统筹推进亟待加强。

(3)关键机理认识欠缺

基础科技支撑的不足,对气候系统、生态环境关键变量的变化规律、影响因素以及各因子间的相互作用、形成-转化-传输的机制、机理等缺少深入的认识和理解,对如何将各种关键的生态变量同化到数值模式中缺乏深入研究,导致预报预警产品内容简单、科技含量不高,对生态环境、社会经济有深入综合研究的有关气象灾害、气候变化对生态保护和建设的影响评估和决策产品严重不足。

(4)部门共享机制缺失

应对气候变化、生态环境评估业务对生态、环境、社会经济等基础数据需求旺盛,但不同行业、不同部门之间尚未建立有效的数据共享机制,且海量的生态、环境、气象相关观测的内容、格式、标准等不统一,数据的质量控制与评估体系尚未建立,无法确保观测数据的质量,应用难度大。

(5)运行保障能力薄弱

现有观测设备和运行保障能力严重不匹配,存在重建设、弱管理、轻运维现象,生态气象站建成后,受限于薄弱的业务管理体系和不足的资金投入,运行保障难以为继,导致设备损坏,数据缺失。

(6)人才队伍能力不足

生态环境保护和应对气候变化观测工作具有极强综合性,加之青海省自然环境较差,人才总体表现为数量不足、专家型人才不多、专业学科带头人不足、人才流失严重等问题,业务技术培训体系不健全,导致专业化观测队伍尚未形成,生态监测体系优化完善严重滞后;生态观测整体处于半瘫痪状态。

2.1.3 生态观测站网建设目标

2.1.3.1 总体目标

生态气象观测是生态系统监测的重要组成部分,是从影响生态系统的环境因子出发,侧重生态系统环境因素及其生态系统的相互作用、相互影响的监测。监测内容主要包括大气、水、土壤、气候及其相关的生物状况,获取天气气候要素对生态系统的综合影响及其影响的结果,为开展气候变化对生态环境质量的影响评价、生态气象服务等业务提供支持。

协调推进生态系统气象观测站网建设,不断完善站网布局,增强生态系统综合观测能力,构建布局合理、定位准确、层次分明、设备先进、功能完备的生态系统气象观测站网,实现对青海省禁止开发区、重点生态功能区、生态脆弱区、生态敏感区和重大工程实施区等重点区域的实时观测,为国家战略实施和生态文明建设提供有力支撑。

着力构建以数据优先为目标点的立体化、全覆盖气候和生态气象综合观测体系,通过对现有生态气象观测任务及站网的优化、调整与完善,满足青海五大生态功能区生态气象监测能力,优化现有生态气象观测站点格局和观测任务,形成较为完善的现代生态气象观测体系;使生态气象观测站网布局更加科学,满足大气圈、生物圈、水圈、冰冻圈变化过程及相互作用研究以及青藏高原资源环境承载力、灾害风险、绿色发展研究需要。为系统开展高寒生态系统与天气气候相互作用研究,揭示演变过程与机理,对提升高原及下游天气预报水平,保护生态、防灾减灾及适应气候变化提供理论支持和技术支撑。系统规划实施高寒生态、水文、气象过程的综合观测，提升生态气象监测能力，为高寒生态气象科学认识与学科构建提供基础支持。为青海省生态经济发展、生态安全及生态气象业务和服务工作提供数据支撑，最终实现全省生态气象观测全要素自动化。

2.1.3.2　基本原则

发展气候与生态气象监测能力建设要遵循如下原则：

(1)需求导向，科技引领。坚持以服务青海生态文明建设需求为导向，以服务国家重大生态保护战略、生态防灾减灾和适应气候变化为重点，大力发展智能观测能力，实现监测水平弯道超车。

(2)开放合作，统筹资源。积极主动开展全方位、宽领域、多层次的部门交流合作，推进气候与生态气象观测设施共建、资料共享。统筹规划，形成整体合力。

(3)规范运行，科学观测。建立监测与监管联动的测管协同机制，完善生态监测联席会议制度和快速反应机制，规范生态环境监测网络运行，加大高新技术、先进设备的示范推广。

(4)创新驱动，开放服务。统筹规划各部门生态环境监测网络，加强部门分工协作和信息共享，实现生态要素和空间全覆盖，建立面向行业和社会开放的生态监测和科技创新平台，实现信息高度共享。

2.2　生态站网布局及观测主要任务

2.2.1　观测站网布局

生态系统气象观测以陆地生态系统观测为主，内容涉及大气圈、水圈、生物圈、岩石圈、冰冻圈及其相互作用。而气候变化对生态系统有着直接或间接影响的重要一环，全球气候变暖、酸雨、臭氧层破坏和极端气候事件将影响生态类型分布和生物多样性。因此，系统开展生态环境综合观测具有重要的意义。

在典型区域综合开展草地、湖泊、荒漠、山地生态系统观测，重点开展青藏高原地区冰冻圈综合观测，特别是冻土和积雪观测，加强冰川观测，提升多圈层相互作用研究能力，服务寒区水文和生态建设。青海省生态系统气象观测以大气生态系统和陆地生态系统观测为主，内容涉及大气圈、水圈、生物圈、岩石圈、冰冻圈及其相互作用。围绕高寒生态系统与气候环境相互作用与反馈机制研究、人类活动对高寒生态系统影响评估与适应、现代农牧业气象精细化服务技术等高寒生态及现代农牧业气象中的关键科学技术问题，系统开展高寒草原、草甸、湿地、荒漠、农田等典型下垫面微气象过程、水热通量及作物参数等的实时、动态观测，定量评估气候变化与人类活动对高寒生态系统和农田生态系统的影响与反馈效应，为高寒生态气象学科建设和现代农牧业气象业务发展提供科学数据和技术支撑，促进青海生态文明建设和现代农牧业发展。以地面观测为支撑，借助无人机机载设备以及多源卫星数据开展生态调查评估等工作，加强卫星遥感相关产品的开发和应用，强化青藏高原开展地气通量观测和遥感卫星观测的地基验证。为生态文明建设气象保障提供科技支撑。

青海高寒生态系统从生态类型划分主要包含森林生态系统、高寒草原生态系统、高寒灌丛草甸生态系统和高寒荒漠生态系统等，按照生态站点功能级别可划分为生态气象野外科学试验站、生态气象基础观测站网、生态气象卫星产品校验场(图 2-1)。

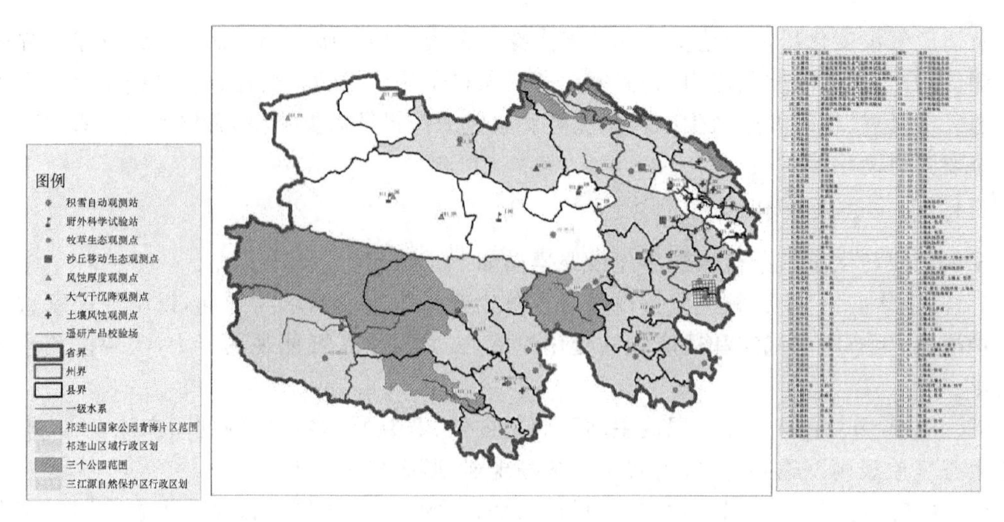

图 2-1 青海省高寒生态站网分布图

2.2.2 生态气象观测站网功能定位

2.2.2.1 生态气象观测骨干站网

为了更好提升生态文明建设气象保障能力，强化生态气象观测能力基础保障作用，发挥气象部门在生态文明建设中重要作用，反映生态五大圈层（大气圈、水圈、生物圈、岩石圈、冰冻圈）的现状及其气候变化相互作用，在国家级野外试验站的基础上（见图 2-2），优化海北祁连、格尔木诺木洪生态气象观测站，建设多要素生态气象观测业务项目，满足生态资源、应对气候变化、生态文明建设和经济社会的可持续发展需求，找准定位、抓住机遇、深化改革，在气象现代化建设的过程中提高应对气候变化保障生态文明建设的能力。生态气象观测骨干站网应承担以下任务。

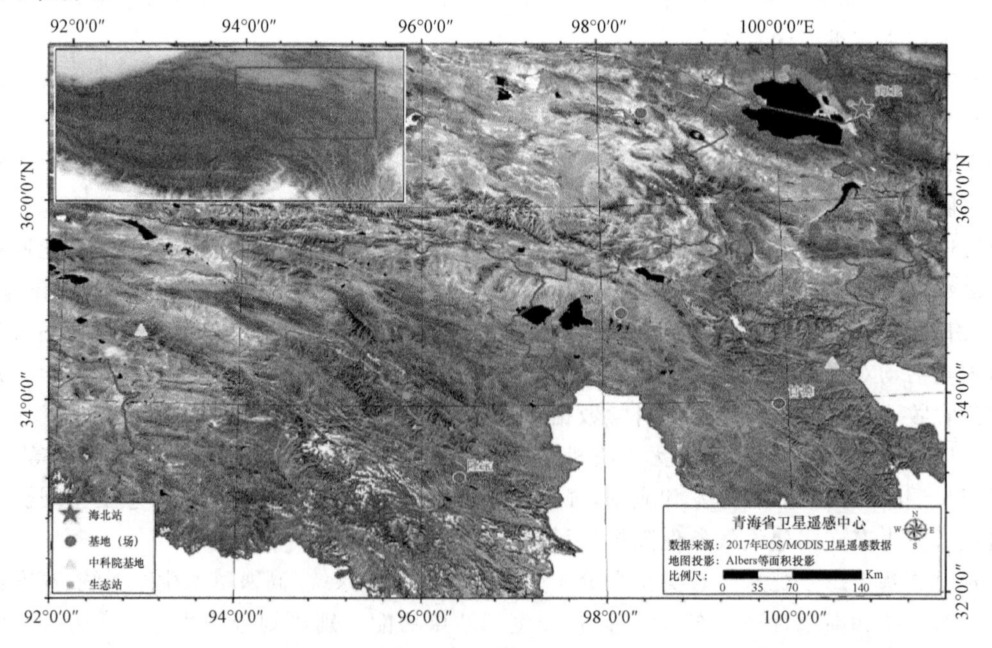

图 2-2 中国气象局遴选的青海省生态气象野外科学试验基地地理位置分布图

(1)瓦里关本底站

发挥中国大气本底基准观象台欧亚大陆唯一本底站的区位优势，该站的定位是：以大气化学监测为主，增加能够代表高原东部城市群陆面过程生态气象观测区。在现有大气化学监测、辐射、降水化学、梯度监测、干湿沉降观测的基础上增加以下生态气象观测设备(表 2-1)。

表 2-1　瓦里关本底站生态气象观测项目表

观测项目	观测指标/观测内容	观测仪器	已有项目	新增项目
气象要素观测	温、压、湿、风、降水等要素	气候观测系统	√	
雪特性观测	雪水当量、雪密度、雪深	雪水当量观测系统		√
蒸发、蒸散	蒸发、蒸腾观测	大型蒸渗仪		√
通量	通量观测	近地层通量观测系统	√	
辐射	辐射观测	基准辐射观测	√	
冻土观测			√	
降水化学			√	
干湿沉降			√	
大气化学			√	

(2)玉树隆宝生态气象观测站

该站定位是：以高寒湿地生态气象野外试验为主，重点监测高寒湿地水文过程及生态系统的变化，开展遥感参数与地面监测要素的验证，为气候模式陆面过程提供典型高寒湿地植被指数的参数化及相关参数，开展生态需水调节、湿地保护与适应气候变化适应技术开发。满足三江源国家公园核心区和青藏高原高寒草地、湿地生态气象观测区观测需求。提供长期、系统性的观测数据，服务于草地生态气象的现状、草地变化机理研究、调控机制与对策研究。开展以下生态气象要素的观测(表 2-2)。

表 2-2　玉树隆宝生态气象观测项目表

观测项目	观测指标/观测内容	观测仪器	已有项目	新增项目
气象要素观测	温、压、湿、风、降水等要素	气候观测系统	√	
雪特性观测	雪水当量、雪密度、雪深	雪水当量观测系统		√
蒸发、蒸散	蒸发蒸腾观测	大型蒸渗仪		√
通量	通量观测	近地层通量观测系统	√	
地下水位	地下水位监测	地下水位记录仪		√
土壤水分	土壤温湿盐度监测	土壤水分观测	√	
辐射	辐射观测	基准辐射观测	√	
植物长势	植物长势观测	植物长势观测仪	√	
光谱	分析元素成分含量	便携式光谱仪(ASD)		√
叶面积指数	植物叶面积	叶面积指数仪		√
叶绿素含量	植物叶片叶绿素含量	叶绿素含量测定仪		√
光合作用	植物光合参数	光合作用仪		√
植物营养成分	植物营养成分	近红外植物营养成分分析仪		√
冻土观测	土壤温湿盐	冻土观测系统		√
梯度观测	空气风温湿廓线	梯度观测系统	√	

(3)果洛甘德生态气象观测站

甘德站的定位是:以高寒草甸生态系统与降水和积雪关系为主,兼顾高寒草甸适应气候变化适用技术,结合高寒草甸与遥感参数地面校验和陆面过程参数化,研究高寒草甸生态系统对全球气候变化的响应与反馈机制(表 2-3)。

表 2-3　果洛甘德生态气象观测项目表

观测项目	观测指标/观测内容	观测仪器	已有项目	新增项目
气象要素观测	温、压、湿、风、降水等要素	气候观测系统	√	
雪特性观测	雪水当量、雪密度、雪深	雪水当量观测系统	√	
蒸发、蒸散	蒸发、蒸腾观测	大型蒸渗仪		√
通量	通量观测	近地层通量观测系统		√
地下水位	地下水位监测	地下水位记录仪		√
土壤水分	土壤温湿盐度监测	土壤水分观测		√
辐射	辐射观测	基准辐射观测	√	
植物长势	植物长势观测	植物长势观测仪		√
叶面积指数	植物叶面积	叶面积指数仪		√
叶绿素含量	植物叶片叶绿素含量	叶绿素含量测定仪		√
光合作用	植物光合参数	光合作用仪		√
植物营养成分	植物营养成分	近红外植物营养成分分析仪		√
梯度观测	空气风温湿廓线	梯度观测系统	√	
冻土观测	土壤温湿盐	冻土观测系统		√

(4)海北牧业气象试验站

该站的定位是:以高寒草原生态系统对气候变化响应的监测和室内分析为主,重点开展生态畜牧业气象精细化服务的科学试验(表 2-4)。

表 2-4　海北牧业气象试验站观测项目表

观测项目	观测指标/观测内容	观测仪器	已有项目	新增项目
气象要素观测	温、压、湿、风、降水等要素	气候观测系统	√	
雪特性观测	雪水当量、雪密度、雪深	雪水当量观测系统		√
蒸发、蒸散	蒸发、蒸腾观测	大型蒸渗仪	√	
通量	通量观测	近地层通量观测系统	√	
地下水位	地下水位监测	地下水位记录仪		√
土壤水分	土壤温湿盐度监测	土壤水分观测	√	
辐射	辐射观测	基准辐射观测		√
植物长势	植物长势观测	植物长势观测仪		√
光谱	分析元素成分含量	便携式光谱仪(ASD)		√

续表

观测项目	观测指标/观测内容	观测仪器	已有项目	新增项目
叶面积指数	植物叶面积	叶面积指数仪	√	
叶绿素含量	植物叶片叶绿素含量	叶绿素含量测定仪		√
光合作用	植物光合参数	光合作用仪		√
植物营养成分	植物营养成分	近红外植物营养成分分析仪		√
梯度观测	空气风温湿廓线	梯度观测系统		√
冻土观测	土壤温湿盐	冻土观测系统		√

(5)海北祁连山生态气象观测站

该站的定位是:以祁连山高寒草甸生态系统与降水和积雪关系为主,兼顾高寒草甸适应气候变化适用技术,结合高寒草甸与遥感参数地面校验和陆面过程参数化,研究高寒草甸生态系统对全球气候变化的响应与反馈机制(表 2-5)。

表 2-5　海北祁连山生态气象观测项目表

观测项目	观测指标/观测内容	观测仪器	已有项目	新增项目
气象要素观测	温、压、湿、风、降水等要素	气候观测系统		√
雪特性观测	雪水当量、雪密度、雪深	雪水当量观测系统		√
蒸发、蒸散	蒸发、蒸腾观测	大型蒸渗仪		√
通量	通量观测	近地层通量观测系统		√
地下水位	地下水位监测	地下水位记录仪		√
土壤水分	土壤温湿盐度监测	土壤水分观测	√	
辐射	辐射观测	基准辐射观测		√
植物长势	植物长势观测	植物长势观测仪		√
光谱	分析元素成分含量	便携式光谱仪(ASD)		√
叶面积指数	植物叶面积	叶面积指数仪		√
叶绿素含量	植物叶片叶绿素含量	叶绿素含量测定仪		√
光合作用	植物光合参数	光合作用仪		√
植物营养成分	植物营养成分	近红外植物营养成分分析仪		√
冻土观测	土壤温湿盐	冻土观测系统	√	
梯度观测	空气风温湿廓线	梯度观测系统	√	

(6)格尔木诺木洪生态气象观测站

该站的定位是:以柴达木盆地荒漠生态气象监测为主,兼顾枸杞特色果业气象服务小气候监测为辅。研究气候变化对荒漠生态要素变化机理试验研究,建立特色农业气象适用技术开发与中试基地及特色农业遥感研究校验场,并结合卫星数据分析荒漠化根源,从不同时空尺度认识人类活动和全球变化影响下,荒漠化生态演变进程,为荒漠化的预报、预测和早期预警研究提供基础数据,为早期的预防和治理决策提供切实可靠的依据(表 2-6)。

表 2-6　格尔木诺木洪生态气象观测项目表

观测项目	观测指标/观测内容	观测仪器	已有项目	新增项目
气象要素观测	温、压、湿、风、降水等要素	气候观测系统	√	
辐射	辐射观测	基准辐射观测		√
通量	通量观测	近地层通量观测系统		√
地下水位	地下水位监测	地下水位记录仪		√
土壤水分	土壤温湿盐度监测	土壤水分观测	√	
风蚀风积观测	土壤风蚀风积	BTS1000 风蚀通量观测系统		√
作物长势	枸杞长势监测	作物长势实景监控		
边界层通量	水热平衡	OPEC150、CPEC200 涡动协方差系统		√
	边界层微气象通量	30 m 边界层梯度塔		√
	CH_4	LI7700 开路式甲烷分析仪		

(7)海西乌兰生态气象试验站

该站的定位是:以高寒荒漠生态系统对气候变化响应的监测为主,重点开展气候变化背景下荒漠化演变规律的科学试验(表 2-7)。

表 2-7　海北牧业气象试验站观测项目表

观测项目	观测指标/观测内容	观测仪器	已有项目	新增项目
气象要素观测	温、压、湿、风、降水等要素	气候观测系统	√	
蒸发、蒸散	蒸发蒸腾观测	大型蒸渗仪	√	
通量	通量观测	近地层通量观测系统		√
土壤水分	土壤温湿盐度监测	土壤水分观测	√	
辐射	辐射观测	基准辐射观测	√	
植物长势	植物长势观测	植物长势观测仪		√
冻土观测	土壤温湿盐	冻土观测系统		√
梯度观测	空气风温湿廓线	梯度观测系统		√
沙通量观测	沙通量、集沙、风蚀	沙通量观测系统	√	

2.2.2.2　生态气象观测辅助站

森林观测系统:围绕青海省主要林区和生态旅游重点区域,在贵德县清清黄河旅游区、互助北山林场、黄南坎布拉生态旅游示范区、孟达生态旅游区、囊谦尕尔寺大峡谷生态旅游区建设负氧离子自动观测仪器,逐步实现生态旅游全要素自动化观测,构建满足生态旅游、森林生态要素观测系统建设的需求。青海省生态旅游气象观测调整后站点和业务布局见表 2-8。

表 2-8　森林生态气象观测辅助站观测项目表

观测项目	观测指标/观测内容	观测仪器	新增
气象要素观测	温、压、湿、风、降水等要素	气候观测系统	√
负氧离子	负氧离子、温度、湿度、$PM_{2.5}$、PM_{10}和 CO、SO_2、NO_2	负氧离子观测系统	√
通量	通量观测	近地层通量观测系统	√
实景观测	生态旅游区 360°实景	实景观测系统	√

湖泊观测系统:按照五大生态功能区开展相互补充和支撑的生态观测业务。围绕青海省生态气象观测骨干站,在青海省重点湖泊和生态安全时间频发区域,与中科院联合在青海湖、玛多扎陵湖、海西哈拉湖、可可西里盐湖布设相应的湖泊自动观测仪器,逐步实现全要素自动化观测,构建满足涵盖水源涵养功能区、生态安全功能区等生态功能区,以及生态保护红线区开展观测系统建设的需求。根据各站生态气象观测需求,青海省生态气象观测调整后站点和业务布局见表 2-9。

表 2-9　湖泊生态气象观测辅助站观测项目表

观测项目	观测指标/观测内容	观测仪器	新增
气象要素观测	温、压、湿、风、降水等要素	气候观测系统	√
雪特性观测	雪水当量、雪密度、雪深	雪水当量观测系统	√
湖泊观测	湖泊温度、盐度、水深、叶绿素仪	湖泊观测	√
通量	通量观测	近地层通量观测系统	√
冻土观测	土壤温湿盐	冻土观测系统	

其他生态要素辅助站:依据调整后的生态气象观测辅助站,围绕生态气象观测骨干站,按照五大生态功能区开展相互补充和支撑的生态观测业务。围绕青海省生态气象观测骨干站,在现有国家级气象台站、天气站、区域站等长序列气候观测站中,遴选具有代表性的观测站点中布设相应的自动观测仪器,取消现有生态气象人工观测项目,逐步实现全要素自动化观测,构建满足涵盖高原生态系统生物多样性保护功能区、水源涵养功能区、土壤保持功能区等生态功能区,生态脆弱区以及生态保护红线区开展观测系统建设的需求。根据各站生态气象观测需求,青海省生态气象观测调整后站点和业务布局见表 2-10。

表 2-10　生态气象观测辅助站观测项目表

观测项目	观测指标/观测内容	观测仪器	备注
气象要素观测	温、压、湿、风、降水等要素	气候观测系统	√
雪特性观测	雪水当量、雪密度、雪深	SPA 雪特性观测系统	
植物长势	植物长势观测	植物长势观测仪	
风蚀风积观测仪	土壤风蚀风积	BTS1000 风蚀通量观测系统	√
干湿沉降仪	大气干湿沉降		

2.2.2.3　卫星产品校验场建设

地面观测是验证和评估各类卫星生态气象产品的重要参照,而多尺度嵌套观测是生态气象反演信息升/降尺度研究的重要依据。青海省气象局围绕省委省政府需求,自 2003 年以来建设了生态环境立体化观测体系,开展草地、积雪、土壤水分、荒漠化等要素观测,并从空中利用卫星遥感开展牧草产量、积雪深度、土壤水分监测与评估工作,为三江源生态工程效益评估提供了科技支撑。长期以来野外实测的"真值"数据一直是卫星遥感产品真实性检验最重要的数据源,但传统观测不固定,重复性太差以及数据时间频次严重不足等问题,依靠人工开展野外调查获取相关验证数据往往花费巨大的物力与财力,同时野外人工采样获取的验证数据也往往是单一采样点。

产品的科技含量不高且遥感反演定量化明显不足,尤其亚像元尺度问题一直困扰产品精度,卫星遥感野外校验场建设能够获取高频次和长序列的精细化观测数据,从而促进草地、干旱和积雪遥感反演模型的改进以及服务产品的准确性，提高青海省气象服务、环境监测和防灾减灾的能力。

本校验场建设重点围绕草地、积雪、土壤水分等主要生态要素，考虑到不同的地理气候条件，选择空间和时间尺度具有代表性区域，建立多尺度生态要素观测网(图 2-3，图 2-4)。参考 SMAP 卫星采用的 Ease Grid 投影方案，采取 9 km—3 km—1 km 嵌套的空间网格布设站点，根据布设规则在 3 km×3 km 范围内布设 17 套土壤温湿盐观测系统，实际操作中考虑交通和地形因素，加密观测网格的相对位置进行适当调整，具体到单个站点，分四层对土壤温湿度进行监测。开展针对卫星产品的验证和升降尺度研究，为生态文明建设气象保障提供支撑。

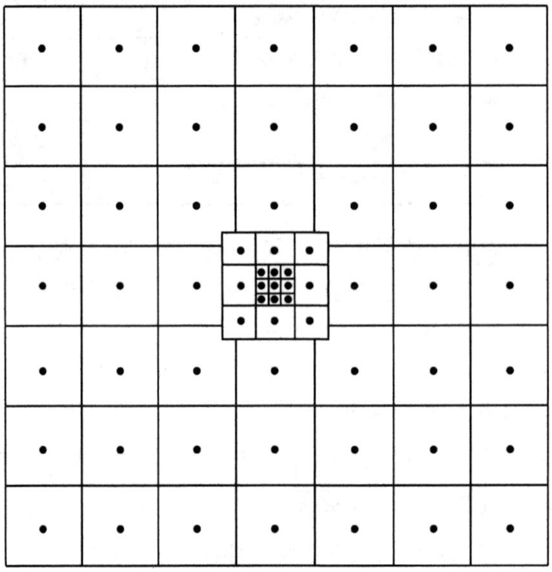

图 2-3　卫星产品校验场观测体系设计

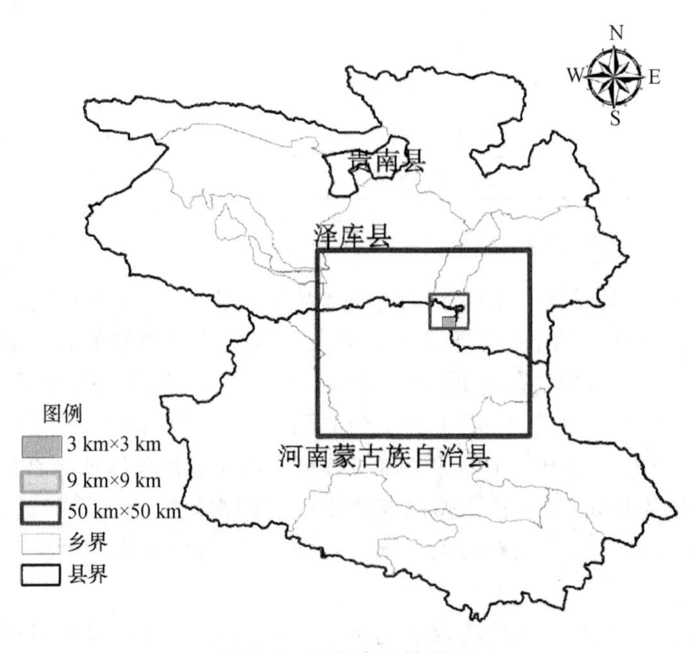

图 2-4　卫星产品校验场

2.2.2.4 干旱气象监测站网

在现有 76 个国家级土壤水分观测站网的基础上，在东部地区布设 100 个左右的土壤水分观测站，有效补充土壤墒情监测能力的不足。鉴于干旱是青海省最主要的农牧业气象灾害，农业干旱监测评估预警在农业气象业务服务中具有举足轻重的地位，同时由于当前土壤水分自动监测资料与土壤实际变化存在一定差异的问题，已严重影响到农业气象服务工作的顺利开展。为此，根据青海省农业气象服务需求，拟在青海省东部农业区浅山地区，选用性能稳定、质量可靠的土壤水分自动监测仪器，建设土壤水分自动监测专业网，显得尤为必要。干旱气象监测站网主要观测仪器见表 2-11。

表 2-11 干旱气象监测站网主要观测仪器

观测项目	观测指标/观测内容	观测仪器	备注
土壤水分观测	不同深度土壤含水率、温度、盐度	土壤水分自动观测仪	

2.3 生态气象观测内容及方法

2.3.1 牧草观测

各种类型草场和植物群落的兴衰、荣枯都受天气、气候条件的制约，牧草生长与天气、气候条件的关系尤为密切。三江源地区是目前我国面积最大的生态环境自然保护区，是我国生物物种形成、演化的中心之一，也是国际科技界瞩目的研究气候和生态环境变化的敏感区，组建草地生态观测网开展牧草长势动态观测，将进一步提高对该地区生态环境的观测能力，有利于采取积极有效的措施保护草地生态系统，同时也为全面准确地分析研究三江源地区草地生态的变化奠定基础。

(1)牧草发育期观测方法及其标准

牧草发育期的观测，是根据牧草外部形态变化，记载牧草从返青(出苗)到黄枯的整个生育过程中发育期出现的日期。在牧草观测场内的发育期观测小区里，以整个发育期观测小区的牧草为对象，目测判断 50%的牧草进入发育期的日期。

返青期：春季目测发育期观测小区内 50%的牧草由黄转青，且牧草地上部分的高度约为 1 cm。开花期：目测发育期观测小区内 50%的牧草开花。黄枯期：秋季目测发育期观测小区内 50%的牧草地上部分约有三分之二枯萎变色。

(2)牧草高度观测方法及其标准

从牧草观测场或牧草观测地段的牧草返青期开始到黄枯期为止，月末进行。

在牧草观测场高度观测小区的 2 个重复内，分别选取 1 个有代表性的测点，将米尺垂直于地面，平视草层的自然状态草层高度，对突出的少量叶和枝条不予考虑。求出牧草观测场 2 个重复的草层高度的平均值，即为牧草观测场草层高度。

(3)牧草产量观测方法及其标准

从牧草观测场或牧草观测地段的牧草返青期开始到黄枯期为止，月末进行。

在牧草观测场产量观测小区的 2 个重复内，分别选取 1 m^2 有代表性的样本，将方框平整、垂直地放在测点上，将框内全部牧草沿地表剪取，立刻装入布袋，带回站内及时称重，称重应在剪取后半小时内完成。求出牧草观测场2个重复的混合草产量的平均值，即为牧草观测场混合草产量。

(4)牧草覆盖度观测方法及其标准

牧草观测场覆盖度：在牧草观测场覆盖度观测小区的2个重复内，分别选取1个有代表性的测点，采用目测法，从牧草的上方与地面垂直目测估计混合牧草的覆盖度，按10等份估计，如1 m^2 范围内的牧草覆盖度达8成时，覆盖度记为80%。求出牧草观测场2个重复的覆盖度的平均值，即为牧草观测场覆盖度。

2.3.2 积雪观测

传统的雪深测量方法是人工观测法，随着科技的不断进步，人们研制出了雷达雪深传感器、激光雪深传感器以及超声波雪深传感器等自动测量雪深的仪器。这里重点介绍超声波传感器测量雪深的方法。超声波雪深传感器是应用超声波在声阻抗不同的两种物质界面上产生反射的性质测量界面距离的原理来测量雪的深度。它由发射器发出超声波脉冲，传到目标经反射后返回接收器，测出超声波脉冲从发射到接收所需的时间。由此便可计算出积雪深度，用公式表示：

$$D=H-\frac{vt}{2} \tag{2-1}$$

式中：D 为积雪深度；H 为超声波传感器安装高度；v 为超声波在空气中的传播速度；t 为超声波往返时间。考虑到环境温度对超声波传播速度的影响，通过温度补偿的方法对传播速度以及雪深予以校正。计算公式为：

$$v=331.5\sqrt{\frac{T_k}{273.15}} \tag{2-2}$$

式中：v 为超声波在空气中的传播速度；T_k 为环境的开氏温度。

$$D=D_s\sqrt{\frac{T_k}{273.15}} \tag{2-3}$$

式中：D 为校正后的雪深；D_s 为最初测得的雪深；T_k 为环境的开氏温度。

2.3.3 土壤水分观测

青海省土壤水分采用DZN2(GStar-I)自动土壤水分观测仪设计，电容土壤水分传感器(Frequency Domain Reflectometry)，简称FDR，如图2-5所示。可用于即时探测土壤含水量变化，仪器内部为一单杆多节式传感器，每一组传感器由两个铜环所构成，外部为PVC材质所制造而成的套管，可防止水或其他流体干扰内部的电子元器件，影响土壤含水量的观测。此仪器使用LC电路原理，LC电路能描述振荡频率受到电感(L)与电容(C)变化的影响。由于此仪器采用固定的电感值，因此，频率的变化取决于电容的改变，而电容的改变受到两铜环之间、套管及套管外的土壤部分影响。振荡频率(F)的计算采用下式

$$F=\frac{1}{2\pi\sqrt{LC}} \tag{2-4}$$

仪器的振荡频率变化在100～150 MHz之间(空气中-水中)。如果将整体的土壤视为由水、空气及固态土三种物质所组成，当把空气的介电常数(dielectric constant)视为1($\varepsilon_a=1$)，水的相对介电常数则约为80.4($\varepsilon_w=80.4$)，固态土则为3～7($\varepsilon_s=3\sim7$)，如图2-6所示。

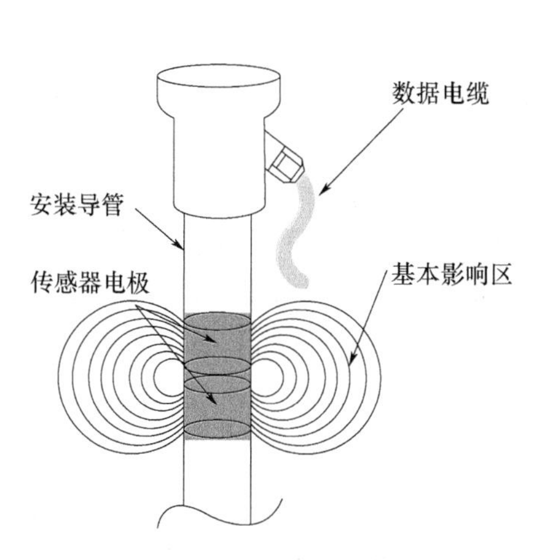

图 2-5　多节式土壤水分监测器示意图

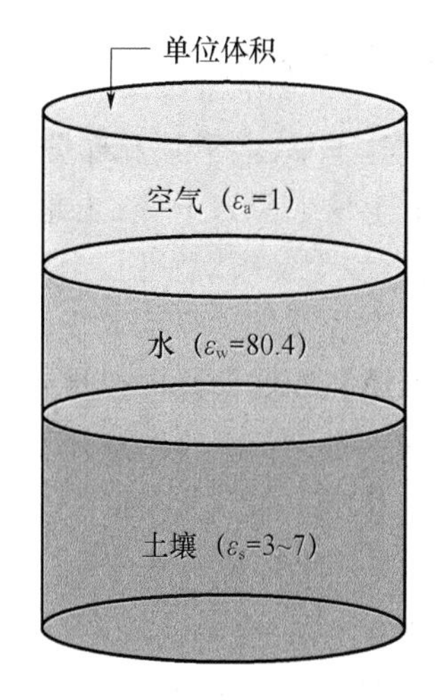

图 2-6　土壤内部物质组成示意图

由于电容会受到介电常数的影响，总电容：

$$C = k\varepsilon_r\varepsilon_0 \tag{2-5}$$

式中：k 为一几何常数(m)，ε_r 为整体土壤按照体积比例混合的相对介电常数($\varepsilon_r^a = \sum_i V_i\varepsilon_i^a$)，$V_i$ 为土壤中物质 i 体积占整体体积的比例，ε_i 土壤中物质 i 的相对介电常数，ε_0 为空气或真空中的介电常数(8.85×10^{-12} F/M)。对于固态土部分其总量通常视为固定，因此当土壤中含水量改变时则会造成空气与水所占的比例改变，因此也影响到最后总电容量的值有所改变，使得仪器所测得的频率也有所不同。为了反映土壤含水量与频率之关系，CP 利用了 SF(scaled frequency)参数建立与土壤含水量 θ_v 之间的指数关系式(图 2-7)：

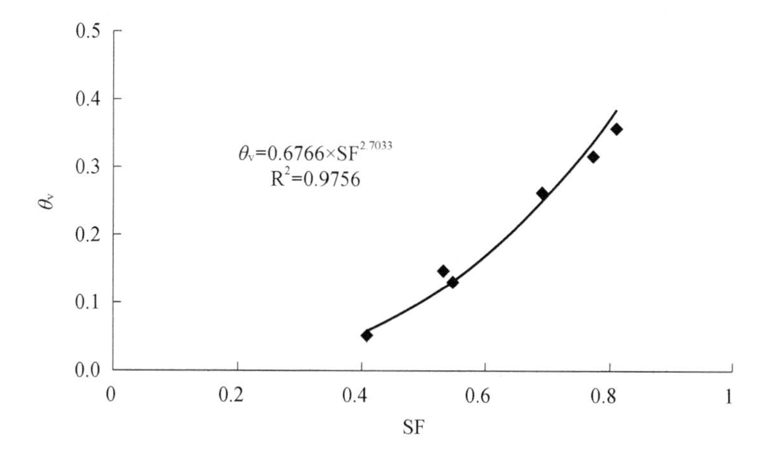

图 2-7　土壤含水量 θ_v 与仪器讯号 SF 之关系图

$$\theta_v = aSF^b \tag{2-6}$$

SF 定义为

$$SF = \frac{F_a - F_s}{F_a - F_w} \tag{2-7}$$

式中：F_a 为仪器放置于空气中所测得的频率，F_w 为仪器放置在水中所测得的频率，F_s 则为仪器安装于土壤中所量测得到的频率，a、b 为待定参数。

2.3.4 荒漠化观测

荒漠化是干旱、半干旱及部分半湿润地区主要由于人类不合理经济活动和脆弱环境相互作用而造成土地生产力下降，土地资源丧失，地表呈现类似沙漠景观的土地退化现象。近年来，我国北方沙尘暴频繁发生，土地沙漠化趋势加剧，引起有关专家学者的关注和重视。北方半干旱区人为沙漠化过程不是现代所特有的，它和农业文明一样具有悠久的历史。沙尘暴是我国北方沙漠和沙地及其周边地带固有的天气气候现象。在青海省 72 万 km^2 的土地上将近有一半的国土面积是沙源区或正在被沙漠吞噬。因此，必须特别注意沙漠化和沙尘暴的预防。开展沙漠化及沙尘天气的动态观测，具有非常重要的意义。

2.3.4.1 沙丘移动观测

风沙流是指活动的沙丘、流沙或其他裸露地表面的疏松土壤、沙砾，在风的吹动下，沿着地表面向风的下游方向移动，掩埋下游农田、道路、灌区、河道、草原等的自然现象。

根据沙丘的移动速度，我们将其划分为 3 个类型：

慢速型沙丘，每年向前移动不到 5 m；

中速型沙丘，每年向前移动 5～10 m；

快速型沙丘，每年向前移动 10 m 以上。

沙丘移动观测第一年 9 月上旬进行选点和测量，以后每年 6 月上旬按要求观测一次沙丘移动的速度和方向。观测台站在本行政区内选择具有代表性(沙丘独立、四周开阔)的沙丘，且在主导下风方无阻碍沙丘移动的独立沙丘。被选择的沙丘体积不宜庞大。

观测方法：在沙丘移动的方向的下风方约 30 m 处，确定两条南北和东西基线，基线长为 2000 m。南北、东西的基线确定可用 GPS 系统或日中线法。基线确定好后，每隔 500 m 打一水泥界桩，界桩顶部离地面 20～30 cm 为宜(图 2-8)，为便于识别界桩，将界桩的顶部用红色油漆涂饰。

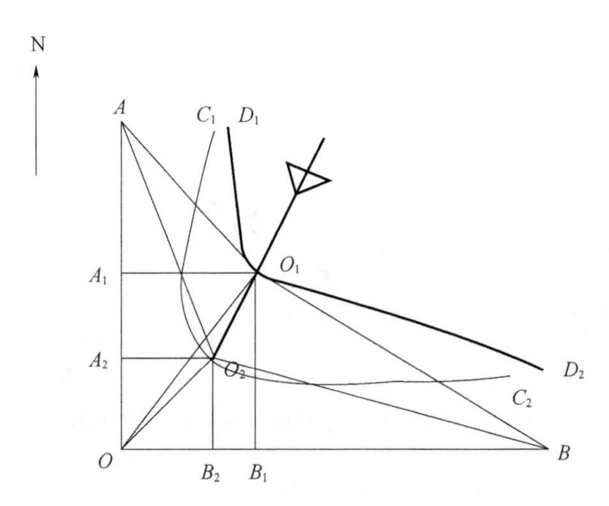

图 2-8 沙丘移动测算示意图

图中，OA 为南北线，OB 为东西线，$D_1O_1D_2$ 廓线为沙丘观测前的沙丘边缘廓线，$C_1O_2C_2$ 为沙丘移动后的边缘廓线，O_1 点为沙丘移动观测前的最前沿突出点，O_2 为沙丘观测时移动后的最前沿突出点。

(1)被观测的沙丘选择好后，用卷尺量出 O_1 点到 A 点、O 点、B 点的距离。用 GPS 系统测量出沙丘所在地的经度、纬度、海拔高度和沙丘的距地相对高度。记录在观测记录表中(距离的精度为 0.1 m，经度、纬度的精度精确到秒，下同)。

(2)观测时用卷尺量出沙丘移动后 O_2 点到 A 点、O 点、B 点的距离，记录在观测记录表中。

(3)用 GPS 系统测量出移动后沙丘所在地的经度、纬度、海拔高度和沙丘的距地相对高度。记录在观测记录表中。

观测数据记录：利用三角变换计算公式，计算出 O_1 到 O_2 的距离 L，L 为沙丘实际移动的距离。同时，记录沙丘移动的方位，即朝什么方向移动。将计算数据填写在观测记录本相应栏中，并按要求编发报文。

2.3.4.2　沙尘天气常规观测

沙尘暴是指大风将地面的沙尘扬起，使空气浑浊，水平能见度小于 1 km 的风沙天气现象。根据沙尘暴发生时的风速和水平能见度，又可以将沙尘暴细分为强沙尘暴和特强沙尘暴。强沙尘暴是指大气水平能见度小于 200 m，风力大于 9 级的沙尘暴，特强沙尘暴是指大气水平能见度小于 50 m，风力大于 10 级的沙尘暴；扬沙是指大风将地面的沙尘扬起，使空气相对浑浊，水平能见度在 1～10 km 的风沙天气现象；浮尘是指尘沙、细沙均匀地浮游在空中，使水平能见度小于 10 km 的一种天气现象。

沙尘天气观测可以分为常规人工观测(参照《地面观测规范》)、大气颗粒物观测、激光雷达观测(参见大气成分观测)。

2.3.4.3　大气降尘量观测

大气降尘是指从空气中自然降落于地面的颗粒物，其直径多大于 10 μm。大气中的颗粒物自然沉降在集尘缸内，样品经蒸发、干燥、称量后，以称量法测定降尘的量。结果以每月每平方千米面积上沉降颗粒物的吨数[t/(km^2 · 月)]表示。

观测方法：观测大气中的悬浮颗粒物自然沉降到地面的重量。按月定期换取集尘缸一次，时间统一规定为每月 1 日，当降雨量较大时，须防止缸内积水溢出，造成尘样流失。必要时，应中途更换干净的集尘缸，继续收集，合并分析。

(1)从采样点取回集尘缸后，用镊子将落入罐内的树叶、鸟粪、昆虫和花絮等异物取出，并用水将附着在罐壁上的细小颗粒物冲洗下来。将罐内溶液和颗粒物全部移入烧杯中，小心蒸发浓缩至数十毫升。将杯中溶液和颗粒物分数次移入已恒重的瓷蒸发皿中，在沸水浴上蒸干，放入干燥箱中，用 105 ℃±5 ℃烘干，在分析天平上称量至恒重(两次称量质量之差小于 0.4 mg)。

(2)计算

大气降尘量的计算按下述公式进行：

$$M=[(m_s-m_a)\times K]/S \tag{2-8}$$

式中：M 为降尘量，克/(米^2 · 月)(g · m^{-2} · 月$^{-1}$)；m_s 为降尘量加瓷蒸发皿质量，克(g)；(保留 1 位小数)；m_a 为用 105 ℃烘干后的瓷蒸发皿质量，克(g)(保留 1 位小数)；S 为集尘缸缸口面积，平方米(m^2)(保留 1 位小数)；K 为 30 天与每月实际采样天数(精确到 0.1 天)的比例系数，1/月。

参考文献

陈桂琛,黄志伟,卢学峰,等,2002. 青海高原湿地特征及保护[J]. 冰川冻土,24(3):254-259.

李成尊,孙勃,陆锦华,1990. 青海省沙漠化现状及形成与发展趋势[J]. 中国沙漠,10(4):38-45.

青海省人民政府,1998. 关于中国学术期刊标准化数据库系统工程的进展[EB/OL]. http://www.qh.gov.cn/dmqh/system/2016/11/08/010239493.shtml,08-16/1998-10-04.

王聪强,2017. 1990—2015 年唐古拉山冰川对气候变化响应的研究[D]. 兰州:兰州大学.

王虎威,2017. 青海省不同生态区草地退化状况及定量评估研究[D]. 西安:陕西师范大学.

王江山,等,2004. 青海省生态环境监测系统[M]. 北京:气象出版社.

王绍令,2017. 青藏高原冻土退化及冻土环境变化探讨[J]. 地球科学进展,13(增刊):65-73.

第3章　生态气象遥感监测评估方法

3.1　草地监测技术方法

3.1.1　牧草监测数据

3.1.1.1　MOD09A1 遥感数据

来自美国 NASA 网站（http://ladsweb.nascom.nasa.gov）MOD09A1 陆地专题产品，V06 版 8 天合成的 500 m×500 m NDVI 产品，其中 h25v05，h26v05 文件覆盖青海省。下载后的影像分别利用 MRT 软件进行影像拼接、数据格式和投影转换等预处理，完成图像的空间拼接和重采样，把 HDF 格式转换为 Tiff 格式，同时将 SIN 地图投影转换为 Albers 投影，在 ENVI 软件中采用青海省矢量边界裁剪出 2002—2017 年的遥感影像，并进行物候期的提取，如图 3-1 所示。下载方法：

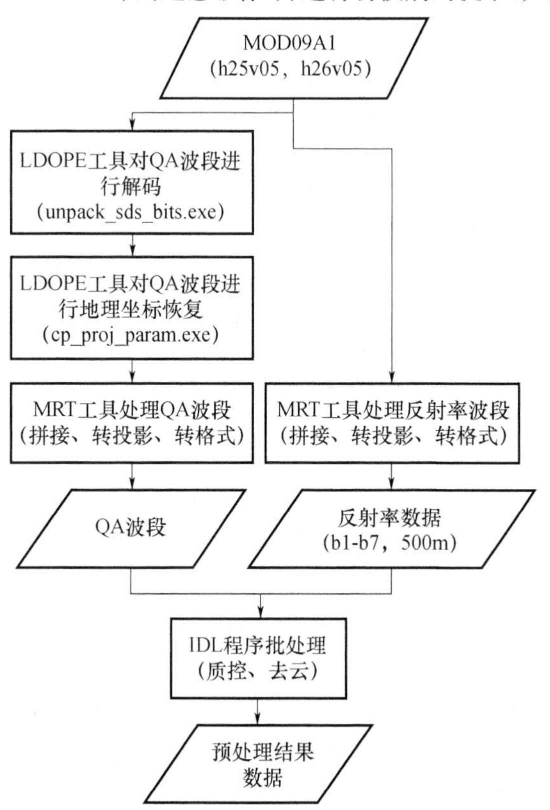

图 3-1　MOD09A1 遥感数据下载和结果输出过程

(1)打开此网站 https://ladsweb.modaps.eosdis.nasa.gov/search/;

(2)按要求选择传感器类型:MODIS:Terra;6-MODIS Collection 6-level 1,Atmosphere,Land;MOD09;

(3)按照需要选定时间;

(4)选择位置:h25v05,h26v05(这两景数据覆盖青海范围);

(5)下载儒略日第 89～153 天的数据(返青用)和儒略日第 241～289 天的数据(黄枯用)。

3.1.1.2　MOD13Q1 遥感数据

来自于美国 NASA 网站(https://ladsweb.nascom.nasa.gov/data/search.html)MOD13Q1 陆地专题的产品,其中 h25v05,h26v05 文件覆盖青海省,收集每年生长季(6—9 月)MODIS 的 16 天合成产品(表 3-1),空间分辨率为 250 m。利用 MRT 工具(MODIS Reprojection Tool)将原始数据 Sinusoidal 投影转换成 WGS84/Albers 正轴等面积双标准纬线圆锥投影。如图 3-2 所示。

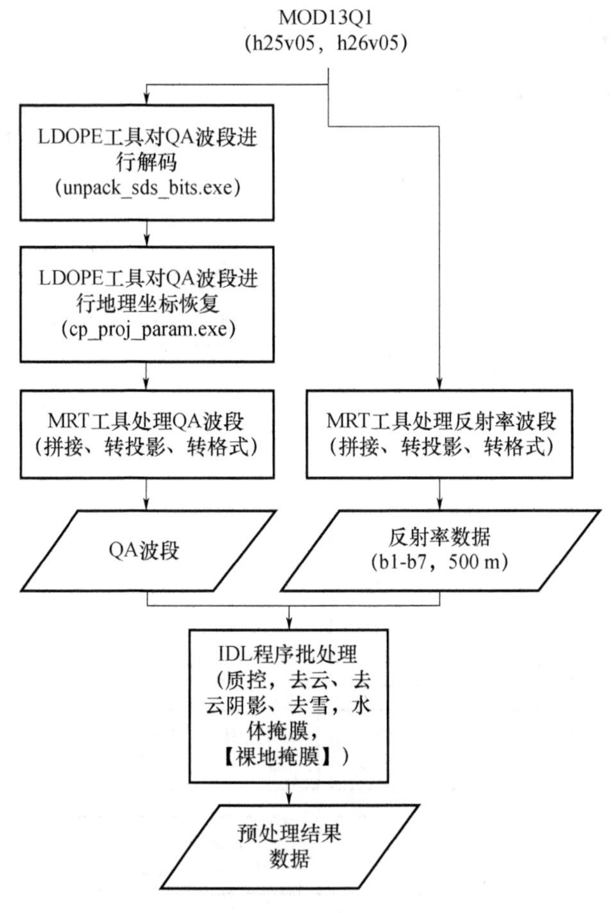

图 3-2　MOD13Q1 遥感数据处理过程

MODIS 数据是利用 MRT 软件进行影像拼接、数据格式和投影转换等预处理,完成图形的空间拼接和重采样,把 HDF 格式转化为 Tiff 格式,同时将 SIN 地图投影转换为 Albers Equal Area Conic/WGS84 投影,采用 ENVI 等遥感软件计算相关植被指数,最后利用最大值合成(MVC)求得青海省植被指数空间分布图,并建立归一化植被指数 NDVI 与不同草地类型产草量鲜重的空间数据库。

表3-1 分月的MODIS数据

月份	MODIS数据
6月	145:5月25日—6月9日;161:6月10日—6月25日
7月	177:6月26日—7月11日;193:7月12日—7月27日
8月	209:7月28日—8月12日;225:8月13日—8月28日
9月	241:8月29日—9月13日;257:9月14日—9月29日

夏季最大值合成:使用6月、7月、8月的月合成结果进行最大值合成。

年最大值合成:使用6月、7月、8月、9月的月合成结果进行最大值合成。

3.1.1.3 草地地面站点监测数据

地面调查数据来自于青海省20个生态监测站点围栏外牧草产量数据,并按照不同的草地类型,归类整理地面产量数据。针对青海省不同草地类型的分布特点,在高寒草原、高寒草甸、温性草原、山地草甸等区域开展相应的生态监测项目。按照中国气象局下发的《生态气象观测规范(试行)》和青海省气象局制定的《青海省生态环境监测系统》规范开展生态系统气象观测。在不同草地类型的代表区域,有重点地开展生态系统的观测,具体生态气象地面调查区域如图3-3所示。

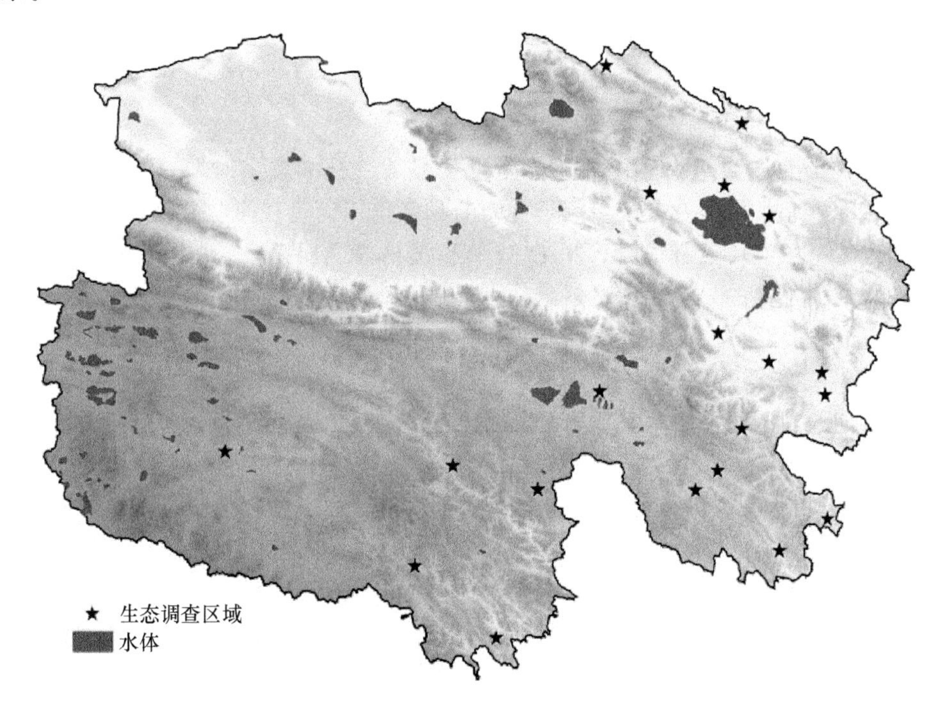

图3-3 生态气象地面调查区域

监测内容:牧草物候期、牧草产量。

监测方法:牧草物候期——以整个牧草监测场内的牧草为对象,目测判断50%的牧草进入物候期的日期,返青期是春季目测牧草监测场内50%的牧草由黄转青,且牧草地上部分的高度约为1 cm,黄枯期是秋季目测牧草监测场内50%的牧草地上部分约有2/3枯萎变色。牧草产量——为牧草监测场混合草产量。在牧草监测场产量监测小区的2个重复内,分别选取

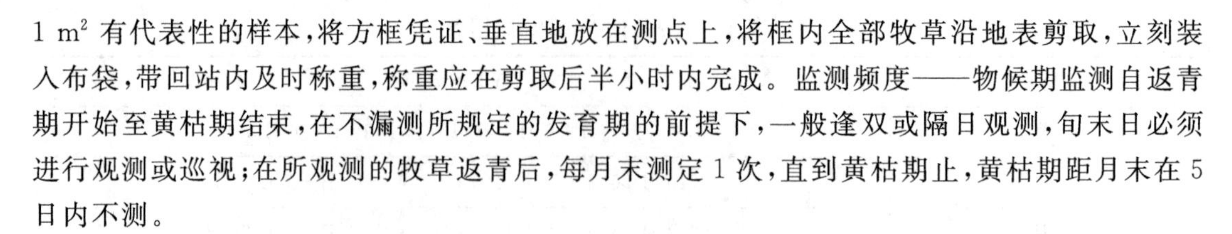

1 m^2 有代表性的样本，将方框凭证、垂直地放在测点上，将框内全部牧草沿地表剪取，立刻装入布袋，带回站内及时称重，称重应在剪取后半小时内完成。监测频度——物候期监测自返青期开始至黄枯期结束，在不漏测所规定的发育期的前提下，一般逢双或隔日观测，旬末日必须进行观测或巡视；在所观测的牧草返青后，每月末测定 1 次，直到黄枯期止，黄枯期距月末在 5 日内不测。

3.1.1.4　基础地理信息

空间数据覆盖范围：青海省。

统计地理单元层次：省级、市(州)级、县级、乡级。

辅助空间要素：水体、公路、铁路、草地类型、其他功能区。

基础地理信息查询分析应为研究省州县及功能区服务，根据经济发展状况与态势提供支持，完成对包括地图、表格、统计图表、专题地图、分析结果在内的多种视角同时展示和分析。

3.1.2　监测原理及方法

草地遥感监测是从较大尺度上利用遥感技术监测草地状况。目前，青海省生态气象业务对草地遥感监测的内容主要有：物候（返青/黄枯）遥感监测、产量遥感监测、年景监测和载畜量遥感监测。各主要牧区牧草一般自 4 月中、下旬开始返青，6 月、7 月进入生产关键期，8 月下旬前后进入黄枯期。由此，4—9 月卫星获取的植被信息主要是草地资源信息。

3.1.2.1　原理

(1)草地物候期监测

物候是牧草在生长发育过程中，在形态上发生显著变化的各个时期，是一个连续的过程，由于自身的生理生态学特性及其环境因子之间的相互作用而呈现出明显的阶段性特征。牧草整个生育期过程一般经历返青、抽穗、开花、成熟和黄枯等主要阶段，其中返青、黄枯是生态气象牧草业务中最为主要的内容之一。遥感从大尺度上研究物候变化，特别是返青和黄枯变化具有优势，本章概述技术方法成熟、应用实践较长，且已服务于生态气象业务的返青、黄枯遥感监测内容作为牧草物候遥感监测的代表。

草地物候期的观测当前主要采用野外观测、建立模型以及遥感监测 3 种手段。3 种手段各有特色，同时也各有不足。野外观测能够较为准确地获得牧草的生育状况，但无法实现大尺度的区域牧草的观测，其观测数据的质量也依赖于观测者的经验。卫星遥感监测利用植被指数来监测牧草生育期，使得大尺度的牧草生育期监测成为可能，但对牧草细微变化现象如分蘖、开花、落叶等监测仍有很大限制。牧草生育期监测模型相当于野外观测与遥感监测方法的桥梁，不仅可将野外观测资料与遥感监测结果联系起来，建立遥感判识模型，还用于验证模型精度，优化判识结果。

遥感监测牧草物候主要是基于通过卫星传感器接收到的牧草对光波的反射和吸收，牧草中特定的内含物质对红光波长光线的吸收特性，并且还对近红外光波进行反射。随着整个牧草生长季的变换，这些反射特性也随之更改。研究表明，遥感光谱中的红色通道和近红外通道反射能量与地表植被的数量有关，叶绿素对光的吸收，随着植物生长反射的红光能量降低，植物对近红外波段的辐射吸收很少，反射的近红外波段的能量随着植物的生长而增加。这两个波段与植物的密度以及植物的生长有关，用这两个波段的组合即可反映植被的状况，通常组合成植被指数。

植被指数是一种无量纲的光谱参数，通常是指两个或多个波段的光谱反射率的组合，其中红光波段与近红外波段组合得到的植被应用更为广泛，它用来表征地表植被覆盖和生长过程的一个简单有效的度量参数，它与植被的覆盖度、生物量、叶面积指数 LAI 等有较好的相关性，而且能指示植被的宏观类型、生长状况和季候特征。其中归一化植被指数（normalized difference vegetation index，NDVI）是最常用的一种植被指数，NDVI 定义为

$$\mathrm{NDVI}=(\mathrm{NIR}-R)/(\mathrm{NIR}+R) \tag{3-1}$$

式中：NIR 代表近红外波段反射率，R 代表红波段反射率。

（2）牧草产量监测

青海省位于青藏高原东北部，属于大陆性干旱、半干旱高原气候。青海省面积大约有 72.23 万 km^2，其中草地面积占 47%，是全国五大牧区之一。草地主要集中于青南高原、祁连山地和环青海湖地区。草地类型主要有高寒草甸类、高寒草原类、高寒荒漠草原类和温性草原类（表 3-2）。利用 EOS/MODIS 数据计算不同类型牧草的单产及总产，对草地类型牧草产量进行精细化估算，对青海省牧草产量做进一步分析统计。

表 3-2 青海省牧草监测站点的草地类型分类

草地类型	站点
高寒草甸类	清水河
	甘德
	曲麻莱
	玛沁
	河南
	玛多
	泽库
	海晏
	祁连
	杂多
	班玛
	久治
	达日
高寒草原类	同德
	沱沱河
	天峻
	托勒
温性草原类	刚察
	兴海
其他草地类	囊谦

本书关于牧草逐月产量遥感监测模型，是基于定点数据与遥感数据结合的方法进行估算，在具有野外牧草产量调查数据的基础上，大面积估算牧草产量。遥感数据具有广泛的空间覆盖、较高的时空分辨率及良好的一致性和稳定性。建立以归一化植被指数 NDVI 为

自变量，牧草产量为因变量，构建不同草地类型的回归模型，在此基础上估算青海省的牧草产量。

3.1.2.2 监测方法

(1)MODIS 直收站数据物候监测方法

参照青海省地方标准《高寒草地遥感监测评估方法》(DB63/T 1564—2017)，采用 NDVI 归一化植被指数签收的差值进行监测，可以认为返青后 NDVI 与返青前 NDVI 的差值高于某阈值时，且返青后 NDVI 高于某阈值为返青；反之，黄枯前 NDVI 与黄枯后 NDVI 的差值高于某阈值时，且黄枯后 NDVI 低于某阈值为黄枯。此方法尽可以判断是否返青或黄枯，但无法确定具体的时间或时间段。

返青期监测：

选择返青前后的两景晴空数据，返青前时间段 3 月底至 4 月初，返青后 4 月底至 5 月均可，格式为 *.ld3。当牧草进入返青期时，NDVI 值随之上升。根据 NDVI 计算公式(3-1)，计算出两景数据当天的 NDVI。$NDVI_2$ 为牧草返青后 NDVI 指数，$NDVI_1$ 为牧草返青前 NDVI 指数。NDVI 的前后两次的差值为：

$$\Delta NDVI = NDVI_2 - NDVI_1$$

$\Delta NDVI \geq$ 某一个阈值 B(EOS/MODIS 卫星的 B 为 0.03)，或 $NDVI_2 \geq A$ 时(EOS/MODIS 卫星的 A 为 0.08)为牧草返青。

黄枯期监测：

选择黄枯前后的两景晴空数据，黄枯前时间段 9 月初，黄枯后 10 月即可，格式为 *.ld3。当牧草开始黄枯时，NDVI 值随之下降。根据 NDVI 计算公式(3-1)，计算出两景数据当天的 NDVI。$NDVI_2$ 为牧草黄枯前 NDVI 指数，$NDVI_1$ 为牧草黄枯后 NDVI 指数。NDVI 的前后两次的差值为

$$\Delta NDVI = NDVI_2 - NDVI_1$$

$\Delta NDVI \geq$ 某一个阈值 B(EOS/MODIS 卫星的 B 为 0.03)，或 $MNDVI_2 \geq A$ 时(EOS/MODIS 卫星的 A 为 0.08)为牧草黄枯。

(2)MOD09A1 官网数据物候监测方法

当草地植被开始生长或开始黄枯，NDVI 就相应的有所反应。NDVI 的连续增加或减少以及最大值出现时间与生育时间有很大关系，从而由 NDVI 确定生育期，生态气象业务中 NDVI 数据时间分辨率为 8 天，所以，本书所说的某一物候的出现日期是指某一天开始的接下来 8 天时间段内。生态气象牧草生育期监测业务中，参照青海省地方标准《高寒草地遥感监测评估方法》(DB63/T 1564—2017)，融合李刚勇等(2014)和刘爱军等(2007)在草原生育期遥感信息提取的思路，形成如下的监测方法：

返青期监测：

牧草返青是草地植被在春季植物普遍开始生长和变绿的过程，这里并非是针对某个物种或群落，而是以草地生态系统作为研究对象开展。用遥感描述牧草返青和地面观测有较大的区别，遥感是从宏观上对地面返青进行测算，首先当看到的是植被变绿，变绿达到一定的程度时(或阈值)就定义为返青，遥感监测春季草地植被在温度和水分条件适宜时，牧草萌发并普遍开始变绿、生长的过程。返青期遥感监测模型：依据地面站点确定历年青海省牧草返青期介于每年的第 89～161 天。在可能出现的返青时间内(第 89～161 天)，连续两期 NDVI 增加，且返青前后 NDVI 差值>0.03。公式表示：

$$NDVI_d > NDVI_{d-1} \text{且} NDVI_{d+1} > NDVI_d \text{且} NDVI_{d+1} - NDVI_{d-1} > 0.03 \text{且} 89 < days < 161$$

式中：$NDVI_d$表示监测当期的 NDVI 值，$NDVI_{d-1}$表示监测前一期的 NDVI 值，$NDVI_{d+1}$表示监测下一期的 NDVI 值，days 表示监测当期开始日序。

黄枯期监测：

当看到植被变黄达到一定的程度时(或阈值)就定义为黄枯，遥感可监测秋季草地植被开始变黄、凋落的过程。黄枯期遥感监测模型：依据地面站点确定历年青海省牧草黄枯期介于每年的第 233～288 天。在可能出现的黄枯时间内(第 233～288 天)，连续两期 NDVI 减小，且黄枯前后 NDVI 差值>0.03。公式表示：

$$NDVI_d < NDVI_{d-1} \text{且} NDVI_{d+1} < NDVI_d \text{且} NDVI_{d-1} - NDVI_{d+1} > 0.03 \text{且} 233 < days < 288$$

式中：$NDVI_d$表示监测当期的 NDVI 值，$NDVI_{d-1}$表示监测前一期的 NDVI 值，$NDVI_{d+1}$表示监测下一期的 NDVI 值，days 表示监测当期开始日序。

物候期长度监测：

生育期长度遥感监测模型：于每年牧草完全黄枯后监测，为牧草从返青开始到黄枯结束历经的时间，即当年黄枯日期与返青日期的差值。公式表示：

$$period = Days_{\text{黄枯}} - Days_{\text{返青}}$$

式中：period 为生育期长度，$Days_{\text{黄枯}}$为黄枯期开始日序，$Days_{\text{返青}}$为返青期开始日序。

(3)MOD13Q1 官网数据产量监测方法

参照青海省地方标准《高寒草地遥感监测评估方法》(DB63/T 1564—2017)，依据青海省 20 个生态监测站点的地面资料反演出关于 NDVI 产量。

产量反演公式：

$$y = a \times \exp(b \times x)$$

式中：y 为牧草产量，单位 kg/亩[*]。x 为 NDVI 值。a,b 为反演系数。

(4)年景评价遥感方法

用逐月 NDVI 数据，最大值合成法合成一景年最大 NDVI，再利用产量反演公式(详见 1.2.2 节)，计算年最大的产量，再计算与近十年的牧草平均产量相对差值，以此数据评价年景状况。

与近十年距平百分率的差异：

$$\frac{(\text{当年牧草产量} - \text{近十年牧草平均产量})}{\text{近十年牧草平均产量}} \times 100\%$$

结果分为三类：

<−10%	歉年
−10%～10%	平年
>10%	丰年

(5)载畜量遥感监测方法

利用年景评价时生成的年最大牧草产量反演载畜量，公式如下：

$$\text{载畜量} = \frac{\text{年最大产量} \times 0.46}{4 \times 365}$$

式中：年最大产量为 6 月、7 月、8 月、9 月合成的最大值，单位：kg/亩；载畜量单位：只羊单位/亩。

[*] 1 亩 $=1/15\ hm^2$。

3.1.3 结果示例

3.1.3.1 直收站数据监测物候期

使用阈值法以 2017 年 5 月 12 日、18 日 EOS/MODIS 数据作为返青前后的影像资料，对青海省牧草返青状况进行遥感监测，结果显示：海北、海南、黄南牧草基本返青；果洛州除玛多县外基本返青；玉树州除治多县北部、曲麻莱东部、杂多中部外基本返青；海西州东部尚未返青，其余地区陆续返青（图 3-4）。

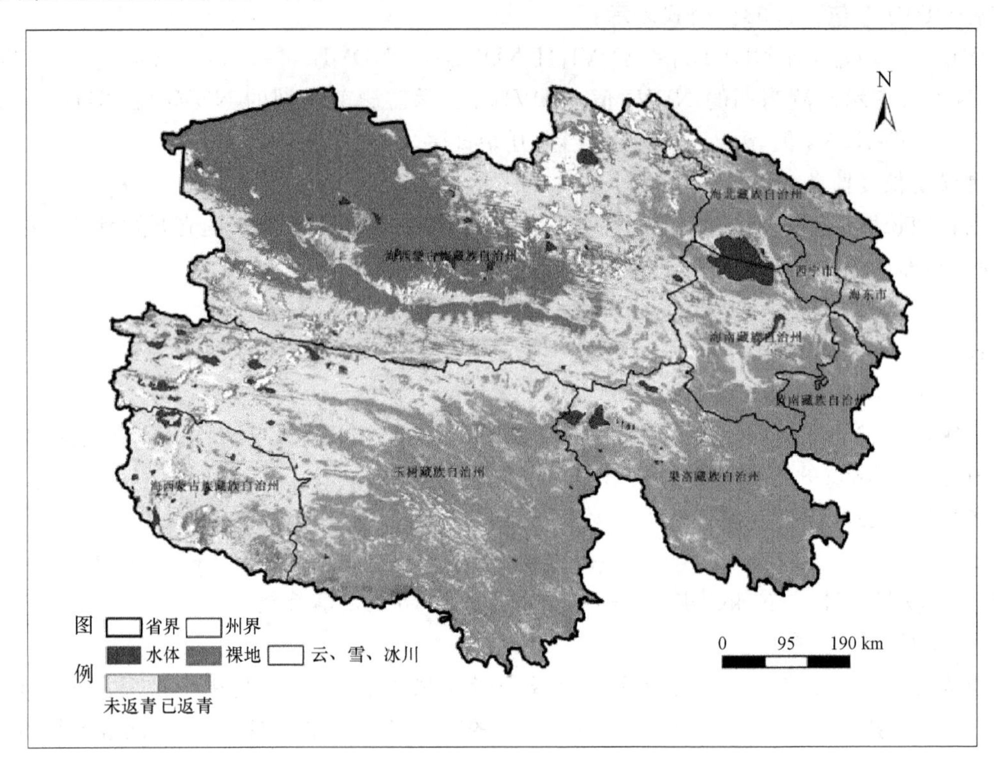

图 3-4 2017 年青海省牧草返青状况遥感监测

3.1.3.2 MOD09A1 数据监测物候期

（1）返青期

根据遥感监测，2017 年全省牧草返青时间在 4 月下旬至 6 月上旬，儒略历（一年为 365 天或 366 天，1 月 1 日为第 1 天，1 月 2 日为第 2 天，……依次类推，下同）第 113～153 天之间，大体呈由东向西、由低海拔向高海拔推迟的趋势。具体为环青海湖地区东北部和青南东北部的牧草于 4 月中下旬返青，青南东南部牧草于 4 月底 5 月初陆续返青，6 月上旬青海全省大部地区牧草返青（图 3-5）。

（2）黄枯期

2017 年青海全省牧草黄枯时间在 9 月上旬至 10 月上旬，儒略历第 249～273 天之间，即大体呈由西北向东南、由高海拔向低海拔推迟的趋势。具体为青南西部地区和哈拉湖地区等高海拔地区牧草在 9 月上旬普遍黄枯，青南东南部地区牧草于 9 月中下旬黄枯，青南的东北部地区和环青海湖地区牧草于 10 月上旬黄枯（图 3-6）。

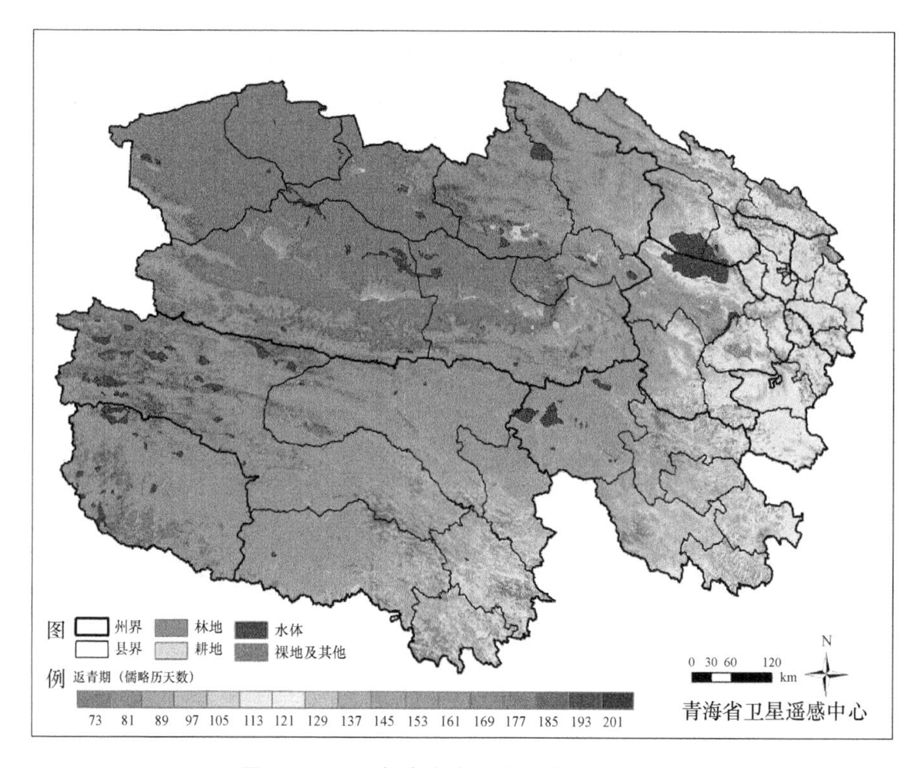

图 3-5　2017 年青海省牧草返青遥感监测图

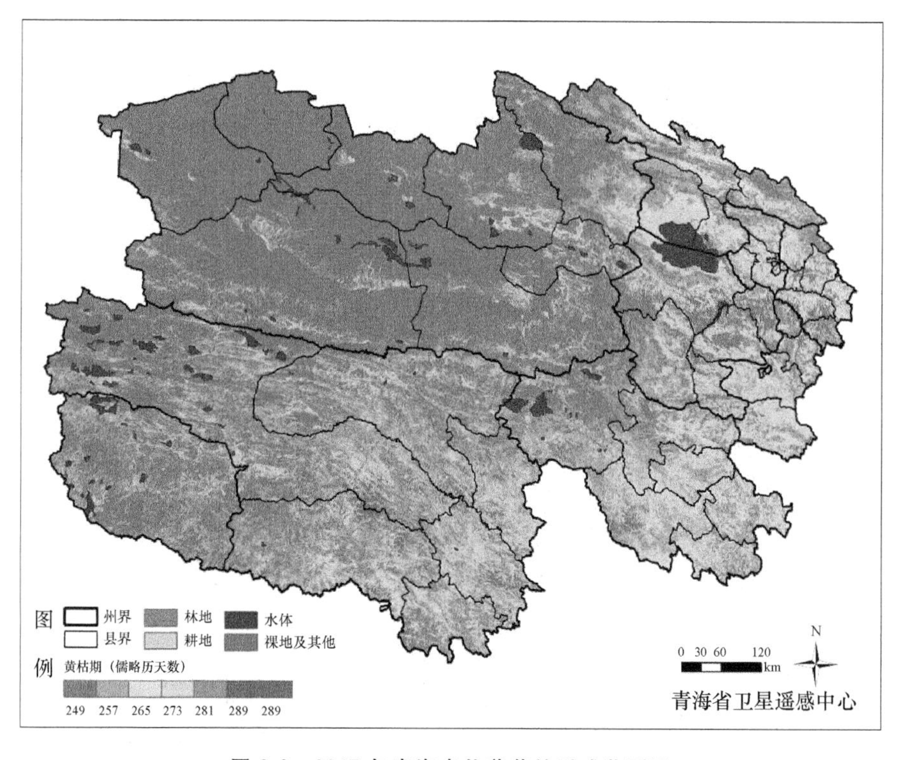

图 3-6　2017 年青海省牧草黄枯遥感监测图

(3)物候期长度

根据 2017 年牧草返青期和黄枯期综合分析:青南西部、北部牧草生育期长度在 128 d 以下;青南中部、祁连山区牧草生育期长度在 128~145 d;海西东部、环青海湖地区、青南南部牧草生育期在 145 d 以上。青海省牧业区牧草生育期长度呈现自西向东、由北向南延长的分布趋势(图 3-7)。

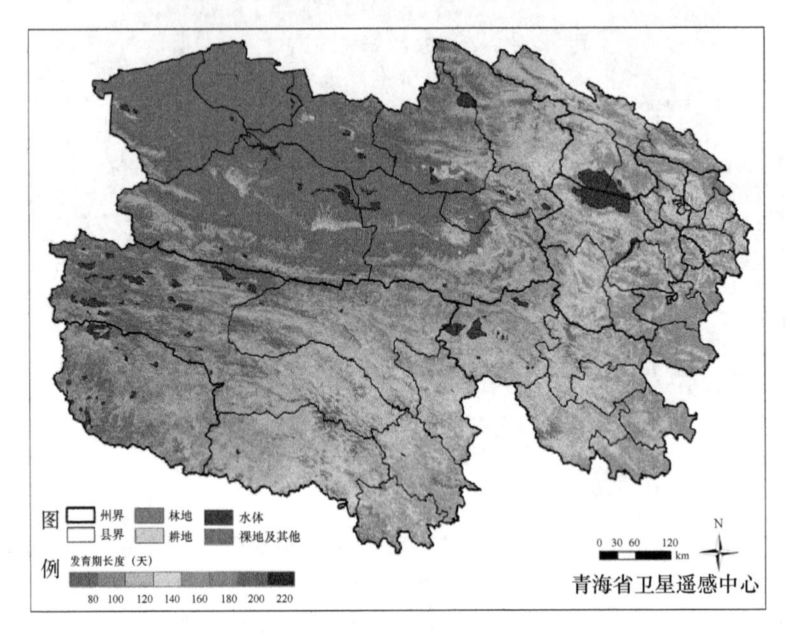

图 3-7 2017 年青海省牧草生育期长度遥感监测

3.1.3.3 MOD13Q1 牧草产量

根据 2017 年 8 月 16 天最大 NDVI 合成 EOS/MODIS 卫星遥感监测资料,结合青海省牧草长势遥感监测模式,对青海省的牧草长势进行了监测(图 3-8),结果如下。

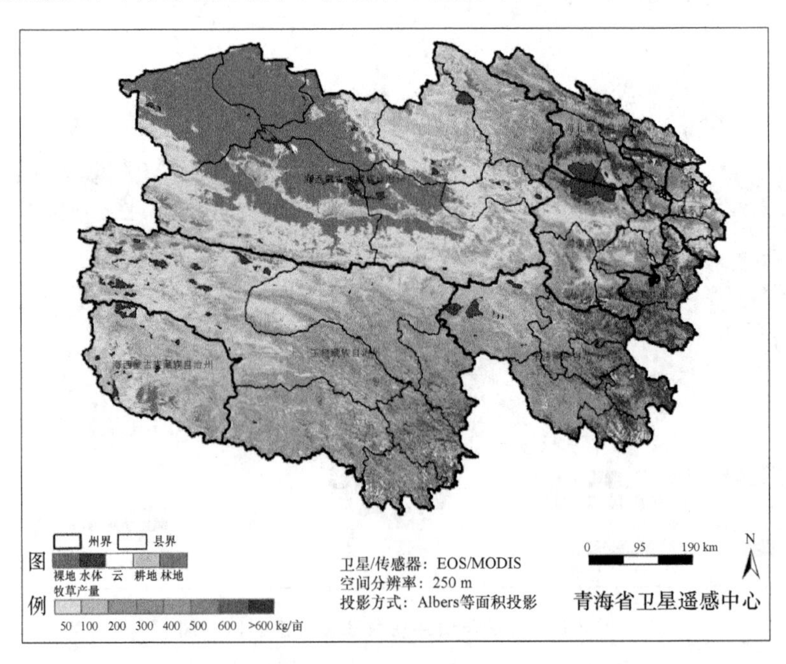

图 3-8 2017 年 8 月份青海省 EOS/MODIS 牧草产量遥感监测图

海北州的牧草产量以 100～400 kg/亩等级为主。牧草产量达 600 kg/亩以上的草地主要分布在海晏和刚察中部、门源西部和祁连东南部。黄南州南部的牧草产量以 400～600 kg/亩等级为主,除北部地区外大部分草地牧草产量较高。海南州的牧草产量以 200 kg/亩以下等级为主。牧草产量较好的区域主要分布在海南州南部和环青海湖南部(400～600 kg/亩)。果洛州的牧草产量在 50 kg/亩以上各个等级均具有较大的面积,且牧草产量沿东南向西北的方向呈递减的趋势,其中,牧草产量为 50～100 kg/亩的草地面积最大,主要分布在玛多。玉树州的牧草产量以 200 kg/亩以下等级为主,其中,曲麻莱和治多的牧草产量大多数在 100 kg/亩以下。牧草产量较高的区域主要分布在玉树州东南部(300～500 kg/亩)。海西州的牧草产量主要在 200 kg/亩以下,主要分布在柴达木盆地东部边缘。牧草产量较高区域(200～500 kg/亩)分布在天峻东部。

3.1.3.4　年景评价

2017 年青海省牧区牧草产量与近十年同期平均相比(图 3-9),增幅大于 10%的草地分布于海西州东部、海北州南部和玉树州西部的部分地区,其余大部分地区基本持平。综上所述,2017 年青海省各地牧草长势较近十年平均基本持平,全省牧草气候年景综合评定为“平年”(表 3-3)。

表 3-3　青海省 2017 年最高产草量与近十年产草量对比(kg/亩)

	地区	2017 年平均	近十年平均	距平百分率	年景评价		地区	2017 年平均	近十年平均	距平百分率	年景评价
玉树州	称多	312	308	1%	平	黄南州	河南	595	644	−8%	平
	囊谦	403	397	1%	平						
	曲麻莱	139	134	4%	平		泽库	482	504	−4%	平
	玉树	439	434	1%	平						
	杂多	213	218	−2%	平	海北州	刚察	409	373	10%	平
	治多	137	143	−5%	平		海晏	429	378	13%	丰
果洛州	班玛	516	511	1%	平		门源	474	442	7%	平
	达日	359	368	−3%	平		祁连	351	322	9%	平
	甘德	475	508	−6%	平	海西州	大柴旦	73	70	4%	平
	久治	575	582	−1%	平		德令哈	81	72	12%	丰
	玛多	146	149	−2%	平		都兰	91	82	11%	丰
	玛沁	404	418	−3%	平		冷湖	40	42	−4%	平
海南州	贵南	265	257	3%	平		茫崖	59	58	1%	平
							天峻	201	182	11%	丰
	同德	371	385	−4%	平		乌兰	111	100	11%	丰
	兴海	266	260	2%	平		格尔木	87	78	12%	丰

3.1.3.5　载畜量

根据 2016 年牧区生长季牧草最大产量、绵羊日食量及牧草利用率计算各州理论载畜量可以看出,2016 年牲畜载畜量最大是玉树州,其次是果洛州,其余地区载畜量从大到小依次为海西州、海南州、海北州、黄南州。2016 年牲畜平均理论载畜量比 2015 年增加 11.29%,比近五

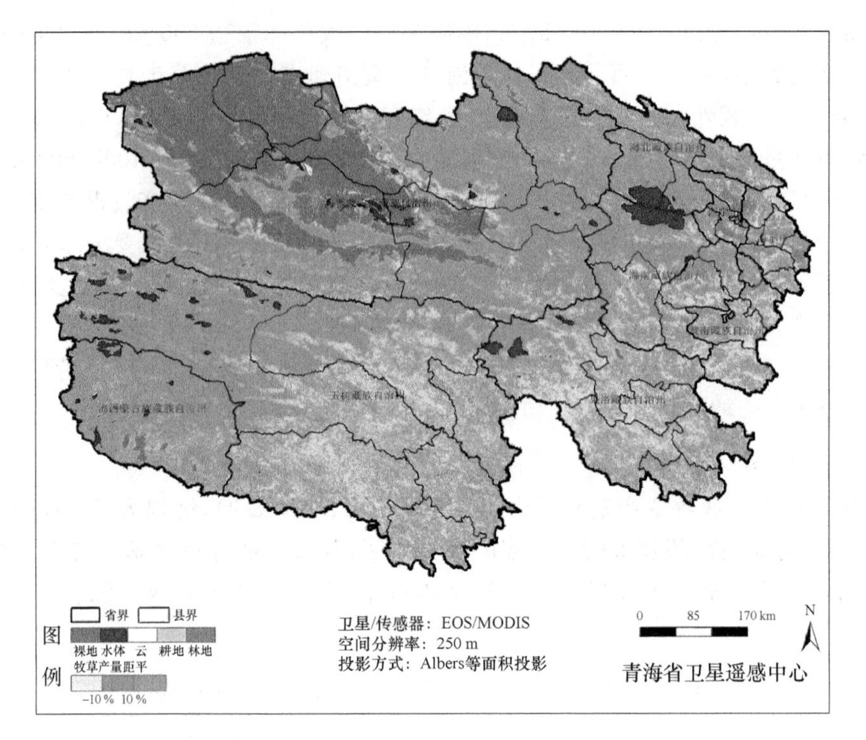

图 3-9　2017 年青海省牧草产量与近 10 年距平图

年平均减少 23.02%。从单位面积草地载畜量分析，黄南州最大，为 0.13 羊单位/亩，其次是海北州，最小为海西州，仅为 0.02 羊单位/亩(表 3-4)。

表 3-4　2016 年青海省各州草地载畜量估算

	2016 年载畜量（万只羊单位）	2016 年单位面积载畜量（羊单位/亩）	2015 年载畜量（万只羊单位）	2011—2015 年平均载畜量（万只羊单位）	2016 年比 2015 年增减百分率(%)	2016 年比近五年增减百分率(%)
海西州	559.44	0.02	552.09	590.92	1.33%	−5.33%
玉树州	1341.15	0.05	1228.01	1408.62	9.21%	−4.79%
果洛州	735.71	0.08	762.08	814.27	−3.46%	−9.65%
海南州	363.41	0.07	362.58	371.39	0.23%	−2.15%
黄南州	284.46	0.13	282.55	291.08	0.68%	−2.27%
海北州	356.44	0.09	345.06	352.36	3.30%	1.16%

从估算的单位面积载畜量空间分布情况可知，三江源地区单位面积载畜量自西向东，从北至南逐渐增大，西部、北部多为 0.04 只羊单位/亩以下等级，东部以 0.12 只羊单位/亩以上等级为主，南部介于 0.06～0.12 只羊单位/亩等级之间；青海湖流域南北地区差异较大，南部 0.12 只羊单位/亩以上等级的区域呈斑块状分布，北部等级较低，呈带状分布；柴达木盆地单位面积载畜量以 0.02 只羊单位/亩以下等级为主(图 3-10)。

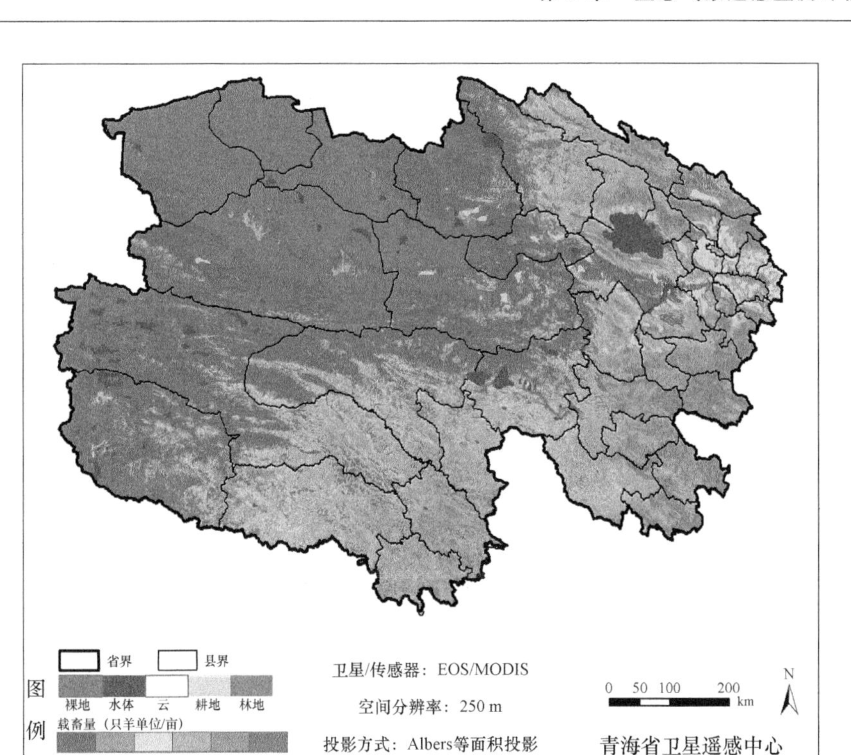

图 3-10 2016 年青海省牧草理论载畜量分布图

3.2 水体监测

3.2.1 水体监测数据

3.2.1.1 卫星接收站直收数据

利用湟源卫星接收站直收的 EOS/MODIS(表 3-5)或 FY-3/MERSI(表 3-6)数据，对水体进行监测。这类数据主要用于青海湖水体监测的常规产品，需要在 4 月底(枯水期)和 9 月底(丰水期)进行常规监测。

表 3-5 EOS/MODIS(中分辨率成像光谱仪)通道参数

通道	波长(μm)	波段	星下点分辨率(m)
1	0.62～0.67	可见光	250
2	0.841～0.876	可见光	250
3	0.459～0.479	可见光	500
4	0.545～0.565	可见光	500
5	1.230～1.250	近红外	500
6	1.628～1.652	短波红外	500
7	2.105～2.155	短波红外	500
8	0.405～0.420	可见光	1000
9	0.438～0.448	可见光	1000

续表

通道	波长(μm)	波段	星下点分辨率(m)
10	0.483～0.493	可见光	1000
11	0.526～0.536	可见光	1000
12	0.546～0.556	可见光	1000
13	0.662～0.672	可见光	1000
14	0.673～0.683	可见光	1000
15	0.743～0.753	可见光	1000
16	0.862～0.877	近红外	1000
17	0.890～0.920	近红外	1000
18	0.931～0.941	近红外	1000
19	0.915～0.965	近红外	1000
20	3.660～3.840	中波红外	1000
21	3.929～3.989	中波红外	1000
22	3.929～3.989	中波红外	1000
23	4.020～4.080	中波红外	1000
24	4.433～4.498	中波红外	1000
25	4.482～4.549	中波红外	1000
26	1.360～1.390	短波红外	1000
27	6.535～6.895	中波红外	1000
28	7.175～7.475	中波红外	1000
29	8.400～8.700	中波红外	1000
30	9.580～9.880	远红外	1000
31	10.780～11.280	远红外	1000
32	11.770～12.270	远红外	1000
33	13.185～13.485	远红外	1000
34	13.485～13.785	远红外	1000
35	13.785～14.085	远红外	1000
36	14.085～14.385	远红外	1000

表 3-6　FY-3/MERSI 中分辨率光谱成像仪通道参数

通道	波长(μm)	波段	星下点分辨率(m)
1	0.42～0.52	可见光	250
2	0.50～0.60	可见光	250
3	0.60～0.70	可见光	250
4	0.815～0.915	可见光	250
5	8.75～13.75	远红外	250
6	1.59～1.69	短波红外	1000
7	2.08～2.18	短波红外	1000

续表

通道	波长(μm)	波段	星下点分辨率(m)
8	0.392～0.432	可见光	1000
9	0.423～0.463	可见光	1000
10	0.47～0.51	可见光	1000
11	0.50～0.54	可见光	1000
12	0.545～0.585	可见光	1000
13	0.63～0.67	可见光	1000
14	0.665～0.705	可见光	1000
15	0.745～0.785	可见光	1000
16	0.845～0.885	近红外	1000
17	0.885～0.925	近红外	1000
18	0.92～0.96	近红外	1000
19	0.96～1.00	近红外	1000
20	1.01～1.05	中红外	1000

$$\mathrm{NDVI} \leqslant 0$$

式中：$\mathrm{NDVI}=\frac{B_2-B_1}{B_2+B_1}$，$B_1$ 为波长在 0.62～0.67 μm 的红光波段的地表反射率；B_2 为波长在 0.84～0.875 μm 的近红外波段的地表反射率。

3.2.1.2　资源卫星数据

主要包括美国陆地资源卫星(LANDSATTM/ETM＋、LANDSAT8OLI)、环境减灾卫星(HJ-1A/BCCD)和 GF 系列卫星(GF1 和 GF2)，用来监测面积小于或等于 100 km^2 的湖泊、水库水体面积，尽可能采用晴空数据提取水体面积。

美国陆地资源卫星(LANDSATTM/ETM＋、LANDSAT8OLI)的数据来源于地理空间数据云(表 3-7、表 3-8)。环境减灾卫星(HJ-1A/BCCD)和 GF 系列卫星(GF1 和 GF2)来自中国资源卫星应用中心的陆地观测卫星数据服务平台，另外，国家卫星气象中心通过 FTP 推送高分数据，时效性比网站下载要高。

表 3-7　LANDSATTM/ETM＋光谱成像仪通道参数

通道	波长(μm)	波段	星下点分辨率(m)
1	0.45～0.52	可见光	30
2	0.52～0.60	可见光	30
3	0.63～0.69	可见光	30
4	0.76～0.90	近红外	30
5	1.55～1.75	中红外	30
6	10.40～12.50	远红外	30
7	2.09～2.35	中红外	30
8	0.52～0.90	全色	15

表 3-8 LANDSAT8/OLI 光谱成像仪通道参数

通道	波长(μm)	波段	星下点分辨率(m)
1	0.433~0.453	可见光	30
2	0.450~0.515	可见光	30
3	0.525~0.600	可见光	30
4	0.630~0.680	可见光	30
5	0.845~0.885	近红外	30
6	1.560~1.660	短波红外	30
7	2.100~2.300	短波红外	30
8	0.500~0.680	可见光	15
9	1.360~1.390	可见光	30
10	10.60~11.19	远红外	100
11	11.50~12.51	远红外	100

3.2.2 水体监测方法

3.2.2.1 Terra/Aqua MODIS 或 FY-3/MERSI 数据提取水体模型

参考青海省地方标准《高原湖泊、水库水体面积遥感监测规范》(DB63/T 1680—2018)主要用来采用经验阈值法或植被指数法(NDVI)提取湖泊、水库水体面积，B_1、B_2 分别是 MODIS 卫星的第 1、2 通道的地表反射率。

$$(B_2-B_1)>0, \quad B_2<0.12$$

式中：B_1、B_2 分别是 Terra/Aqua 卫星 MODIS 第 1、2 通道的地表反射率，对 FY-3/MERSI 则是第 3、4 通道的地表反射率。

$$\mathrm{NDVI}\leqslant 0$$

式中：$\mathrm{NDVI}=\frac{B_2-B_1}{B_2+B_1}$，$B_1$ 为波长在 0.62~0.67 μm 的红光波段的地表反射率；B_2 为波长在 0.84~0.875 μm 的近红外波段的地表反射率。

3.2.2.2 资源卫星数据提取水体模型

监测面积小于或等于 100 km^2 的湖泊、水库水体面积，采用经验阈值法或水体指数法模型，同时尽可能采用晴空数据提取水体面积。

其中使用 LANDSATTM/ETM、LANDSAT8 资料进行湖泊、水库水体面积分析时，应用水体指数和 B_4 通道进行提取。

$$\mathrm{NDWI}>0, \quad B_4<0.05$$

式中：$\mathrm{NDWI}=\frac{B_4-B_5}{B_4+B_5}$，$B_4$ 为波长 0.85~0.88 μm 近红外波段的地表反射率，B_5 为波长 1.55~1.85 μm 短波红外波段的地表反射率。

3.2.3 结果示例

3.2.3.1 常规监测产品

2017 年 9 月 27 日 EOS/MODIS 卫星遥感监测结果表明：青海湖面积为 4497.01 km^2(图

3-11)。与 2016 年同期相比,青海湖面积扩大 46.56 km^2;与历年(2001—2016 年)同期相比,扩大 172.87 km^2(图 3-12)

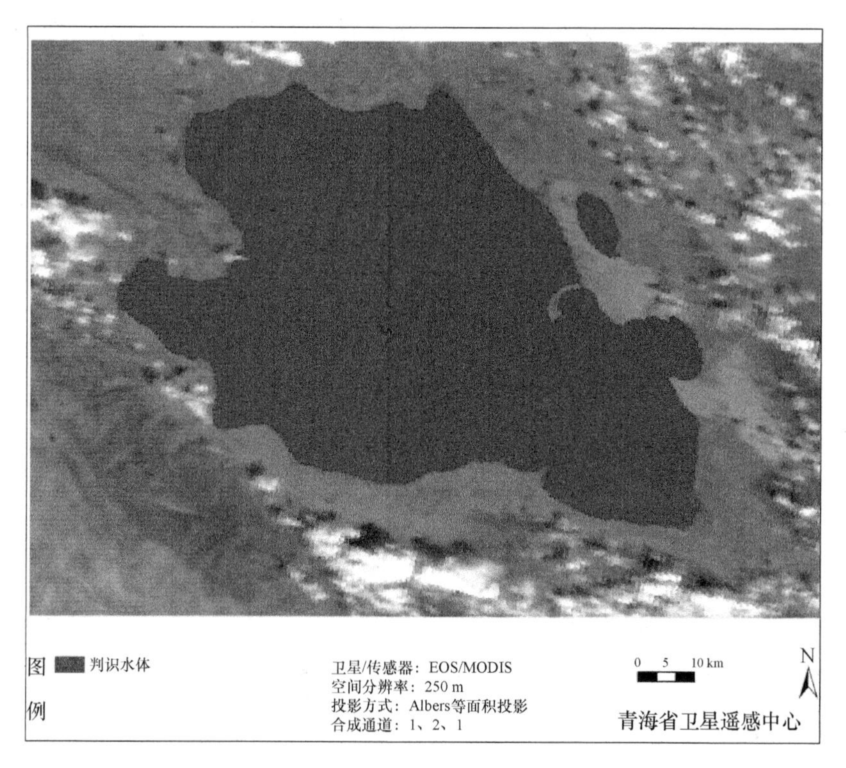

图 3-11　2017 年 9 月 27 日青海湖水体面积监测图

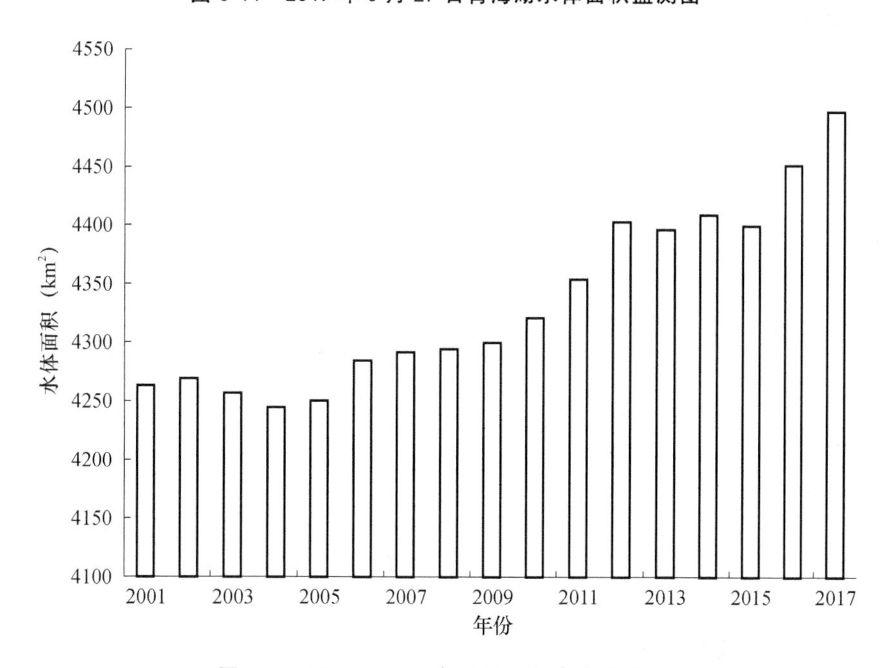

图 3-12　2001—2017 年 9 月下旬青海湖面积

3.2.3.2　非常规监测产品

根据 2017 年 5 月 24 日高分一号卫星遥感监测(图 3-13),卓乃湖、库赛湖、海丁诺尔湖和盐湖面积分别为 155.1 km^2、324.8 km^2、73.7 km^2 和 156.6 km^2，与溃堤前(2011 年)相比，卓乃湖面积减小了 119.0 km^2，而库赛湖、海丁诺尔湖和盐湖面积分别扩大了 36.4 km^2、22.3 km^2 和 110.7 km^2。与溃堤后(2012 年)相比，除盐湖扩大 45.4 km^2 外，其余缩小了 5.6～15.7 km^2。2011 年 9 月，上游的卓乃湖因溃堤面积急剧减小，2012 年后面积趋于稳定。库赛湖和海丁诺尔湖则先增后减，2013 后趋于稳定。而盐湖面积 2011—2013 年显著增大，后呈持续缓慢增大趋势(图 3-14)。这表明盐湖上游的卓乃湖、库赛湖和海丁诺尔湖均已失去部分蓄水功能，使得上游来水大部分最终汇入下游的盐湖，导致盐湖面积呈持续扩大趋势。

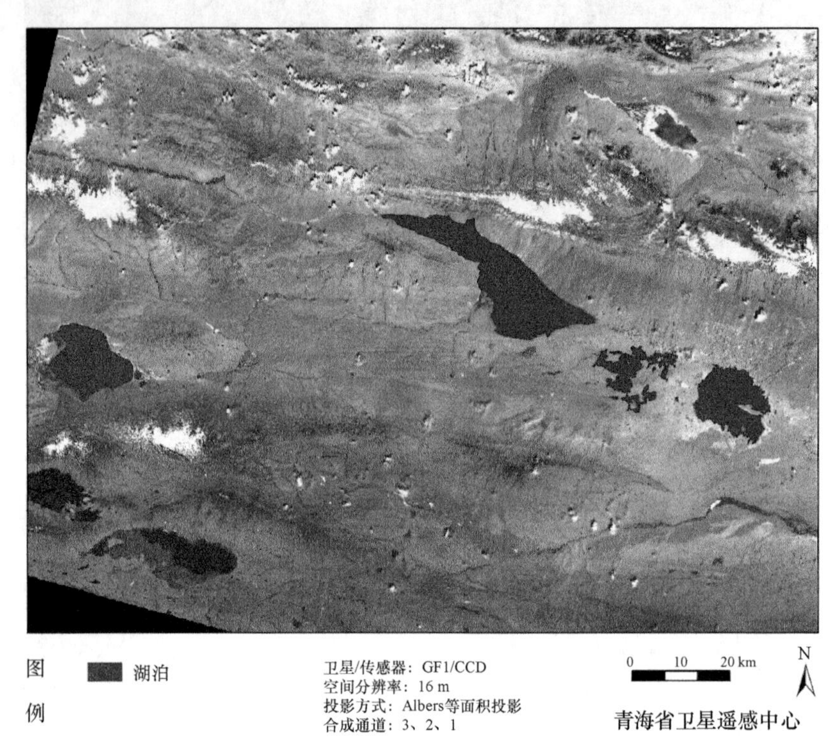

图 3-13 2017 年 5 月下旬可可西里卓乃湖系列湖泊面积遥感监测

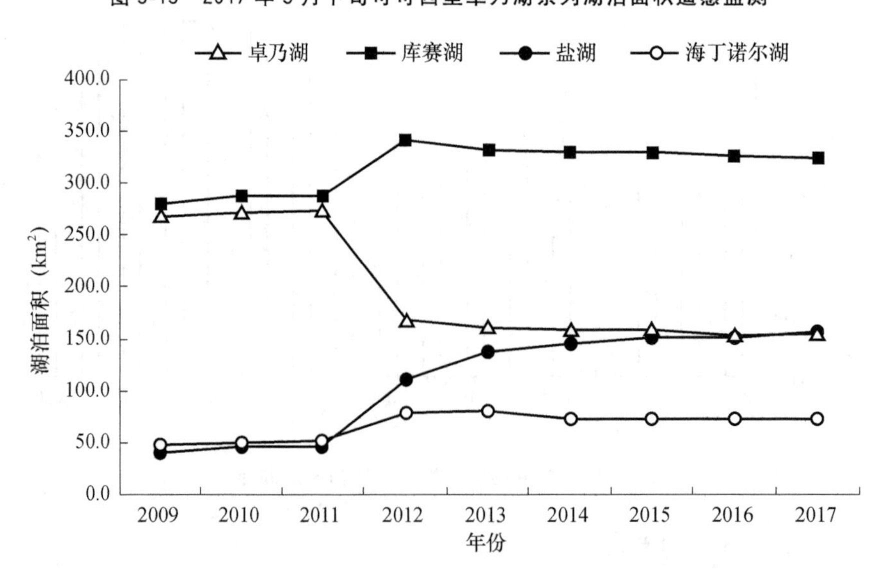

图 3-14 可可西里卓乃湖系列湖泊面积历年变化

3.3 积雪监测

3.3.1 积雪监测数据

3.3.1.1 卫星影像直收站数据

利用湟源卫星接收站直收的EOS/MODIS或FY-3系列卫星数据，对积雪进行监测。其中EOS/MODIS数据用于常规日常监测，监测时间为每日监测。

3.3.1.2 风云三号(FY-3)微波数据

来自国家卫星气象中心的FY-3微波成像仪(MWRI)数据，微波具有“穿透”能力，因此微波图像反映了物体的温度和介电特性等信息。比如对海洋表面温度的监测，利用微波仪器我们可以获取白天和夜间的洋面温度信息，而且这些信息的获取不受天气的影响，在有云覆盖的情况下，我们一样可以获取洋面温度信息。不同微波频段具有不同的穿透能力。一般来说，频率越低穿透能力越强。通过选择不同频率进行观测成像，我们可以获取不同的目标信息。风云三号A星上装载的微波成像仪有5个频率，每个频率都有两个极化模式。这些频率的遥感成像能为我们提供全天候、全天时地表温度、土壤水分、洪涝干旱、积雪深度、台风结构、大气含水量等丰富的信息。如表3-9所示。

表3-9　微波成像仪主要通道特性

频率(GHz)	10.65	18.7	23.8	36.5	89
极化	V.H	V.H	V.H	V.H	V.H
带宽(MHz)	180	200	400	900	2×2300
灵敏度(K)	0.5	0.5	0.8	0.5	1.0
定标精度(K)	1.0	2.0	2.0	2.0	2.0
动态范围(K)	3～340				
采样点数	240				
量化等级(bit)	12				
主波束效率	≥90%				
地面分辨率≤(km× km)	51×85	30×50	27×45	18×30	9×15
通道间配准	波束指向误差<0.1°				
扫描方式	圆锥扫描				
幅宽(km)	1400				
天线视角(°)	45±0.1				
扫描周期(s)	1.7±0.1				
扫描周期误差(ms)	≤0.34 ms(相邻扫描线)，≤1 ms(连续30 min内)				

3.3.2 积雪监测原理及方法

3.3.2.1 积雪监测原理

卫星遥感积雪判识主要根据积雪在可见光、近红外、短波红外以及远红外通道的光谱特性，采用多通道阈值法提取出积雪信息，进而获取积雪覆盖范围及面积等（曹梅盛等，2006）。

积雪在可见光—短波红外多通道的光谱特性包括：

① 积雪在可见光和近红外（0.5～1.0 μm）通道具有较高的反射率，纯雪面的反射率可达到 70%以上，这一高反射率特性与云十分接近，而与低反射率的水陆表面区分明显。

② 积雪在短波红外通道（1.57～1.64 μm、2.1～2.25 μm）具有强吸收特性，因而反射率较低，纯雪的反射率一般低于 15%，这一特性为积雪与水云（水云在其他通道与积雪具有十分相似的光谱特性，十分容易与积雪混淆）的区分提供了主要判据，使得积雪信息自动提取成为可能，大大提高了积雪判识精度。

另外，积雪在远红外通道（10.3～11.3 μm）的亮度温度虽略低于周围陆表，但明显高于中高云，这为区分积雪和极易与积雪混淆的冰晶云提供了有效判据。

FY-3/VIRR、FY-3/MERSI、NOAA/AVHRR、EOS/MODIS 等气象卫星均具有可见光、近红外、短波红外通道，可结合通道运算等形成多个积雪判识变量，以多通道阈值法提取积雪信息。

3.3.2.2 积雪监测方法

参考青海省地方标准《高寒积雪遥感监测评估方法》（DB63/T 1565—2017）。

（1）NDSI 指数计算：

$$\mathrm{NDSI}=\frac{(B_4-B_6)}{(B_4+B_6)}$$

（2）云识别算法：

$$B_2>B_2\mathrm{th}\ \mathrm{and}\ B_4>B_4\mathrm{th}\ \mathrm{and}\ B_6>B_6\mathrm{th}$$

（3）积雪覆盖范围提取：

$$\mathrm{NDSI}=\frac{(B_4-B_6)}{(B_4+B_6)}>\mathrm{NDSIth}$$

（4）积雪覆盖比率计算：

$$\mathrm{FSC}=-0.01+1.45\times\mathrm{NDSI}$$

（5）雪深计算模型：

$$\mathrm{snowdepth}=31.686\times\mathrm{NDSI}-9.51172$$

3.3.3 结果示例

3.3.3.1 EOS/MODIS 积雪监测示例

根据 2017 年 12 月 30 日 EOS/MODIS 卫星遥感监测，积雪主要分布在果洛州、玉树东北部、海南州南部、黄南州北部、海东地区南部、海西州南部等地。其中，玛多县积雪面积占行政区域面积比例最大，达 91.75%；贵南县、玛沁县、同德县、曲麻莱、贵德县、泽库县、久治县、称多县、循化县、同仁县和兴海县积雪面积占行政区域面积比例均大于 50%；其余地区积雪面积占行政区域面积比例在 49.48%以下（图 3-15、表 3-10 和表 3-11）。

积雪深度以 1～2 cm 等级为主，主要分布在果洛州东南部、黄南州北部、海东地区南部等地；10 cm 以上积雪主要分布在果洛州西北部、玉树州东北部、海南州东南部和海西州南部等地。

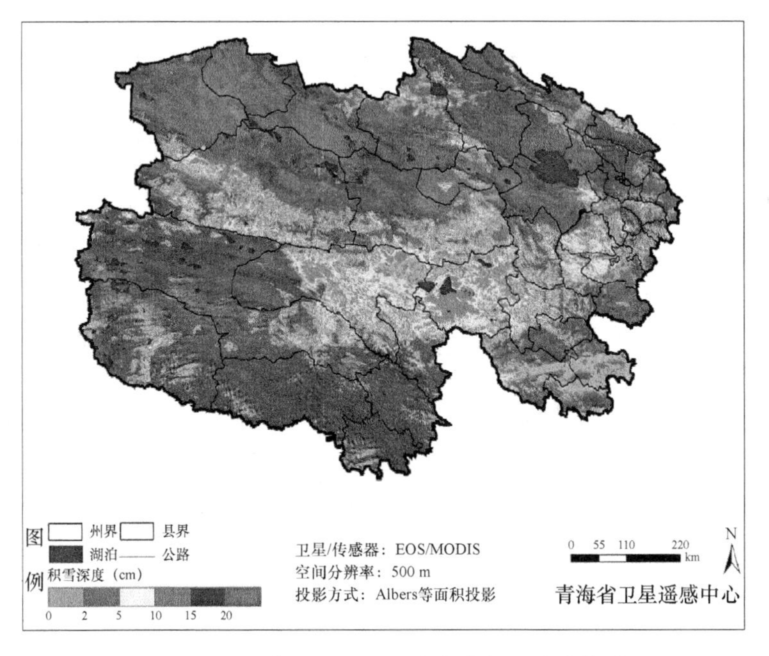

图 3-15 2017 年 12 月 30 日青海省积雪遥感监测图

表 3-10 2017 年 12 月 30 日青海省不同积雪深度的面积信息表 单位：km^2

雪深		1～2 cm	2～5 cm	5～10 cm	10～15 cm	15～20 cm	20～50 cm	合计
海西州	格尔木市	9267.75	4831.25	8965.25	4096.00	303.00	0.00	27463.25
	都兰县	6584.25	3381.75	6091.50	2410.75	81.25	0.00	18549.50
	天峻县	1389.00	481.25	767.00	441.00	100.75	1.00	3180.00
	乌兰县	1148.00	392.50	430.75	49.75	2.25	0.00	2023.25
	德令哈	2885.50	769.75	940.75	367.25	45.75	0.00	5009.00
	茫崖	1387.75	387.50	385.75	60.50	1.50	0.00	2223.00
	冷湖	118.75	24.25	15.50	12.25	0.50	0.00	171.25
	大柴旦	856.50	185.75	188.25	78.50	20.25	0.00	1329.25
	格尔木代管	4657.25	764.00	758.50	371.50	86.25	0.00	6637.50
玉树州	玉树县	851.50	167.25	107.50	17.00	0.75	0.00	1144.00
	杂多县	692.50	101.75	102.25	64.25	13.25	0.00	974.00
	称多县	2234.75	1322.25	3094.00	1194.75	0.50	0.00	7846.25
	治多县	7418.00	2513.75	3478.75	1186.25	108.25	0.75	14705.75
	囊谦县	806.75	141.50	115.25	40.75	3.50	0.00	1107.75
	曲麻莱	6520.00	4670.00	11805.25	6884.25	93.25	0.00	29972.75
果洛州	玛沁县	2338.25	1376.75	3544.75	2221.50	101.00	0.25	9582.50
	班玛县	2163.75	113.25	9.50	0.00	0.00	0.00	2286.50
	甘德县	858.25	323.50	384.00	82.75	1.50	0.00	1650.00
	达日县	4592.25	1240.75	811.00	97.00	0.00	0.00	6741.00
	久治县	4377.25	563.00	53.50	0.25	0.00	0.00	4994.00
	玛多县	2638.75	2519.00	8109.50	9158.00	49.00	0.00	22474.25

续表

雪深		1～2 cm	2～5 cm	5～10 cm	10～15 cm	15～20 cm	20～50 cm	合计
海南州	共和县	654.00	299.00	589.50	30.75	2.50	0.00	1575.75
	同德县	841.50	562.25	1494.75	383.25	0.50	0.00	3282.25
	贵德县	1320.25	452.50	438.50	33.25	0.50	0.00	2245.00
	兴海县	3001.50	1255.50	1476.00	420.25	6.50	0.00	6159.75
	贵南县	1441.50	976.75	2361.00	305.00	0.50	0.00	5084.75
黄南州	同仁县	1180.50	303.00	140.00	6.00	0.00	0.00	1629.50
	尖扎县	290.75	67.25	139.25	47.75	0.00	0.00	545.00
	泽库县	1464.25	829.00	1665.50	271.00	1.50	0.00	4231.25
	河南县	256.50	32.50	9.25	0.25	0.00	0.00	298.50
海北州	门源县	1007.75	348.00	394.50	97.25	8.75	0.00	1856.25
	祁连县	1560.00	308.25	181.75	22.75	3.25	0.00	2076.00
	海晏县	264.25	17.75	9.00	3.00	1.75	0.00	295.75
	刚察县	617.75	139.25	123.25	32.75	1.75	0.00	914.75
海东地区	平安县	169.75	13.25	1.25	0.50	0.00	0.00	184.75
	民和县	212.75	6.50	0.50	0.00	0.00	0.00	219.75
	乐都县	501.50	34.25	17.75	2.25	0.00	0.00	555.75
	互助县	470.75	38.75	10.75	0.50	0.00	0.00	520.75
	化隆县	915.00	272.25	172.00	1.50	0.00	0.00	1360.75
	循化县	641.00	187.25	133.50	7.00	0.75	0.00	969.50
西宁地区	西宁市	7.25	0.00	0.00	0.00	0.00	0.00	7.25
	大通县	147.00	9.00	4.25	0.00	0.00	0.00	160.25
	湟中县	186.00	9.75	6.50	1.50	0.00	0.00	203.75
	湟源县	214.00	25.00	15.50	1.00	0.00	0.00	255.50

表 3-11　2017 年 12 月 30 日青海省不同积雪深度的面积所占行政面积比例　单位:%

雪深		1～2 cm	2～5 cm	5～10 cm	10～15 cm	15～20 cm	20～50 cm	合计
海西州	格尔木市	13.01	6.78	12.58	5.75	0.43	0.00	38.55
	都兰县	14.51	7.45	13.42	5.31	0.18	0.00	40.87
	天峻县	5.42	1.88	2.99	1.72	0.39	0.00	12.41
	乌兰县	9.36	3.20	3.51	0.41	0.02	0.00	16.50
	德令哈	10.41	2.78	3.39	1.32	0.16	0.00	18.06
	茫崖	4.31	1.20	1.20	0.19	0.00	0.00	6.91
	冷湖	0.67	0.14	0.09	0.07	0.00	0.00	0.97
	大柴旦	4.11	0.89	0.90	0.38	0.10	0.00	6.38
	格尔木代管	9.75	1.60	1.59	0.78	0.18	0.00	13.90

续表

雪深		1～2 cm	2～5 cm	5～10 cm	10～15 cm	15～20 cm	20～50 cm	合计
玉树州	玉树县	5.46	1.07	0.69	0.11	0.00	0.00	7.34
	杂多县	1.95	0.29	0.29	0.18	0.04	0.00	2.74
	称多县	15.25	9.02	21.11	8.15	0.00	0.00	53.53
	治多县	9.19	3.11	4.31	1.47	0.13	0.00	18.22
	囊谦县	6.69	1.17	0.96	0.34	0.03	0.00	9.19
	曲麻莱	14.00	10.03	25.35	14.78	0.20	0.00	64.36
果洛州	玛沁县	17.46	10.28	26.47	16.59	0.75	0.00	71.56
	班玛县	34.78	1.82	0.15	0.00	0.00	0.00	36.75
	甘德县	12.04	4.54	5.39	1.16	0.02	0.00	23.14
	达日县	31.35	8.47	5.54	0.66	0.00	0.00	46.03
	久治县	52.95	6.81	0.65	0.00	0.00	0.00	60.41
	玛多县	10.77	10.28	33.11	37.39	0.20	0.00	91.75
海南州	共和县	3.94	1.80	3.55	0.19	0.02	0.00	9.49
	同德县	17.99	12.02	31.95	8.19	0.01	0.00	70.16
	贵德县	37.14	12.73	12.34	0.94	0.01	0.00	63.16
	兴海县	24.55	10.27	12.07	3.44	0.05	0.00	50.38
	贵南县	22.16	15.01	36.29	4.69	0.01	0.00	78.15
黄南州	同仁县	36.58	9.39	4.34	0.19	0.00	0.00	50.49
	尖扎县	19.34	4.47	9.26	3.18	0.00	0.00	36.25
	泽库县	21.76	12.32	24.76	4.03	0.02	0.00	62.89
	河南县	3.81	0.48	0.14	0.00	0.00	0.00	4.44
海北州	门源县	15.73	5.43	6.16	1.52	0.14	0.00	28.98
	祁连县	11.22	2.22	1.31	0.16	0.02	0.00	14.93
	海晏县	5.95	0.40	0.20	0.07	0.04	0.00	6.66
	刚察县	6.42	1.45	1.28	0.34	0.02	0.00	9.50
海东地区	平安县	22.87	1.79	0.17	0.07	0.00	0.00	24.89
	民和县	11.32	0.35	0.03	0.00	0.00	0.00	11.69
	乐都县	20.40	1.39	0.72	0.09	0.00	0.00	22.61
	互助县	14.04	1.16	0.32	0.01	0.00	0.00	15.53
	化隆县	33.27	9.90	6.25	0.05	0.00	0.00	49.48
	循化县	34.80	10.17	7.25	0.38	0.04	0.00	52.64
西宁地区	西宁市	2.13	0.00	0.00	0.00	0.00	0.00	2.13
	大通县	4.63	0.28	0.13	0.00	0.00	0.00	5.05
	湟中县	7.28	0.38	0.25	0.06	0.00	0.00	7.98
	湟源县	14.27	1.67	1.03	0.07	0.00	0.00	17.04

3.3.3.2　FY-3 微波数据反演积雪示例

1～2 cm 积雪主要分布在达日县、玛沁县，面积比例在 0.65%～1.73%；2～5 cm 积雪主要分布在甘德县、班玛县、玛沁县，面积比例在 0.72%～2.19%；5～10 cm 积雪主要分布在甘德县、班玛县、玛沁县，面积比例在 0.56%～1.95%；10～15 cm 积雪主要分布在甘德县、玛沁县，面积比例在 0.02%～0.11%之间（图 3-16）。

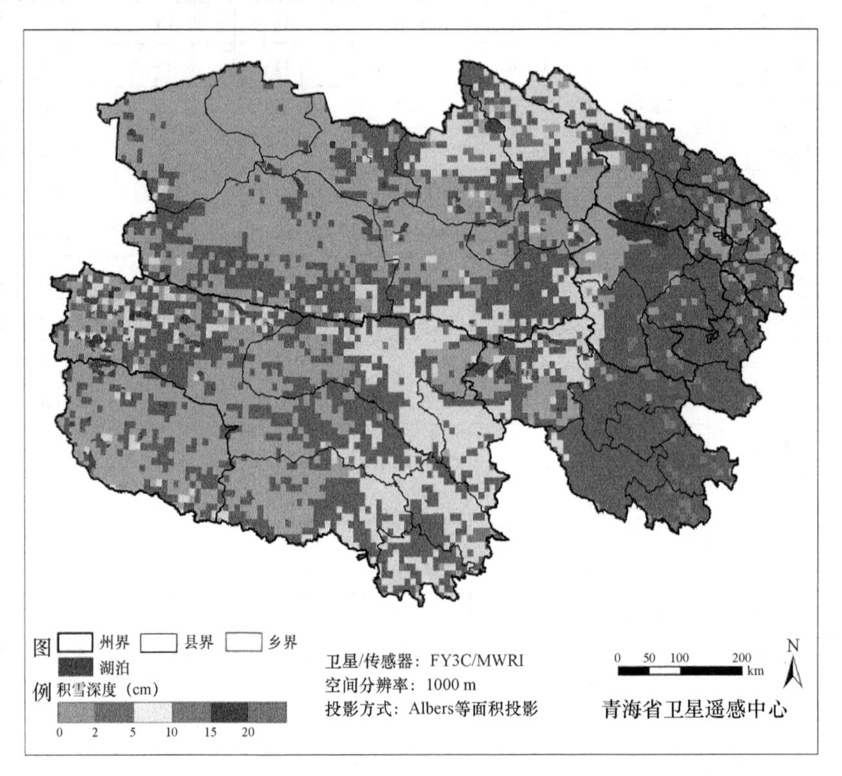

图 3-16　2017 年 10 月 25 日青海省积雪遥感监测图

3.4　干旱监测

3.4.1　干旱监测数据

参考青海省地方标准《高寒草地土壤墒情遥感监测规范》（DB63/T 1681—2018）。

数据来源：从官网上下载第六版 MOD09A1 和 MOD11A2 数据。可使用 CuteFTP 过滤下载 * h25v05 * 、* h26v05 * 的 HDF 数据。

数据预处理：使用 MRT 和 LDOPE 工具将下载 MOD09A1 数据进行数据提取、拼接、转投影转格式。使用 MRT 工具将下载 MOD11A2 数据进行数据提取、拼接、转投影转格式。

3.4.2　干旱监测原理及方法

3.4.2.1　计算遥感干旱指数

利用遥感手段获得的关于植被生理生态、蒸散和地表热状况等的各种指数，用于直接或间接反映地表水分(或植被冠层水分)的盈缺情况,常用的指数有垂直干旱指数、植被状况指数、温度植被干旱指数等。

(1)垂直干旱指数 PDI

垂直干旱指数 PDI 的计算公式为:

$$P=\frac{1}{\sqrt{M^2+1}}(B_1+M\times B_2)$$

式中:P 为某时期的垂直干旱指数 PDI;M 为土壤线斜率,其计算方法参见下文;B_1 为 0.62～0.67 μm 波段的反射率;B_2 为 0.84～0.875 μm 波段的反射率。

① 土壤线斜率 M 值的计算方法

土壤线斜率 M 值的计算采用最小近红外法——(R,NIRmin)法,具体为:

先取红光反射率在 0.1 以上的红光和近红外反射率构建 Nir-Red 光谱特征空间,以红光反射率步长 0.001 为分组间距将光谱特征空间分成若干组;再将各组光谱特征空间中横坐标所对应的纵坐标值最小的点(R,NIRmin)挑选出来,作为初始土壤点集;剔除与平均值偏差超过两倍标准差的点,构成裸土像元点集;最后进行最小二乘拟合,得到土壤线方程,斜率 M 即为所求土壤线斜率 M 值。

② 各地理分区的土壤线斜率 M 值见表 3-12。

表 3-12　土壤线斜率 M 值表

天数	区域	M 值	天数	区域	M 值	天数	区域	M 值
65	1	1.0614	145	1	1.0559	225	1	0.9590
65	2	1.0197	145	2	0.9094	225	2	0.9590
65	3	1.0037	145	3	1.0014	225	3	1.0021
65	4	0.8896	145	4	0.7159	225	4	0.6391
65	5	1.0096	145	5	1.0136	225	5	1.0136
65	6	0.9669	145	6	0.8985	225	6	0.6771
65	7	1.0230	145	7	0.6554	225	7	0.7274
65	8	0.9043	145	8	0.8023	225	8	0.9254
65	9	0.8523	145	9	0.7868	225	9	0.7583
73	1	1.0623	153	1	1.0313	233	1	1.0304
73	2	1.0335	153	2	0.8546	233	2	0.9775
73	3	1.0010	153	3	1.0103	233	3	1.0126
73	4	0.8438	153	4	0.6154	233	4	0.9362
73	5	1.0174	153	5	0.9918	233	5	0.9963
73	6	0.9502	153	6	0.8553	233	6	0.7224
73	7	1.0111	153	7	0.6197	233	7	0.8111
73	8	0.8882	153	8	0.7179	233	8	0.9066
73	9	0.8325	153	9	0.7755	233	9	0.8968
81	1	1.0712	161	1	0.9773	241	1	1.0427
81	2	1.0081	161	2	0.8132	241	2	0.9674

续表

天数	区域	*M* 值	天数	区域	*M* 值	天数	区域	*M* 值
81	3	1.0005	161	3	0.9972	241	3	0.9976
81	4	0.8542	161	4	0.5966	241	4	0.8334
81	5	1.0087	161	5	0.9929	241	5	1.0154
81	6	0.9536	161	6	0.7995	241	6	0.7196
81	7	0.9956	161	7	0.6243	241	7	0.6213
81	8	0.8892	161	8	0.7410	241	8	0.9179
81	9	0.8433	161	9	0.7594	241	9	0.7333
89	1	1.0665	169	1	0.9405	249	1	1.0286
89	2	1.0092	169	2	0.7650	249	2	0.9597
89	3	1.0143	169	3	0.9346	249	3	1.0061
89	4	0.8298	169	4	0.4530	249	4	0.6797
89	5	0.9939	169	5	0.9346	249	5	1.0147
89	6	0.9579	169	6	0.7431	249	6	0.7007
89	7	1.0072	169	7	0.4499	249	7	0.7755
89	8	0.8460	169	8	0.7064	249	8	0.8519
89	9	0.8214	169	9	0.7000	249	9	0.6889
97	1	1.0614	177	1	0.9825	257	1	1.0497
97	2	0.9892	177	2	0.8703	257	2	0.9682
97	3	1.0126	177	3	0.9935	257	3	1.0014
97	4	0.8071	177	4	0.5564	257	4	0.8421
97	5	0.9883	177	5	0.9783	257	5	1.0142
97	6	0.9409	177	6	0.7097	257	6	0.7858
97	7	0.9376	177	7	0.5422	257	7	0.6096
97	8	0.8297	177	8	0.7454	257	8	0.8669
97	9	0.8102	177	9	0.7154	257	9	0.8190
105	1	1.0585	185	1	0.9057	265	1	1.0590
105	2	1.0000	185	2	0.7816	265	2	0.9504
105	3	1.0044	185	3	1.0043	265	3	0.9782
105	4	0.8215	185	4	0.4054	265	4	0.7734
105	5	1.0028	185	5	0.8999	265	5	1.0069
105	6	0.9165	185	6	0.7012	265	6	0.8324
105	7	0.9573	185	7	0.5494	265	7	0.6715
105	8	0.8301	185	8	0.7511	265	8	0.8574
105	9	0.7942	185	9	0.6839	265	9	0.8035
113	1	1.0610	193	1	0.9144	273	1	1.0593
113	2	0.9741	193	2	0.8287	273	2	0.9636

续表

天数	区域	M 值	天数	区域	M 值	天数	区域	M 值
113	3	1.0022	193	3	1.0132	273	3	0.9981
113	4	0.8072	193	4	0.4305	273	4	0.8047
113	5	0.9943	193	5	0.9769	273	5	0.9914
113	6	0.9412	193	6	0.6223	273	6	0.8547
113	7	0.8819	193	7	0.5750	273	7	0.6476
113	8	0.8066	193	8	0.8040	273	8	0.8623
113	9	0.8147	193	9	0.7408	273	9	0.8650
121	1	1.0522	201	1	0.8928	281	1	1.0614
121	2	0.9423	201	2	0.9322	281	2	0.9433
121	3	1.0061	201	3	1.0348	281	3	1.0236
121	4	0.8259	201	4	0.6413	281	4	0.8071
121	5	1.0037	201	5	1.0206	281	5	1.0071
121	6	0.9663	201	6	0.6358	281	6	0.8810
121	7	0.9065	201	7	0.7388	281	7	0.7743
121	8	0.8082	201	8	0.9243	281	8	0.8928
121	9	0.7695	201	9	0.7143	281	9	0.8675
129	1	1.0580	209	1	0.9566	289	1	1.0685
129	2	0.9146	209	2	0.8774	289	2	0.9560
129	3	1.0166	209	3	1.0182	289	3	1.0386
129	4	0.7991	209	4	0.6632	289	4	0.8149
129	5	1.0117	209	5	1.0470	289	5	1.0105
129	6	0.9532	209	6	0.6270	289	6	0.9150
129	7	0.8844	209	7	0.7455	289	7	0.8051
129	8	0.8198	209	8	0.8246	289	8	0.8791
129	9	0.7915	209	9	0.6881	289	9	0.8488
137	1	1.0436	217	1	1.0376	297	1	1.0673
137	2	0.9110	217	2	0.9323	297	2	0.9907
137	3	1.0311	217	3	1.0154	297	3	1.0426
137	4	0.7641	217	4	0.7150	297	4	0.9207
137	5	1.0368	217	5	1.0327	297	5	1.0390
137	6	0.9610	217	6	0.5861	297	6	0.9644
137	7	0.7691	217	7	0.6477	297	7	0.8950
137	8	0.7927	217	8	0.9463	297	8	0.9104
137	9	0.8028	217	9	0.7970	297	9	0.8344

表中 M 值随所使用的数据时间跨度而变化，表中数值由 MOD09A1 各天数的 2001—2010 年红光、近红外数据计算得到。

(2)植被状况指数 VCI

植被状况指数 VCI 的计算公式为：

$$V=100\times\frac{N-N_2}{N_1-N_2}$$

式中：V 为某时期的植被状况指数 VCI；N 为某时期的归一化植被指数 NDVI 值；N_1 为同期多年的 NDVI 最大值；N_2 为同期多年的 NDVI 最小值。

(3)温度植被干旱指数 TVDI

温度植被干旱指数 TVDI 的计算公式为：

$$T=100\times\frac{L-L_2}{L_1-L_2}$$

$$L_1=a_1+b_1\times C$$

$$L_2=a_2+b_2\times C$$

式中：T 为某时期的温度植被干旱指数 TVDI；L 为某时期给定像元的地表温度，单位为 K；L_1 为给定 NDVI 对应的地表温度同期最大值或同期多年平均的最大值，单位为 K；L_2 为给定 NDVI 对应的地表温度同期最小值或同期多年平均的最小值，单位为 K；C 为同期或同期多年平均的 NDVI；a_1 为干边的截距；b_1 为干边的斜率；a_2 为湿边的截距；b_2 为湿边的斜率。

3.4.2.2 土壤重量含水率计算

用上述遥感干旱指数与各地理分区 0～20 cm 土壤重量含水率的线性关系模型计算各分区的土壤重量含水率，按以下公式执行：

$$y=a\times x+b$$

式中：y 为 0～20 cm 土壤重量含水率，单位为百分率(%)；x 为各地理分区的遥感干旱指数，见表 3-13；a、b 为模型常数，其取值见表 3-13。

表 3-13 各地理分区土壤重量含水率反演的遥感干旱指数及常数 a、b 取值

分区号	区域名称	遥感干旱指数	a 值	b 值	备注
1	柴达木盆地区	/	/	/	/
2	共和盆地区	PDI	−44.089	32.958	/
3	可可西里地区	PDI	−36.071	23.430	/
4	环青海湖地区	PDI	−63.639	34.759	适用于 NDVI<0.3
		VCI	0.0912	14.292	适用于 NDVI≥0.3
5	祁连山西部地区	PDI	−36.071	23.430	/
6	青南的中部地区	VCI	0.0797	14.595	/
7	东部农区	/	/	/	/
8	祁连山东部地区	TVDI	−18.172	40.660	适用于 NDVI≥0.2
9	青南的东南部地区	TVDI	−10.762	27.431	/

3.4.2.3 划分干旱等级

采用百分位法评价各地理分区的土壤墒情状况，分别以 2%、5%、15%、30%和 65%作为特旱、重旱、中旱、轻旱、无旱和偏湿 6 个土壤墒情等级出现的概率阈值，见表 3-14。据此，可推算出各分区各土壤墒情等级的 0～20 cm 土壤重量含水率阈值，见表 3-15。

表 3-14　土壤墒情等级的概率阈值

百分位(P,%)	等级
$P \leq 2$	特旱
$2<P \leq 5$	重旱
$5<P \leq 15$	中旱
$15<P \leq 30$	轻旱
$30<P \leq 65$	无旱
$P>65$	偏湿

表 3-15　各地理分区的土壤墒情等级划分阈值

分区号	特旱	重旱	中旱	轻旱	无旱	偏湿
1	/	/	/	/	/	/
2	$W \leq 12$	$12<W \leq 13$	$13<W \leq 14$	$14<W \leq 17$	$17<W \leq 21$	$W>21$
3	$W \leq 5$	$5<W \leq 6$	$6<W \leq 8$	$8<W \leq 10$	$10<W \leq 13$	$W>13$
4(NDVI<0.3)	$W \leq 9$	$9<W \leq 10$	$10<W \leq 11$	$11<W \leq 13$	$13<W \leq 18$	$W>18$
4(NDVI≥0.3)	$W \leq 10$	$10<W \leq 11$	$11<W \leq 14$	$14<W \leq 17$	$17<W \leq 22$	$W>22$
5	$W \leq 5$	$5<W \leq 6$	$6<W \leq 8$	$8<W \leq 10$	$10<W \leq 13$	$W>13$
6	$W \leq 8$	$8<W \leq 13$	$13<W \leq 15$	$15<W \leq 18$	$18<W \leq 22$	$W>22$
7	/	/	/	/	/	/
8	$W \leq 18$	$18<W \leq 19$	$19<W \leq 20$	$20<W \leq 23$	$23<W \leq 27$	$W>27$
9	$W \leq 14$	$14<W \leq 16$	$16<W \leq 19$	$19<W \leq 20$	$20<W \leq 24$	$W>24$

W 为 0～20 cm 土壤重量含水率,单位为百分率(%)。

3.4.2.4　干旱监测技术

(1)现有东部农区春季干土层厚度模型(表 3-16)

表 3-16　农区各县 PDI 与干土层厚度(H)的拟合方程

	拟合方程	R^2
门源	$y=14.913x-1.1898$	0.6315
大通	$y=16.103x-0.8282$	0.3329
湟源	$y=32.341x-1.8242$	0.2058
湟中	$y=25.942x-4.5811$	0.2902
互助	$y=32.097x-4.331$	0.2786
乐都	$y=41.882x-5.9758$	0.2997
民和	$y=35.028x-6.2727$	0.2818
化隆	$y=53.962x-10.342$	0.2353
循化	$y=35.585x-8.4051$	0.2681
尖扎	$y=16.983x+0.0748$	0.3403
同仁	$y=24.622x-2.1695$	0.8492
贵德	$y=30.507x-6.0778$	0.5002
贵南	$y=20.701x-4.2966$	0.5537

注:y 是平均干土层厚度(cm),x 是 PDI 值。

表 3-16 中的方程的参数均通过 0.05 的 T 检验，方程均通过 0.05 的 F 检验。

(2)现有东部农区夏季归一化水分指数(NDWI)模型

适用范围：东部农区耕地，NDVI>0.3。

建模数据：2017 年 7 月 13 日海东监测的土壤重量含水率数据。

具体步骤：

① 计算 Terra 归一化水分指数 NDWI

$$NDWI=(b_2-b_6)/(b_2+b_6)$$

② 计算 Terra 的 0～20 cm 土壤重量含水率公式

$$Y=65.448\times NDWI-0.9685, R^2=0.3876$$

③ 进行旱情分级(表 3-17)。

④ 出图。统计不同地区不同旱情级别的面积。

表 3-17 旱情分级

级别	0～20 cm 土壤重量含水率(%)	NDWI
重旱	(0,5]	(0,0.1]
中旱	(5,12]	(0.1,0.2]
轻旱	(12,15]	(0.2,0.25]
无旱	(15,20]	(0.25,0.33]

可能存在问题：只使用一次实测数据来建模，模型的稳定性和适用性有待更多实测数据支持。

(3)现有的牧区生长季土壤重量含水率模型

草地土壤墒情监测流程如下：

① 读取按照要求处理后的卫星数据；

② 计算各点的遥感干旱指数 PDI、VCI、TVDI；

③ 判断各点所属的地理分区；

④ 按照各地理分区土壤重量含水率反演模型，计算各点的土壤重量含水率；

⑤ 按照表 3-18 进行土壤墒情评估。

表 3-18 地理分区表

分区号	代表区域	代表站点	备注
1	柴达木盆地区	/	范围见图 3-17
2	共和盆地区	兴海	范围见图 3-17
3	可可西里地区	沱沱河	范围见图 3-17
4	环青海湖地区	海晏、刚察和天峻	范围见图 3-17
5	哈拉湖地区	/	范围见图 3-17
6	青南的中部地区	曲麻莱	范围见图 3-17
7	东部农区	互助、民和和湟源等	范围见图 3-17
8	祁连山地区	祁连、野牛沟	范围见图 3-17
9	青南的东南部地区	甘德	范围见图 3-17
10	裸岩沙地冰川等	/	范围见图 3-17
11	水体	/	范围见图 3-17

(4)地理分区

地理分区结果与青海省气候区划结果基本一致(图 3-17)。

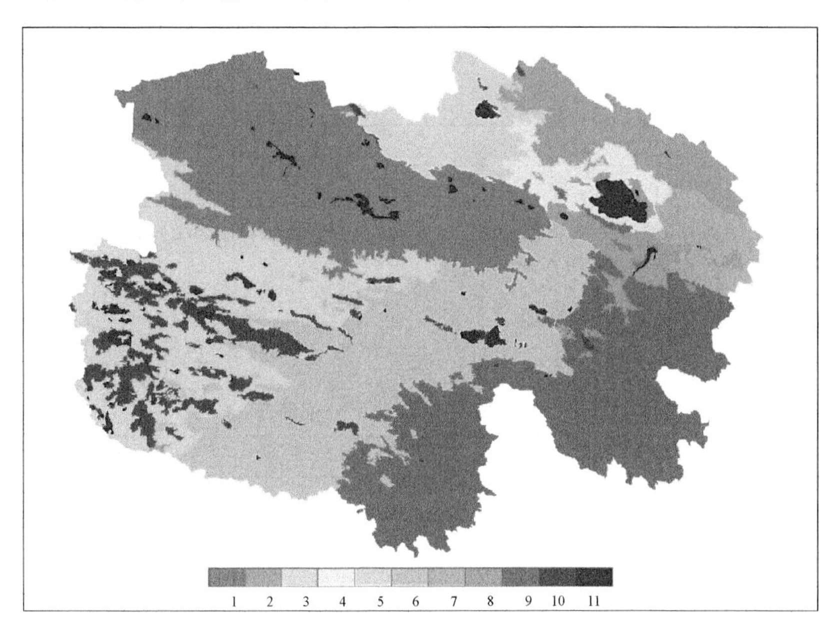

图 3-17　青海省地理分区

(5)各地理分区土壤重量含水率反演模型(表 3-19)

表 3-19　各分区的土壤重量含水率遥感反演模型表

分区号	代表区域(站点)	遥感模型	平均相对误差	平均均方根误差	使用时段
1	柴达木盆地区	/	/	/	/
2	共和盆地区(兴海)	$Y=-44.089$ PDI$+32.958$, $R^2=0.2651, N=207, \alpha=0.001$	4.4%	4.1%	土壤表层解冻后-封冻前
3	可可西里地区(沱沱河)	$Y=-36.071$ PDI$+23.43$, $R^2=0.0.3952, N=134, \alpha=0.001$	4.7%	2.0%	土壤表层解冻后-封冻前
4	环青海湖地区(海晏、刚察和天峻)	$Y=-63.639$ PDI$+34.759$, $R^2=0.275, N=126, \alpha=0.001$	5.1%	3.6%	PDI 适用于 NDVI＜0.3，VCI 适用于 NDVI≥0.3
		$Y=0.0912$ VCI$+14.292$, $R^2=0.2626, N=311, \alpha=0.001$	5.3%	4.2%	
5	哈拉湖地区	$Y=-36.071$ PDI$+23.43$, $R^2=0.0.3952, N=134, \alpha=0.001$	4.7%	2.0%	土壤表层解冻后-封冻前
6	青南的中部地区(曲麻莱)	$Y=0.0797$ VCI$+14.595$, $R^2=0.2606, N=136, \alpha=0.001$	3.2%	3.9%	土壤表层解冻后-封冻前
7	东部农区	/	/	/	/
8	祁连山地区(祁连)	$Y=-18.172$ TVDI$+40.66$, $R^2=0.2517, N=115, \alpha=0.001$	4.4%	5.7%	TVDI 适用于 NDVI≥0.2

续表

分区号	代表区域（站点）	遥感模型	平均相对误差	平均均方根误差	使用时段
9	青南的东南部地区（甘德）	$Y=-10.762X+27.431$，$R^2=0.2567, N=110, \alpha=0.01$	2.5%	1.6%	土壤表层解冻后-封冻前
10	裸岩沙地冰川等	/	/	/	/
11	水体	/	/	/	/

备注：柴达木盆地、哈拉湖地区（全年）和河湟谷地（6—8月）没有地面观测，因此柴达木盆地和托勒地区不进行土壤墒情遥感反演，哈拉湖地区使用沱沱河地区PDI模型。

(6)各地理分区干旱级别划分阈值

根据表3-20给出的百分位对各地理分区进行干旱等级划分，结果见表3-21。

表3-20 干旱等级的百分位阈值

百分位(%)	干旱等级
>30	无旱
(15,30]	轻旱
(5,15]	中旱
(2,5]	重旱
≤2	特旱

表3-21 各地理分区的土壤重量含水率干旱等级划分表(W,%)

分区号	特旱	重旱	中旱	轻旱	无旱
1	/	/	/	/	/
2	$W\leqslant12$	$12<W\leqslant13$	$13<W\leqslant14$	$14<W\leqslant17$	$W>17$
3	$W\leqslant5$	$5<W\leqslant6$	$6<W\leqslant8$	$8<W\leqslant10$	$W>10$
4(NDVI<0.3)	$W\leqslant9$	$9<W\leqslant10$	$10<W\leqslant11$	$11<W\leqslant13$	$W>13$
4(NDVI≥0.3)	$W\leqslant10$	$10<W\leqslant11$	$11<W\leqslant14$	$14<W\leqslant17$	$W>17$
5	$W\leqslant5$	$5<W\leqslant6$	$6<W\leqslant8$	$8<W\leqslant10$	$W>10$
6	$W\leqslant8$	$8<W\leqslant13$	$13<W\leqslant15$	$15<W\leqslant18$	$W>18$
7	/	/	/	/	/
8	$W\leqslant18$	$18<W\leqslant19$	$19<W\leqslant20$	$20<W\leqslant23$	$W>23$
9	$W\leqslant14$	$14<W\leqslant16$	$16<W\leqslant19$	$19<W\leqslant20$	$W>20$
10	/	/	/	/	/
11	/	/	/	/	/

3.4.3 结果示例

利用EOS/MODIS卫星资料，对东部地区土壤干旱的主要范围和面积进行遥感动态监测，结果表明：2017年7月9日，湟中东北部、互助南部、平安北部、乐都中部、民和、化隆南部、循化西部、同仁北部、尖扎西部和贵德南部等地开始出现土壤干旱；此后土壤旱情迅速发展，受灾范围逐步扩大，并从低海拔地区向高海拔地区发展。至19日，东部农区70%以上耕地出现土壤干旱，其中50%耕地出现中度～重度土壤干旱（见图3-18、表3-22）。

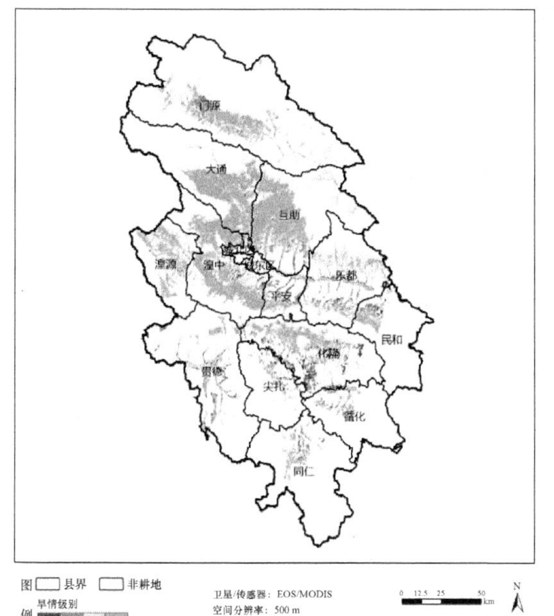

2017年7月11日东部农区旱情遥感监测结果图

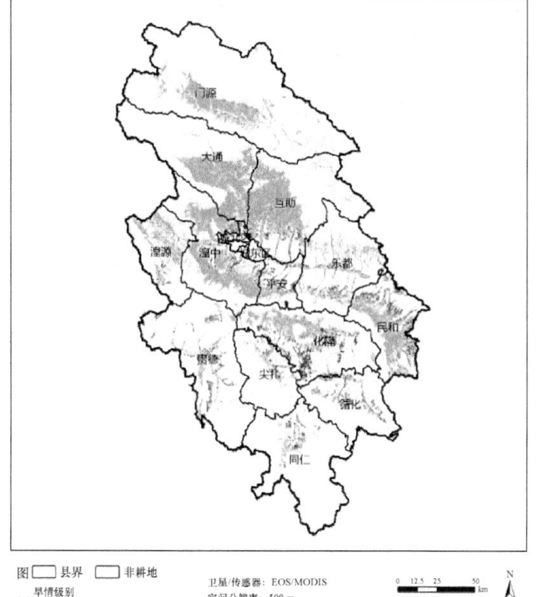

图 3-18　2017 年 7 月 9 日、11 日东部地区土壤干旱遥感监测

表 3-22　2017 年 7 月 19 日东部农区各旱情级别与各县耕地面积比例(%)

地区		重旱	中旱	轻旱	受旱总比例
西宁	大通	14.19	38.91	21.86	74.96
	湟源	22.80	51.92	16.79	91.51
	湟中	14.88	34.28	22.88	72.04
海东	互助	15.20	34.72	21.93	71.85
	化隆	40.25	44.53	9.40	94.18
	乐都	29.72	40.12	14.76	84.60
	民和	30.73	39.80	11.29	81.82
	平安	29.19	43.06	16.30	88.55
	循化	33.04	42.56	11.26	86.86
海南	贵德	51.49	38.94	6.04	96.47
黄南	尖扎	28.86	43.12	15.47	87.45
	同仁	25.63	52.66	13.14	91.43
海北	门源	23.11	40.72	15.58	79.41

3.5　荒漠化监测

3.5.1　荒漠化监测数据

监测数据：MOD13Q1 数据，与牧草产量监测时用的数据一样。首先利用 MRT 对

MOD13Q1-NDVI数据进行地理几何校正与重采样批处理，提取NDVI数据。然后利用ENVI5.3软件合成年最大NDVI，获取年最大NDVI。

监测范围：柴达木盆地。

3.5.2 荒漠化监测方法

针对柴达木盆地特有的生态特征，根据植被NDVI将该区域荒漠化程度划分为3个等级，各级指标及地理景观特征表现见表3-23。

表3-23 柴达木盆地植被NDVI及地理景观特征表现

分级	荒漠化程度	植被NDVI	地理景观特征表现
Ⅰ	轻度	0.13～0.3	沙丘迎风坡出现风蚀坑，背风坡有流沙堆积，流沙呈斑点状分布，草地生态功能退化
Ⅱ	中度	0.08～0.12	沙丘呈现明显的风蚀坡和落沙坡的分异；灌丛有叶期仍不能覆盖整个沙堆，灌丛沙堆迎风坡出现流沙
Ⅲ	重度	<0.08	荒漠化地区整个呈现流动、半流动状态；砾质化地区呈现为戈壁

3.5.3 结果示例

遥感监测显示：2017年柴达木盆地总荒漠化面积为20.36万km²，其中重度、中度、轻度荒漠化面积占总荒漠化面积比例分别为47.34%、19.38%、33.28%。与2016年相比，总荒漠化面积减小0.52万km²，中度、轻度荒漠化面积分别减小0.49万km²、0.70万km²，重度荒漠化面积增加0.67万km²；与近五年相比，总荒漠化面积减小0.32万km²，其中中度荒漠化面积减小0.42万km²，轻度荒漠化面积增加0.10万km²，重度荒漠化面积与近五年持平（图3-19）。

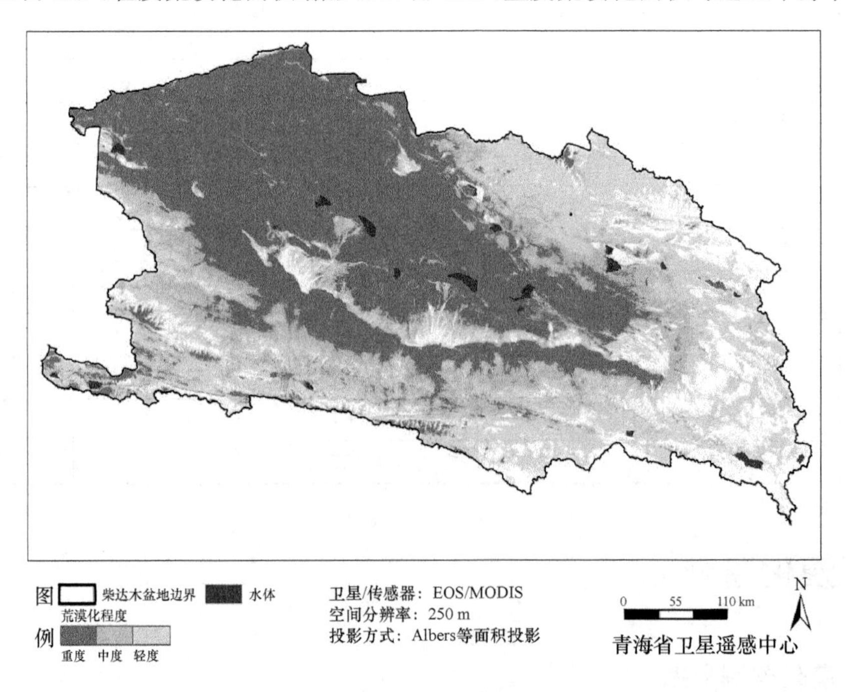

图3-19 2017年柴达木盆地荒漠化遥感监测图

3.6 热点监测

3.6.1 热点监测数据

算法概述(刘诚等,2004;杨军,2012;陈洁等,2017):火情监测产品生产利用风云系列、环境系列、资源系列、高分系列、NOAA 系列、Suomi NPP、AQUA、TERRA、Himawari-8 等卫星遥感数据,结合云产品、青海省行政区划、下垫面类型等辅助数据,通过人机交互、自动火点判识、烟雾判识、亚像元火点面积及火点强度估算、火场动态变化分析、过火区面积估算等多种方法,提取有效观测区域内的火点,区分着火点与烟雾,估算亚像元火点面积和温度,生成火情监测多通道图像、火情监测专题图、火点强度专题图图像、火情监测信息列表、过火区监测图、多时段火点分布统计图、火情监测分析报告等火情监测产品,利用多时次火点信息分析火场的动态变化,实现对青海省及以下行政区的火点大小、火点位置、火点类型、火点下垫面类型、火点频次以及过火区的面积等火情信息的监测与统计。

3.6.2 热点监测原理及方法

火情监测产品实现流程如图 3-20 所示。

(1)火点自动判识

卫星观测到的像元辐射率是该像元范围内所有各部分地物辐射率的加权平均值,即:

$$I_t = \left(\sum_{i=1}^{n} \Delta S_i I_{Ti}\right)/S$$

式中:I_t 为卫星观测到的该像元辐射率,t 为辐射率 I_t 对应的亮温,ΔS_i 为像元中第 i 个子区面积,I_{Ti} 为该子区的辐射率,T_i 为该子区温度,S 为像元总面积。

当地面出现火点时,含有火点的像元(以下称混合像元)辐射率可由下式表述:

$$\begin{aligned} I_{imix} &= P \times I_{ihi} + (1-P) \times I_{ibg} \\ &= P \times \frac{C_1 V_i{}^3}{e^{C_2 V_i / T_i} - 1} + (1-P) \times \frac{C_1 V_i{}^3}{e^{C_2 V_i / T_{bg}} - 1} \end{aligned}$$

式中:$C_1 = 1.1910659 \times 10^{-5}$ mW/(m^2 · sr · cm^{-4}),$C_2 = 1.438833$ K · cm^{-1},其中 I_{imix} 为混合像元辐射率,P 为亚像元火点(即明火区)面积占像元面积百分比,I_{ihi} 为火点辐射率,I_{ibg} 为火点周围背景辐射率,T_i为火点温度,V_i 为通道 i 的中心波数,T_{bg} 为背景温度,i 表示红外通道序号。

根据维恩位移定律:

$$T \times \lambda\text{max} = 2897.8$$

黑体温度 T(单位为 K)和辐射峰值波长 λmax(单位为 μm)成反比,即温度越高,辐射峰值越小。常温(约 300 K)地表辐射峰值波长在 10.50～12.50 μm 范围左右,草本植物和林木燃烧温度一般在 550 K 以上,火焰温度更是高达 1000 K 以上,其热辐射峰值波长靠近 3.5～3.9 μm 波长范围。因此,当地面出现火点时,中红外波段的计数值、辐射率和亮温将急剧变化,和周围的像元形成明显反差,并远远超过远红外通道增量。利用这一特点可探测林火、草原火等地面火点。

图 3-21 为利用普朗克公式计算的中红外(3.7 λm 左右)和远红外(11 λm 左右)波长范围的黑体辐射率随温度的变化曲线。图 3-21 中可见,当温度从 300 K 变到 800 K 时,中红外通道的辐射增大约 2000 倍,而远红外通道仅增加了十多倍。

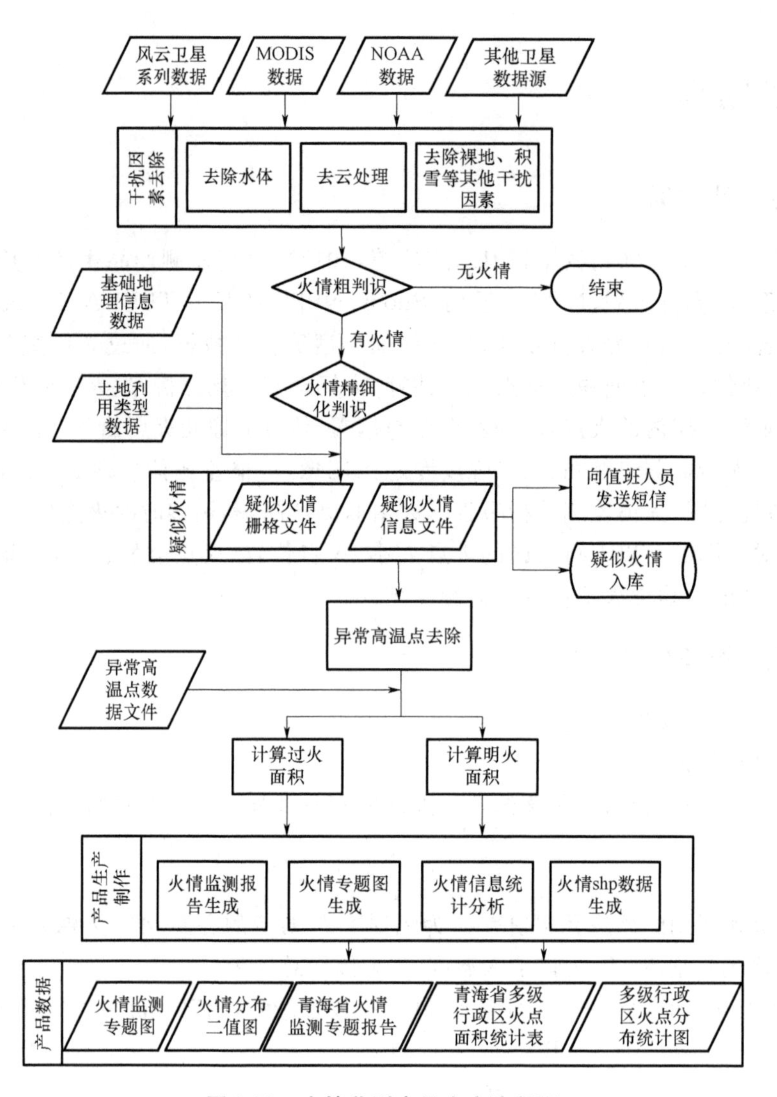

图 3-20 火情监测产品生产流程图

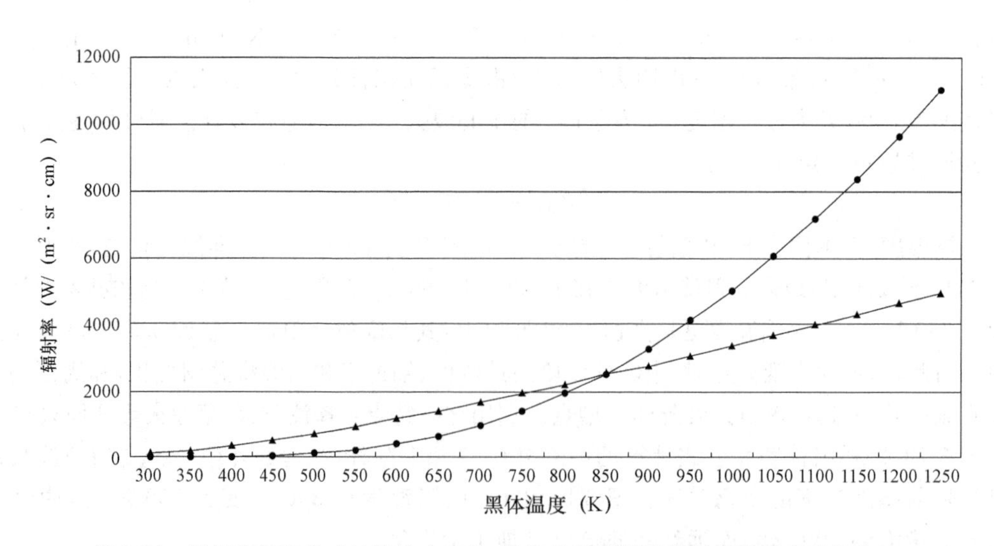

图 3-21 利用普朗克公式计算的中红外、远红外通道黑体辐射率随温度变化曲线

根据日常火情监测经验和人工火场星地同步实验结果，当中红外通道大于背景亮温 8 K 且中红外与远红外亮温差异大于背景的中红外和远红外亮温差异 8 K 以上时，一般为由明火引起的异常高温点。在广西武鸣的人工火场星地同步观测实验结果表明，面积大于 100 m^2 的明火区即可引起中红外通道约 9 K 的增温，达到日常火情监测的判识阈值。因此判识火点条件主要根据中红外通道的亮温增量以及中红外通道与远红外通道亮温差异的增量，以 HJ-1B 中红外通道 CH7 和远红外通道 CH8 为例：

$$T_7 - T_{7bg} > T_{7TH} \text{且} T_{78} - T_{78bg} > T_{78TH}$$

式中：T_7、T_{7bg}、T_{7TH}分别为被判识像元中红外通道亮温、中红外通道背景亮温、中红外通道火点判识阈值。T_{78}、T_{78bg}、T_{78TH}分别为被判识像元中红外与远红外亮温差异、中红外与远红外差异与背景亮温差异、中红外与远红外亮温差异火点判识阈值。

背景温度计算对判识精度有直接影响。对于下垫面单一的植被覆盖稠密区，由邻近像元取平均对被判识像元有较好的代表性。而在植被与荒漠交错地带，由于各像元的植被覆盖度可能有较大差异，由此计算的邻近像元平均亮温有可能与被判识像元有较大差异，因而判识阈值需要随之调整。Kaufman 提出利用背景像元亮温标准差决定判识阈值的方法，即：

$$T_7 > T_{7bg} + 4\delta T_{3bg} \text{且} \Delta T_{78} > \Delta T_{78bg} + 4\delta T_{78bg}$$

式中：T_7 为被判识像元中红外通道亮温，ΔT_{78} 被判识像元中红外与远红外通道亮温差异。T_{7bg}为背景中红外通道亮温，ΔT_{78bg}为背景像元中红外与远红外通道亮温差异，均取自周边 7×7 像元平均值。δT_{7bg}为背景像元中红外通道亮温标准差，δT_{78bg}背景像元中红外与远红外通道亮温差异的标准差，即：

$$\delta T_{7bg} = \sqrt{\left(\sum_{i=1}^{n} (T_{7i} - T_{7bg})^2\right) / n}$$

$$\delta T_{78bg} = \sqrt{\sum_{i=1}^{n} (T_{7i} - T_{8i} - T_{78bg})^2 / n}$$

式中：T_{7i}和 T_{8i}分别为用于计算背景温度的周边像元第 i 个中红外通道和远红外通道亮温。当 δT_{7bg}或 δT_{78bg}小于 2 K 时，将其置为 2 K。

背景亮温计算时还需要去除云区、水体、疑似火点像元的影响，即在计算平均温度前，将邻域中的云区、水体及疑似火点像元排除，仅用晴空条件下的像元计算。

疑似火点像元判断条件为：

$$T_7 > T_{7av} + 8 \text{ K 且 } T_{78} > T_{78av} + 8 \text{ K}$$

式中：T_{7av}为邻域内排除云区、水体像元后，亮温小于 315 K 的通道 7 平均值；T_{78av}为邻域内排除云区、水体像元后，通道 7 亮温小于 315 K 的通道 7 与通道 8 亮温差异的平均值。

当去除云区、水体、高温像元后，如果剩余的像元过少(如少于 4 个像元)，可扩大邻域窗口的大小，如 9×9，11×11 等。

太阳耀斑对中红外通道有较严重影响，在太阳耀斑区内的像元一般不再进行火点判识。

(2)火点人工判识

首先使用多光谱合成技术，利用中红外、近红外、可见光通道数据，生成多通道火情监测合成图。图中鲜红色为火点，白色为云，灰白色为烟雾，绿色为植被区，蓝色为水体。利用火点判识像元列表，将判识火点叠加在多光谱合成图上，可以清楚地反映出火点的判识精度，因而可使用人机交互方式验证判识结果。对于误判像元，可使用感兴趣区功能删除误判像元。对于漏判像元，可使用感兴趣区，圈出漏判火点像元区域，调整火点判识阈值，重新判识。由于一般圈定的感兴趣区较小，可以使用单个中红外通道亮温即可提取人工判识的火点像元信息。判识火点修正后，需要对经过人工验证和修正后的判识结果再次进行火点像元分区。

(3)烟雾判识

烟雾的光谱特点和低云、雾相近，具有较高的反射率，同时，由于火场高温辐射影响，靠近火点距离较近的烟雾温度较雾或低云偏高，因此，利用风云四号多通道扫描辐射仪的可见光、红外通道数据，根据适合的阈值，可提取烟雾信息，即烟雾的判识阈值条件为：

$$R_{vis} > R_{th} \text{且} T_{land} > T_{far} > T_{smog}$$

式中：R_{vis}为可见光反射率，R_{th}为可见光通道烟区判识阈值。$T_{land}>$为可见光通道陆地判识阈值，T_{smog}为烟雾判识阈值，T_{far}为远红外通道亮温。

随着烟雾升空向远方飘散，距火点较远的烟雾温度降低，与低云相近。因此，用固定的阈值难以提取所有的烟雾信息，需要采取人机交互方式，选取未被自动判识方法判识的烟雾区域，调整可见光和远红外通道阈值，直至所有的烟雾信息被提取。

(4)亚像元火区面积估算

根据卫星遥感火点监测原理分析中可知，FY-4 扫描辐射计的中红外通道可以探测到远小于其像元分辨率的火点(可仅占其像元覆盖面积的千分之几)。而在日常火情监测中，有可能监测到数个或数十个含有火点的像元。尤其在春季和秋季防火期的高火险期间，常常在大范围区域同时出现许多大大小小的火点群。如果以像元分辨率表示明火区面积，则明显夸大了明火的实际面积。亚像元火点面积估算将提供反映火点强度的有关信息。

当地面出现火点时，含有火点的像元(以下称混合像元)辐射率可由下式表述：

$$N_{imix} = P \times N_{ihi} + (1-P)N_{ibg} = P \times \frac{C_{il}V_i^3}{e^{C_2V_i/T_{hi}}-1} + (1-P) \times \frac{C_1V_i^3}{e^{C_2V_i/T_{bg}}-1}$$

式中：N_{imix}为混合像元辐射率，P 为火点(即明火区)亚像元面积占像元面积百分比，N_{ihi}为火点辐射率，N_{ibg}为火点周围背景辐射率，T_{hi}为火点温度，T_{bg}为背景温度，i 表示 FY-4 中红外、红外通道序号。式中，T_{bg}(背景温度)可由混合像元周围非火点像元获得近似值。因而有 P(火点亚像元面积占像元面积百分比)，T_{hi}(火点温度)两个未知数。根据 FY-4 红外通道特性(亮温动态范围和空间分辨率)，高温热源在不同波段红外通道的辐射增量有明显差异。利用这一特点，建立合适的算法，可以使用不同红外通道的辐射率估算明火点的实际面积及温度。

将利用中红外和红外通道混合像元不同辐射率增量，使用牛顿迭代法估算亚像元火点面积和温度。当迭代不收敛时，通过给出适当的火点温度 T_{hi}，即可以利用单个通道估算亚像元火点面积。当中红外通道饱和时，使用远红外通道估算亚像元火点面积。另外，为便于亚像元火点信息的应用，建立亚像元火点面积与火点强度的对应关系，计算火点强度。

火情监测多通道合成图像的处理生成可采用以下方式：

分别赋予中红外通道红色，可见光通道绿色和蓝色。对赋予绿色的可见光通道图像使用线性增强，突出地表细节。对赋予蓝色的可见光通道图像使用指数增强曲线，损失部分地表细节，对中红外通道图像使用指数增强。在由此合成的多光谱彩色图像中，火点为鲜红色，云为青灰色，陆地为绿色，近似人眼光的视觉效果。

线性增强公式为：

$$I = 255 \cdot (I_c - I_{min})/(I_{max} - I_{min})$$

指数增强公式为：

$$I = 255 \cdot (I_c - I_{min})^2/(I_{max} - I_{min})^2$$

这里 I_c，I_{max}，I_{min} 分别为待增强灰度值和增强范围的上下限。

① 火情监测专题图生成方法

将提取的火点像元信息叠加在地图上，附加经纬度网格、行政边界等辅助信息。

② 火点强度图生成方法

将计算的火点强度以不同颜色叠加在地图上，附加经纬度网格、行政边界等辅助信息。

③ 火情监测信息列表生成方法

根据火点像元信息列表，火点亚像元信息列表等数据，参考土地利用分类数据、行政边界数据等辅助数据，生成火情监测信息列表，内容包括：火区大小（影响范围、实际火区面积）、中心经纬度、中心所在省地县名、林地、草原、农田等下垫面所占面积比例。

④ 多时次火点合成图像生成方法

利用火点像元信息列表，对多时次火点信息进行合成，生成多时次火点信息合成图像，用不同颜色显示火点像元的持续时间。

⑤ 多时次火点信息列表生成方法

利用火点像元信息列表，对多时次火点信息进行合成，生成多时次火点信息列表，显示火点像元的持续时间。

3.6.3　热点监测结果示例

根据 2017 年 1 月 26 日 20 时 17 分 NOAA18 卫星数据监测，囊谦县（96.97°E，32.13°N）发生火情，明火面积达 0.02 hm^2（图 3-22）。

图 3-22　2017 年 1 月 26 日囊谦县火情监测图

参考文献

曹梅盛,等,2006. 冰冻圈遥感[M]. 北京:科学出版社.

陈洁,郑伟,刘诚,2017. Himawari-8 静止气象卫星草原火监测分析[J]. 自然灾害学报(4):197-204.

李刚勇,马丽,张云玲,等,2014. 新疆天然植被返青期阈值对比分析[J]. 草食家畜(6):47-49.

刘爱军,韩建国,2007. 草原关键生育期遥感模式与信息提取方法[J]. 草地学报,15(3):201-205.

刘诚,李亚君,赵长海,等,2004. 气象卫星亚像元火点面积和亮温估算方法[J]. 应用气象学报,15(3):273-280.

青海省气象科学研究所,2017a. 高寒草地遥感监测评估方法:DB63/T 1564—2017[S]. 西宁:青海省质量技术监督局.

青海省气象科学研究所,2017b. 高寒积雪遥感监测评估方法: DB63/T 1565—2017[S]. 西宁:青海省质量技术监督局.

青海省气象科学研究所,2018a. 高原湖泊、水库水体面积遥感监测规范:DB63/T 1680—2018[S]. 西宁:青海省质量技术监督局.

青海省气象科学研究所,2018b. 高寒草地土壤墒情遥感监测规范:DB63/T 1681—2018[S]. 西宁:青海省质量技术监督局.

新疆维吾尔自治区气象局,国家气象卫星中心,2008. 积雪遥感监测技术导则:QX/T 96—2008[S]. 北京:气象出版社.

杨军,2012. 气象卫星及其应用[M]. 北京:气象出版社.

第4章　一体化平台建设

4.1　系统建设背景

青海生态气象业务自21世纪初开始经历了从无到有、从小到大的发展历程，目前虽已具备了一定规模，形成了一定的业务能力（王江山，2004；李凤霞等，2008），但与地方生态文明的建设需求及现代气象业务的发展要求仍存在较大差距，主要表现在以下六个方面：一是生态气象业务规范和业务流程尚需进一步规范化、科学化；二是集约化的信息接收、数据处理、产品制作和分发一体化业务平台尚未全面建成；三是生态监测评估技术标准化、定量化水平亟待提高；四是生态气象灾害和生态安全事件的预测预警能力明显不足；五是生态监测评估服务产品的时效性、针对性有待增强；六是大量科研成果没有得到有效应用。究其原因，主要在于天-空-地综合观测一体化平台这一重大的技术问题没有得到突破，为尽快填补这一急需应用领域的研究空白，将地面台站环境监测与遥感监测相结合，充分发挥各自优势，实现生态环境的天-空-地一体化综合观测。

本系统重点针对生态、卫星资料多源异构、数据管理不高效、科研成果利用率低、平台分散化等问题，以及生态监测服务产品难以快速高效制作发布难题，集成、研发、优化积雪、牧草、火点等产品的精细化遥感反演模型，解决多源数据综合管理应用问题；构建基于云计算（顾炯炯，2016）和并行数据库技术（李建中，1998；雷向东等，2019）的生态气象业务产品自动制作发布系统，推广该平台并进行应用示范；实现数据科学管理、智能检索以及产品自动生产发布，强化预警和评估能力；最终形成省级生产、州县两级应用的辐射格局，提升对重大生态事件、重大生态工程的监测、评估、预警能力，为青海省生态文明建设提供科技支撑（肖建设等，2019）。

4.2　系统功能需求

4.2.1　总体功能需求

系统采用一体化设计、分期建设思路，在构建系统总体框架基础上（图4-1），先期建设业务支撑平台，以实现多源数据和产品的自动收集整理和标准化处理及产品自动生产，同时构建省、州、县三级的数据产品分发体系及产品发布平台，形成支撑发布为一体的综合业务平台，基本实现积雪、牧草和火点等产品的自动生产、自动发布，并提供综合查询、统计分析等产品发布服务。

4.2.1.1　支撑平台

支撑平台是一套运行在服务器端的集业务运行管理、数据库管理和系统管理为一体的综

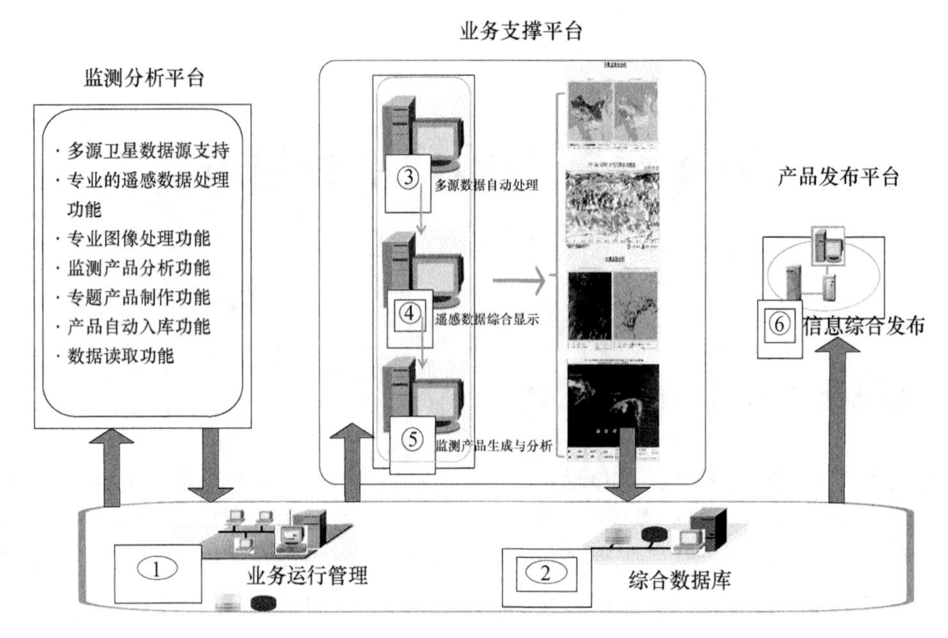

图 4-1　监测分析平台、业务支撑平台、产品发布平台结构图

合软件平台。应具有源数据自动采集入库、遥感数据标准化处理、产品自动生成、业务运行管理、数据分发、业务管理、系统管理等功能。考虑采用“云＋端”的架构：青海省气象局部署支撑平台服务端（云端），集中配置各个区域用户的数据分发策略。主要功能要求如下：

系统管理功能：支撑平台提供任务配置、任务调度、任务执行过程监控、运行状态统计、数据管理、产品生成、产品管理、权限/日志/邮件等的系统管理功能。

数据管理功能：支撑平台是数据管理和产品生产的核心平台。在数据管理平台中首先要实现对多种数据资源的统一管理。对多种数据资源要能够自动收集与处理；能够配置各种数据资源；查看数据资源的属性；检测数据的完整性；能够对数据进行管理和修改数据值等，为遥感监测分析平台提供强大数据支撑能力。

服务调度功能：支撑平台作为基础和产品发布的中间层，需要调用服务平台的统一接口，提取数据并进行整理；调用产品生产模型对数据进行加工生成最终产品。对于生产模型的调度做到可配置、可管理、可维护；对调度过程和产品结果达到可监视、可查阅；对产品生产的目录可管理、可扩展。

4.2.1.2　发布平台

发布平台依托支撑平台具有数据浏览、动态发布能力，采用不同用户级别权限，实现省、州、县级产品数据、专题图、产品统计信息等客户端下载能力。发布平台的展示主要以传统页面结合 WebGIS 的方式为主，既要能够发挥传统页面对数据内容丰富多彩的展示方式，又要能够通过 WebGIS 方式直观地展示数据与地理信息的关系，并且增加传统页面与 WebGIS 的交互功能（李治洪，2010）。考虑到移动互联网在信息采集、获取和分发上的优势，可基于云端产品发布平台开发适合移动端获取监测信息、监测产品、遥感知识库等的客户端 APP（形式不限）。发布平台主要功能要求如下：

发布信息可检索下载。发布信息包括产品数据、专题图、统计数据。系统应能提供数据的分类检索和下载功能。

发布对象可扩展。发布平台只对指定的发布对象发布产品，发布对象可以横向扩展，可以对发布对象逐级分类。系统管理员可以对发布对象能看到的产品进行设置，约束不同对象只能看到指定的产品。发布对象也在管理员指定的产品列表中选择自己感兴趣的产品进行定制发布。

发布平台可交互。用户可以通过与 WebGIS 的交互，分门别类地查看自己关心的信息；并且可以按照不同角度、不同维度、不同要素对一定时间内数据进行统计，使结果直接反映在 WebGIS 上。同时发布平台动态叠加各类产品数据，如基本气象数据、生态站数据、积雪深度数据等。

4.2.1.3　数据库

在青海省气象局建立一整套长时间序列的标准卫星遥感数据集，完成大量背景资料数据数字化工作，纳入高分辨率卫星和航空遥感数据、生态监测数据、农业气象数据、野外观测数据、地理信息数据、数据同化产品、数值预报产品及相关极轨和静止卫星产品，形成统一完善的数据资源。引入先进的分布式数据管理平台(Rahimi，2014)和空间信息网格数据模型(何小朝等，2003；张永生等，2007)，建立具有完善管理体系、丰富数据资源、全面应用支撑和智能服务体系的数据中心平台系统。建立青海省级数据中心、州县级数据应用中心的三层数据共享服务和应用体系，逐步打造为辐射青海省区域，与州县实现高速数据同步和共享的区域数据中心。

4.2.2　详细功能需求

由于系统先期建设业务支撑平台和产品发布平台，下面主要介绍支撑平台和发布平台功能模块详细需求。

4.2.2.1　支撑平台功能需求

(1)多源数据自动收集

该功能是将不同来源数据，根据用户要求完成数据收集整理等入库前期工作。数据来源主要三类：第一类是青海省气象局所属的气象卫星地面直收站(简称“直收站”)数据和中国气象局卫星广播系统(CMACast)数据，第二类是外部 FTP 数据，第三类是站点的生态观测数据和各类野外观测数据。外部 FTP 数据主要包括 MODIS 产品数据(详见 NASA 官网)、IMS 数据(指美国交互式多传感器冰雪制图系统发布的冰雪产品)、FY3-VIRR/MERSI/MWRI 数据、CIMISS 数据(全国综合气象信息共享平台)(赵芳等，2018)、台站观测数据、CLDAS(中国气象局陆面数据同化系统)同化数据(师春香等，2014)、中国高分辨率陆地资源卫星数据(含 HJ 系列、GF 系列等，详见官网)等。

多源数据自动收集功能包含以下三个模块：

① 直收站及 CMACast 数据整理入库模块；

② 外部 FTP 数据整理入库模块；

③ 站点数据整理入库模块。

(2)遥感数据标准化处理

该功能主要针对 MODIS 系列、FY-3 系列、FY-4 系列和 NOAA 系列卫星遥感数据，完成辐射定标、地理定位、投影转换、图像拼接、图像分幅和云检测等标准化处理功能；对 IMS 数据、CLDAS 同化数据完成投影转化、图像分幅处理等功能。

遥感数据标准化处理功能包含以下六个模块(图 4-2)：

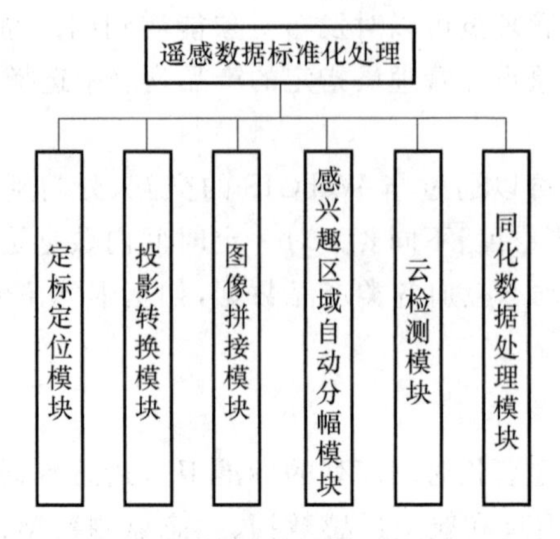

图 4-2　遥感数据标准化处理功能结构图

① 定标定位模块:该模块是针对一级数据进行辐射定标、地理定位处理。

② 投影转换模块:该模块是针对定标后的单轨数据做投影变换处理,默认投影类型双标线为北纬 25°、北纬 47°,中心点经纬度为东经 96°、北纬 36°的 Albers 等面积投影。

③ 图像拼接模块:该模块是对日轨道数据进行拼接,对于轨道重合部分,取卫星天顶角最小值的数据进行拼接,按照青海范围拼接为一幅图像。

④ 感兴趣区域自动分幅模块:该模块是用户可以根据自身业务需求,选取感兴趣的区域按成图比例尺,采用特定分幅方式或自定义分幅方式完成各类数据分幅工作,按数据存储格式要求进行文件格式转换。分幅数据包括日数据、旬、月、年基础数据、产品数据等。

⑤ 云检测模块:该模块是在 MODIS 系列、FY-3 系列、FY-4 系列和 NOAA 系列等中分辨率卫星资料等原始数据存储时,检测云量,将检测到的云量信息存入数据库中,提供云量值检索功能。

⑥ 同化数据处理模块:该模块是针对已有地理定位信息的同化数据做投影变换和图像分幅处理,默认投影类型双标线为北纬 25°、北纬 47°,中心点经纬度为东经 96°、北纬 36°的 Albers 等面积投影;图像分幅根据需要进行。

遥感数据标准化处理功能处理流程如图 4-3 所示。

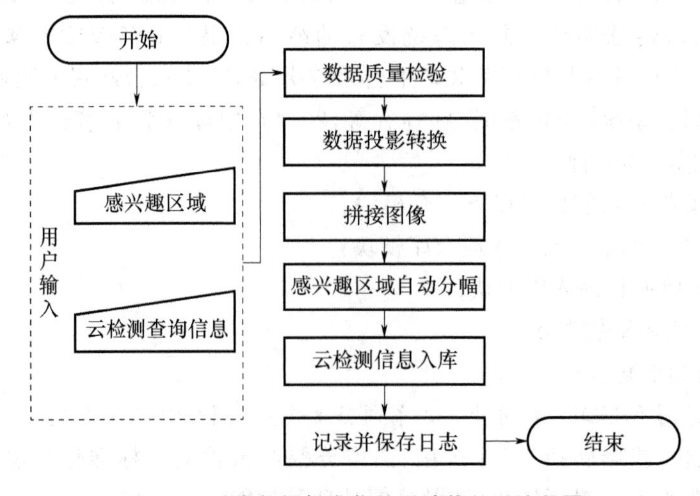

图 4-3　遥感数据标准化处理功能处理流程图

(3)数据合成处理

该功能主要是根据数据(产品)合成模型定义，通过调度数据(产品)合成生产执行规则，对单时次图像数据(如反射率、亮温等)和产品数据(如积雪深度等)，进行多时次(日、旬、月、季、年或任意时次)合成，以生成多时次合成数据(产品)。

数据(产品)合成处理功能包含以下两个模块：

① 数据合成模块：该模块是针对单时次的反射率或亮温数据，按照一定数据合成准则，合成得到晴空条件或其他特定条件下的最优质量的反射率或亮温数据。

② 产品合成模块：该模块是针对归一化植被指数 NDVI 等中间产品、积雪深度等最终产品，按照一定合成准则，合成得到指定条件下的产品数据。

(4)监测产品生产

该功能主要是根据产品模型定义，通过调度产品生产执行规则，利用单时次图像拼接文件或合成数据文件，根据业务算法生成积雪、牧草产量、干旱(土壤墒情)和火点信息等产品。

监测产品自动生产功能包含以下两个模块：

① 产品模型定义模块：该模块主要承担定义产品模型的任务，主要有以下功能：

a)为产品定义输入输出参数；

b)支持对定义的参数进行增删改查等操作。

② 产品生产调度模块：该模块主要是通过调度产品执行规则，利用单时次图像拼接文件或合成数据文件，调用现有较为成熟的业务算法生成积雪、牧草产量、干旱(土壤墒情)和火点信息等产品，将生产产品入库。

(5)业务运行管理

该功能主要是按照用户配置好的任务执行计划，定时启动任务，处理任务作业，按时生产数据，同时对任务作业进行暂停、删除、重启、立即执行等多种管理方式；在任务执行过程中，对各类任务类型、执行状态、执行时间、执行结果、文件总数等指标进行实时监控，并分析是否对业务进行优化，是否增加或减少服务并发设置；并且对包括 CPU、内存和硬盘在内的硬件系统进行实时监测，评估系统运行状况，制定报警策略，编辑监测性能指数的功能，通过监测性能指数和报警策略对系统的性能状况给出正确提示。

业务运行管理功能包含以下三个模块：

① 任务配置及调度模块：该模块是模块业务系统的重要支撑，它从整个系统的全局来管理和调度，进行用户所需产品的生产。该模块主要是按照用户配置好的任务计划，定时启动任务，处理任务计划，按时生产数据；同时还支持对任务作业的暂停、删除、重启、立即执行等多种管理方式。

② 任务执行监控模块：该模块主要是对各类任务类型、执行状态、执行时间、执行结果、文件总数等指标进行监控，以便管理人员清楚任务执行状态及进程，分析是否对业务进行优化，是否增加或减少服务并发设置。

③ 服务器运行监控模块：该模块实现了对包括 CPU、内存和硬盘在内的硬件进行实时监测，系统运行状况评估，制定报警策略，编辑监测性能指数等功能。通过监测性能指数和报警策略对系统的性能状况给出正确提示，以保证正常的监测分析服务业务处理逻辑流程，能够最大限度地利用系统的 CPU、内存、磁盘资源；在发生故障时能够尽快恢复系统，保证系统长期、稳定、安全运行。

(6)数据分发

该功能主要是青海省局按策略对目前 MODIS 系列、FY-3 系列、FY-4 系列和 NOAA 系列等中分辨率卫星资料数据进行主动推送；各地市级用户按照策略定期从省局中心 FTP 获取数据；该功能还提供用户定制策略，即用户可以查询满足要求的产品或者历史数据集，进行批量下载。

数据分发功能包含以下两个模块：

① 数据主动分发策略配置及调度模块：该模块主要承担对卫星遥感数据主动分发策略配置及调度任务，应具有以下功能：

a)配置数据主动分发策略，支持对分发策略进行修改、删除、日志查看、启用以及手动分发等操作；

b)青海省局按照配置好的分发策略主动推送地市级 FTP。

② 区域用户自动下载策略配置模块：该模块主要承担区域用户自动下载策略配置任务，主要包括以下功能：

a)客户端根据需要，选择下载策略，定期从青海省气象局中心 FTP 获取数据；

b)支持用户查看下载记录、进度、状态、时间、大小、日志等信息。

(7)业务管理

该功能主要实现对业务运行过程的管理。主要体现在用户可以根据自身业务需求，对配置参数、FTP 信息等进行增删改查等操作；系统根据用户配置的 IP 地址，向用户客户端分配服务器；系统可以根据不同数据类型，对数据进行分类，管理目录空间，定时清除过期的数据目录。

业务管理功能包含以下五个模块(图 4-4)：

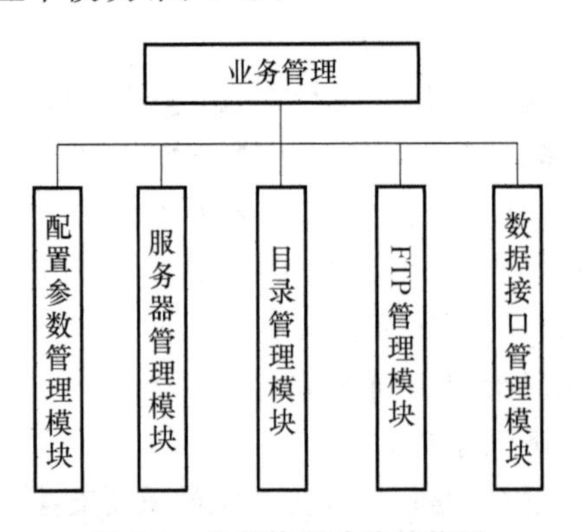

图 4-4 业务管理功能结构图

① 配置参数管理模块：通过该模块，用户可以根据业务需求创建或选择相应的作业类型，设置相应的作业配置参数，如作业的名称、作业所属组、作业所执行的命令、作业的参数、开始时间和结束时间等一系列参数；同时用户还可以对配置参数进行增加、删除和修改等操作。

② 服务器管理模块：系统根据配置好的 IP 地址信息，为客户端用户分配服务器，实现服务器在用户客户端处进行相应服务；同时用户还可以对 IP 地址信息进行增加、修改、删除等操作。

③ 目录管理模块：该模块是对不同类型的数据，按照目录分类将数据划分为分发源目录、分发目的地目录等不同的目录类型，并且对各存储区的目录空间进行管理，对过期的文件进行定期清除。

④ FTP 管理模块：该模块是管理所有的 FTP 别名、IP、用户名、密码、端口号等 FTP 信息，并且对 FTP 信息提供增加、修改、删除及通过 FTP 参数进行查询等功能。

⑤ 数据接口管理模块：该模块是管理所有与本系统数据进行交互的数据接口信息，提供对数据接口信息的增加、修改、删除及查询等功能。

(8)系统管理

该功能主要是对系统用户的注册、登录，用户登录后的权限、角色、系统功能显示的管理，以及对用户管理系统数据、操作日志和访问日志的管理操作进行授权，并将设备与用户关联。

系统管理功能包含以下四个模块：

① 用户管理模块：该模块用于管理新用户信息的注册，审核通过注册用户或者修改用户的注册信息，删除过期的用户信息等。

② 角色管理模块：该模块主要是实现用户角色分配和角色权限管理功能，以间接实现对用户访问权限的管理。主要提供角色名称、角色描述以及相应的角色删除、修改和后台功能授权等操作。

③ 权限管理模块：该模块是对各个子系统用户、权限、角色、组织机构、设备信息等进行管理，添加或删除用户、角色、权限、机构，为用户授权，将用户与设备进行关联。

④ 日志管理模块：该模块是系统对用户的登录日志记录和用户操作日志进行管理，包括日志记录、日志查询、日志备份、日志删除等。

4.2.2.2 发布平台功能需求

(1)功能概述

发布平台客户端主要部署在市、县级业务计算机，采用B/S架构的客户端方式。客户可以与服务端进行通信，通过读取服务端数据传输策略，自动接收青海省生态气象中心制作的产品数据。客户端内置数据解压、解密模块，同服务器端建立可信通信链路，内置数据接收模块支持FTP传输协议，保证数据的稳定高效传输。

(2)模块划分

发布平台功能包含以下五个模块(图4-5)：

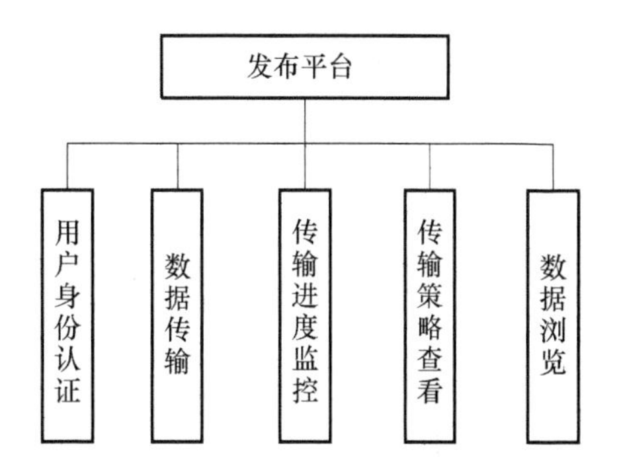

图4-5 发布平台功能结构图

① 用户身份认证；

② 数据传输；

③ 传输进度监控；

④ 传输策略查看；

⑤ 数据浏览。

(3)处理流程

发布平台客户端和服务器端的业务交互模式(图4-6)如下：

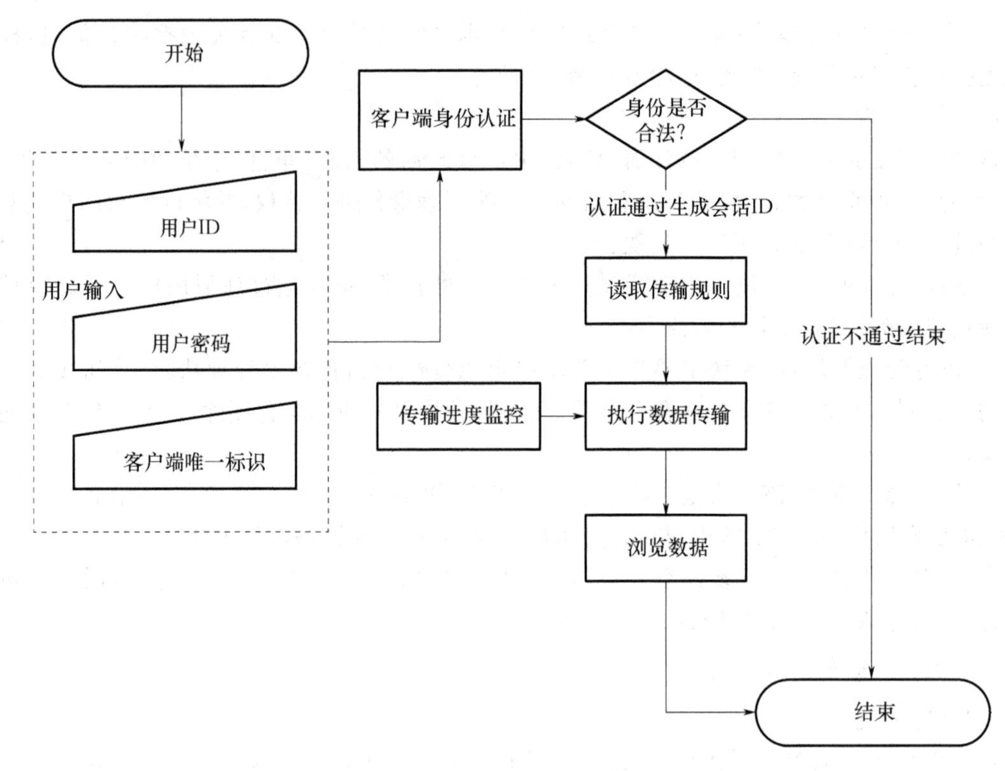

图 4-6　发布平台客户端处理流程图

① 客户端提交身份信息，执行身份认证；

② 通过身份认证，获得服务端返回的会话 ID，作为后续业务操作的握手钥匙；

③ 从服务端读取传输规则；

④ 根据传输规则，执行数据传输动作；

⑤ 对传输过程中“待传输、已传输、传输中”状态的数据进行监控；

⑥ 浏览传输结果数据。

4.3　系统设计

4.3.1　总体设计方案

根据青海省生态气象服务的实际业务需求，基于 Java 平台建立一套标准的、覆盖青海省的长时间序列多源卫星的青海省生态环境背景遥感数据库(包括积雪、草地、火点等)以及基础资料数字化矢量数据库，建立起支撑业务应用的青海省土壤、草地等生态环境背景数据库。应用卫星遥感数据处理技术、空间网格数据模型和分布式数据库技术建立一个集成平台，完成长时间序列卫星遥感数据的集中管理、检索、共享和应用功能。建立青海省级数据中心、州县级数据应用中心的三层数据共享服务和应用体系，逐步打造为辐射青海省区域，与州县实现高速数据同步和共享的区域数据中心。

(1)模型的分布式部署

为了减轻服务器的压力，设计分布式部署的框架，多个模型可以部署在多个电脑上，服务器通过 webService 调用。

(2)将稳定性放在首位,保证性能、扩展性和易用性

在本系统的设计和实现过程中,从技术选型、设计方法、开发方法以及架构的选择方面,要将解决稳定性、保证性能、可扩展性和易用性作为决定性因素。

(3)从人机交互的烦琐模式向基于任务的批处理模式转变

本系统的设计在保证各个模型功能正确性的同时,设计和实现基于任务的批处理功能模型,将相关功能集成为一个任务单元,提高业务人员的工作效率和将其投入真正业务化运行的积极性。

4.3.2 技术架构设计

生态环境遥感业务产品自动制作发布系统采用基于 Java 的 J2EE 框架,实现开放式三层架构,具备先天的跨平台部署能力,在系统的技术架构设计上采用 SOA 结构统一的服务总线为各个模块和接口提供统一的服务,在底层上服务管理又分成业务支撑服务、系统间对接接口服务、数据库访问服务和发布接口服务等部分;有利于提高系统的可维护性、可扩展性等。为保护现有投资及实现系统良好集成,实现跨平台、兼容多种数据库;主要应用需部署在开放式操作系统上。详细的系统技术架构图如图 4-7 所示。

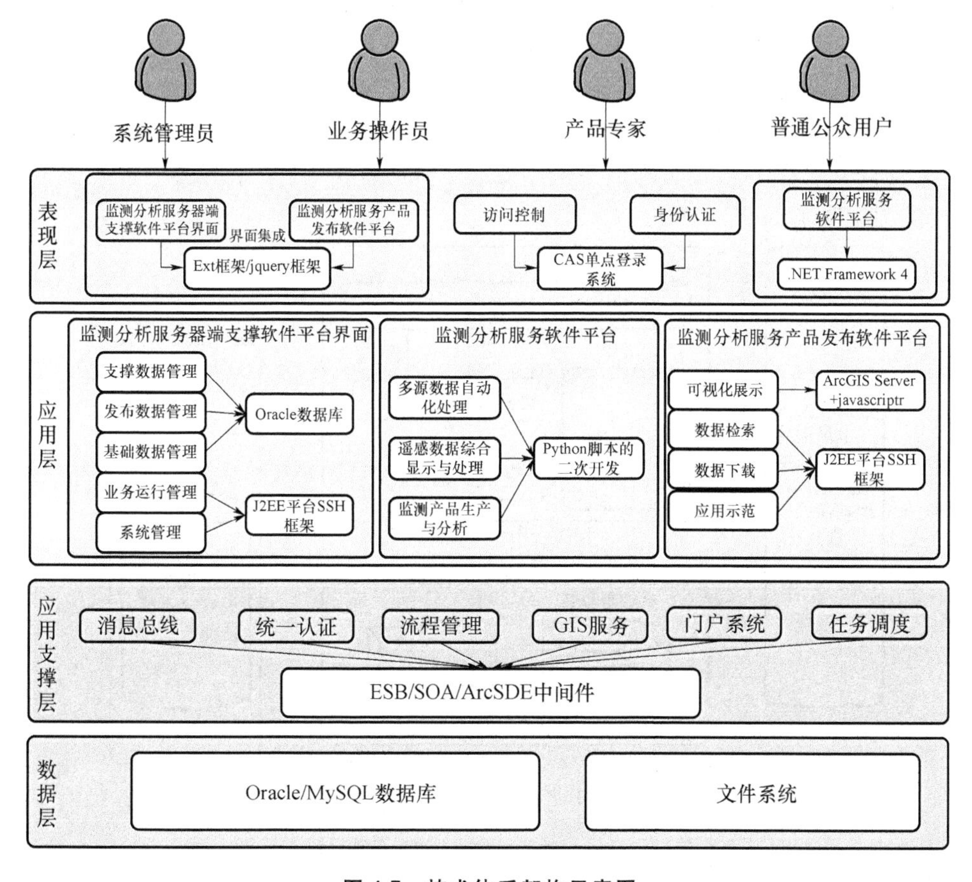

图 4-7 技术体系架构示意图

在表现层,使用 Ext 框架和 Jquery 框架开发业务支撑软件平台和产品发布平台,对于访问控制与身份认证,通过 CAS 单点登录进行统一用户管理。

在应用层，业务支撑软件平台综合数据库管理分系统的数据交换与数据库管理使用 Oracle 数据库提供的 API 进行二次开发，业务运行管理分系统使用 J2EE 平台 SSH 框架开发；监测服务产品发布平台的图形可视化展示采用主流的 WebGIS 方案，即 ArcGIS Server 与 Javascript 结合的方式进行开发，监测服务产品发布平台采用 J2EE 平台 SSH 框架进行开发。

在应用支撑层，消息总线、统一认证、流程管理、报表系统、门户系统等功能均基于企业服务总线 ESB/SOA 进行开发管理。GIS 服务基于 ArcSDE 空间数据引擎提供关于空间数据的统计分析等。

在数据支撑层，使用 Oracle/MySQL 数据库为所有系统提供数据支撑。使用文件系统管理软件实现所有业务数据的统一智能管理。

4.3.3 运行模式设计

生态环境遥感业务产品自动制作发布系统中数据支撑平台、监测分析平台和产品发布平台三者采用协同式工作模式，共同完成整体业务过程。运行模式分为自动业务模式、常规业务模式两种情况。

4.3.3.1 自动业务模式

在自动业务模式下，系统根据用户提供的业务运行时间表，预先制定日常业务数据任务单计划，通过业务运行管理软件分系统申请标准遥感产品和一级遥感数据，并基于支撑数据平台，将外部数据经规范化处理后存入综合数据库中，并依据已定义的自动化产品生产流程，实时（信息提取、定量反演等）或定期（统计分析）生成各类基于默认判识算法与阈值的专题产品。最后，自动检验通过后，由监测分析服务产品发布平台向各类用户提供信息分发与服务。自动业务运行流程见图 4-8。

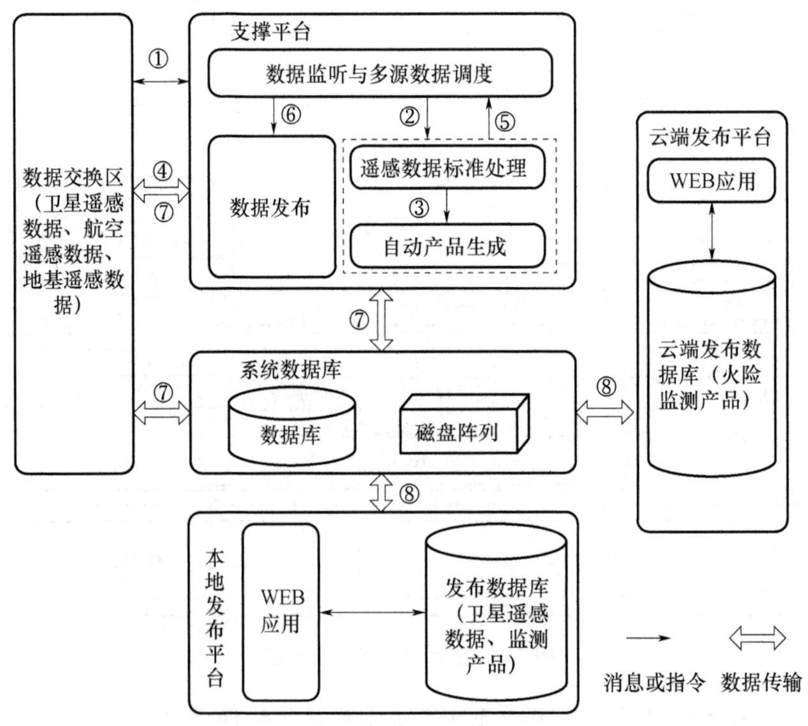

图 4-8　平台间自动业务模式协同工作图

4.3.3.2　常规业务模式

在常规业务流程模式下，系统根据用户提供的业务运行时间表，预先制定日常业务数据任务单计划，通过业务运行管理软件分系统申请标准遥感产品和一级遥感数据，并基于综合数据库管理软件分系统，将外部数据经规范化处理后存入综合数据库中，进入气象卫星监测分析常规处理流程，生成各类专题产品。最后，通过系统发布平台向各类用户提供信息分发与服务。正常情况下，卫星遥感数据的获取、质量检验、编目、存档、检索和服务都是以自动方式完成的。监测服务产品发布提供统一的客户端软件，对整个系统的运行状态实现集中式的实时监控，既包括实时状态的监视，也提供状态数据的事后检索显示。常规业务运行流程见图 4-9。

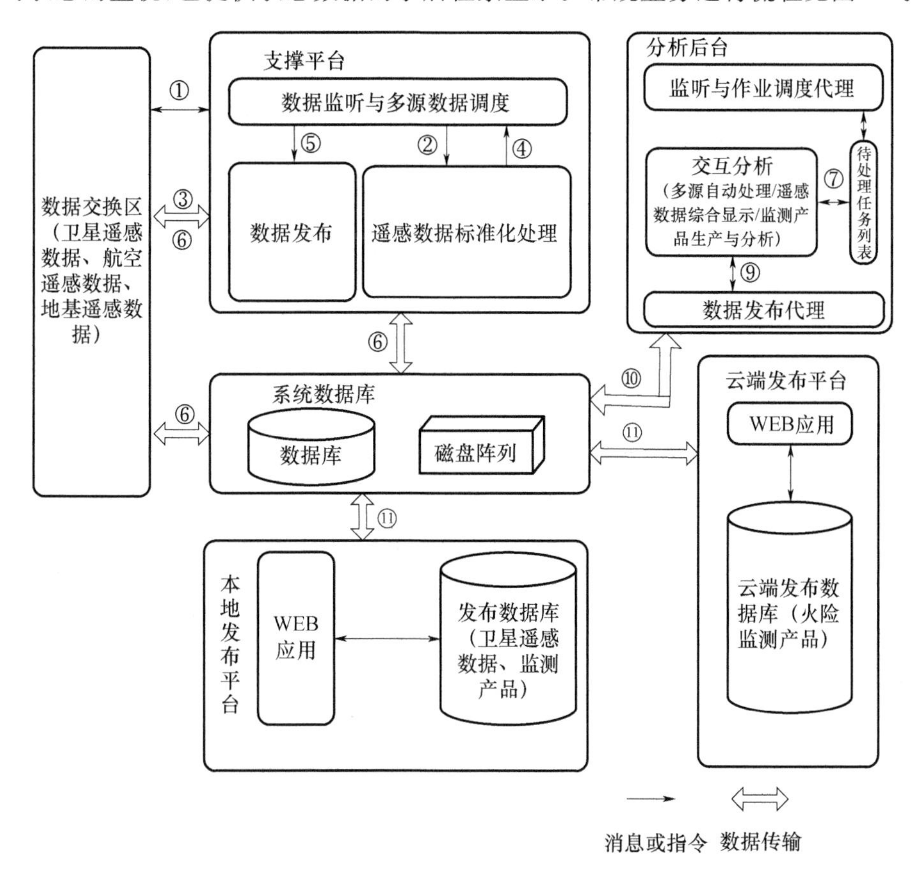

图 4-9　平台间常规模式协同工作图

4.3.4　应用架构与功能组成设计

4.3.4.1　应用架构

根据系统主要功能、运行环境和软件属性的要求，软件系统由支撑平台、发布平台两个软件平台组成(图 4-10)。其中，支撑平台通过建立业务运行管理和综合数据库管理的业务及数据应用支撑，并提供多源数据自动化处理能力，在 RS 和 GIS 集成应用技术之上，实现卫星气象目标产品的监测分析与应用，完成专题监测产品制作任务，实现系统的日常业务化应用运行支撑与保障；通过 WebGIS 技术搭建面向政府、企事业、社会公众的卫星气象监测产品社会化服务的产品发布平台，实现系统最大程度的社会效益与经济效益。主要功能如下：

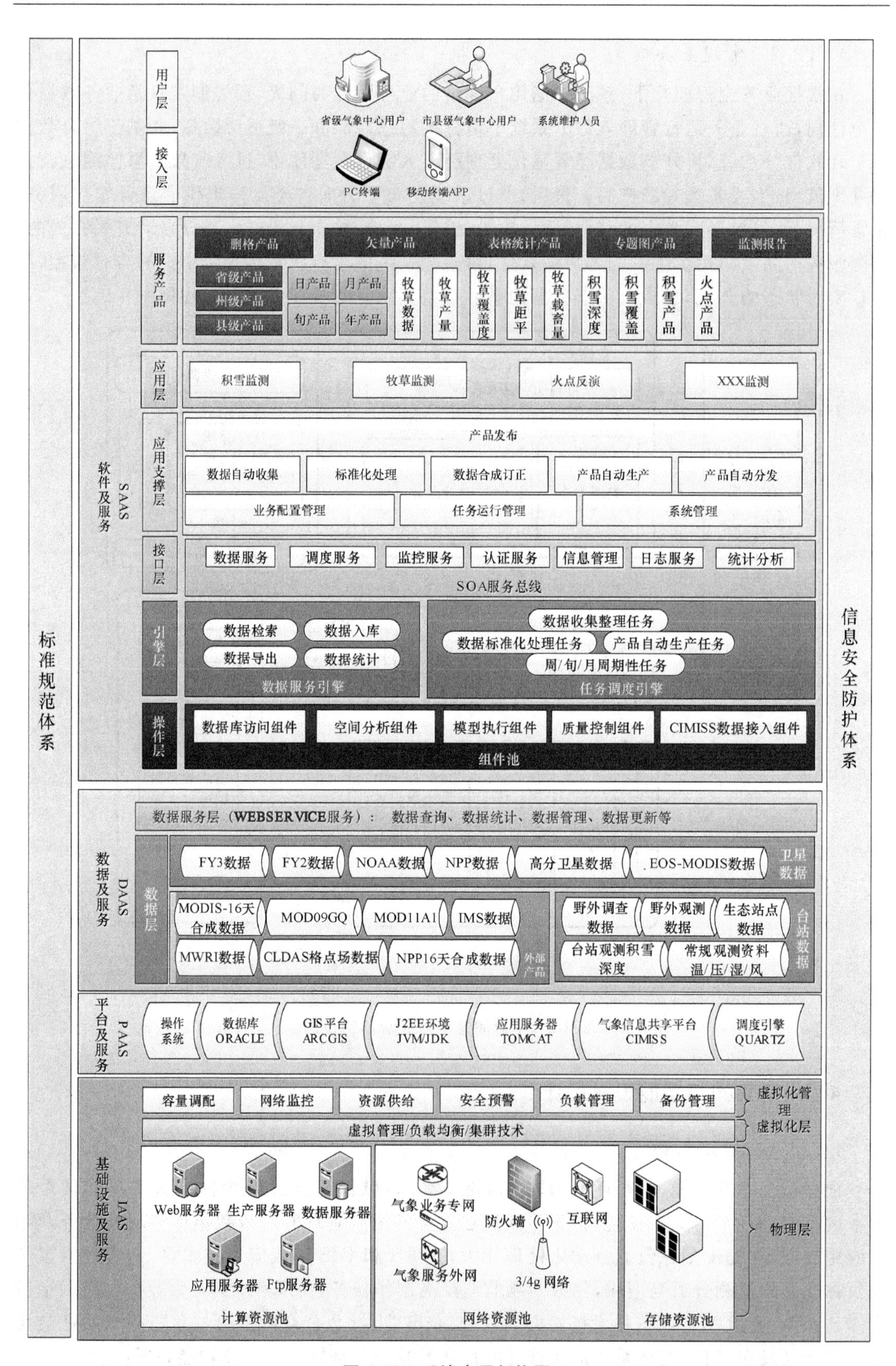

图 4-10　系统应用架构图

(1)建立与数据中心的数据通信机制，业务化获取各种业务产品和资料，具备系统运行监控与管理功能；

(2)实现专题数据库存储、检索、管理等功能；

(3)实现数据运行调度与管理功能；

(4)提供完善的用户服务管理能力，实现信息化业务管理；

(5)实现多种遥感数据的综合显示和处理功能；

(6)具有图像处理与综合分析功能(包括通道合成、图像增强、信息融合、拼接与镶嵌、统计分析、动画与多媒体显示等)；

(7)具有 GIS 分析功能；

(8)采用 RS 与 GIS 技术相结合的技术手段，实现积雪、牧草、火点等产品的输出功能；

(9)采用 WebGIS 技术实现卫星遥感监测分析信息的对外服务。

4.3.4.2　功能组成

生态环境遥感业务产品自动制作发布系统共分为数据接收与存储子系统、多源数据读取与深加工子系统、自动化作业调度子系统、产品制作子系统、门户网站访问子系统、专题数据库管理和维护子系统、产品入库子系统、监测产品检索下载子系统、数据检索下载子系统和监测产品统计分析子系统 10 个子系统(图 4-11)。

4.3.5　系统接口设计

4.3.5.1　系统外部接口

系统外部接口包括：

(1)与省级 CIMISS 的接口；

(2)与直收站的接口；

(3)与互联网的接口；

(4)与高分辨率卫星数据的接口。

系统外部接口图如图 4-12 所示。

4.3.5.2　系统内部接口

系统内部接口包括：

(1)“监测分析平台”与“数据支撑平台”之间的接口；

(2)“数据接收与存储子系统”与“多源数据读取与深加工子系统”之间的接口；

(3)“多源数据读取与深加工子系统”与“自动化作业调度子系统”之间的接口；

(4)“自动化作业调度子系统”与“数据接收与存储子系统”之间的接口；

(5)“数据接收与存储子系统”与“数据检索下载子系统”之间的接口；

(6)“监测分析平台”与“监测产品发布平台”之间的接口；

(7)“产品入库子系统”与“数据库管理和维护子系统”之间的接口；

(8)“数据库管理和维护子系统”与“门户网站访问子系统”之间的接口；

(9)“数据库管理和维护子系统”与“产品检索下载子系统”之间的接口；

(10)“数据库管理和维护子系统”与“监测产品统计分析子系统”之间的接口。

系统内部接口图如图 4-13 所示。

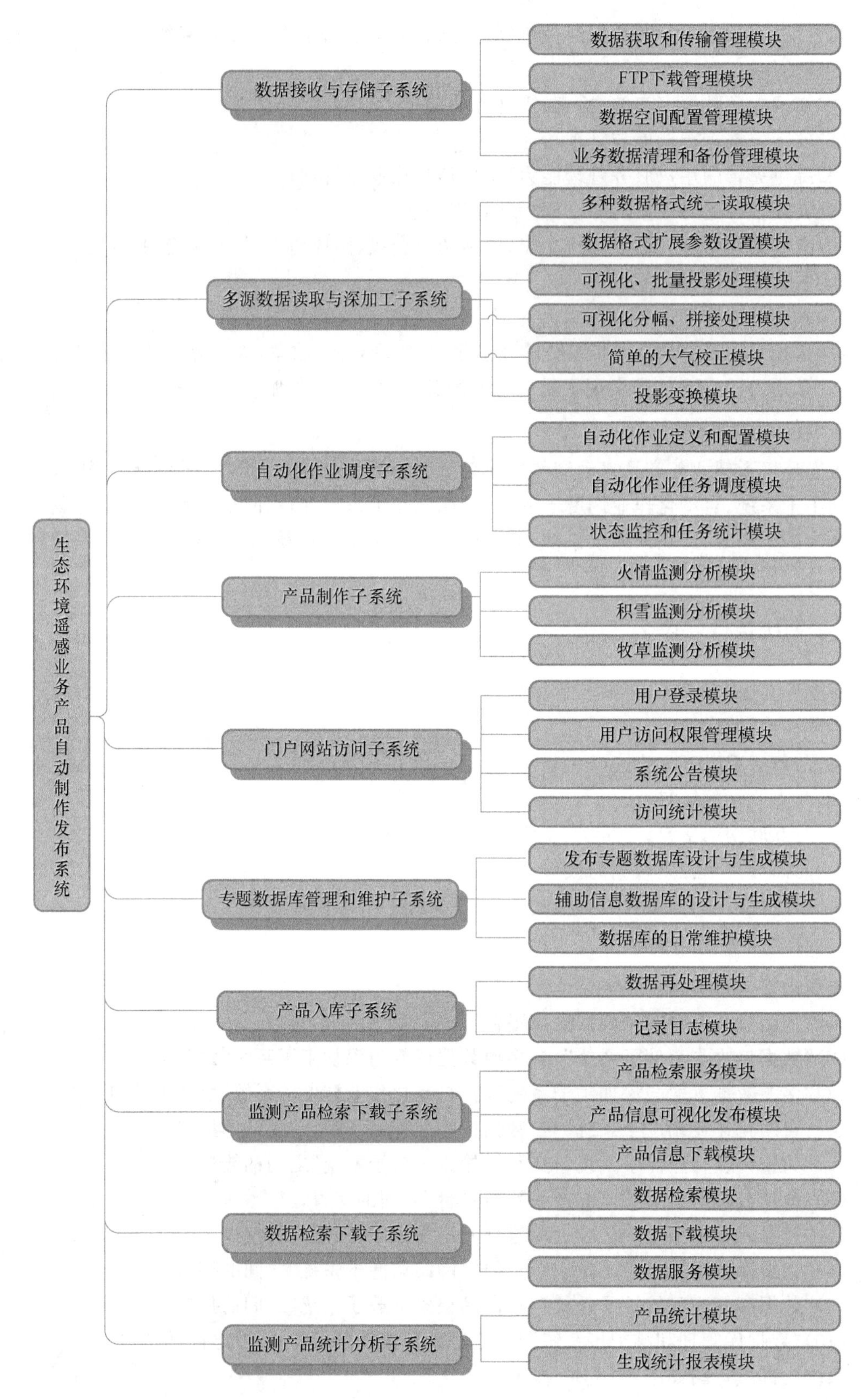

图 4-11　产品自动制作、发布系统软件组成

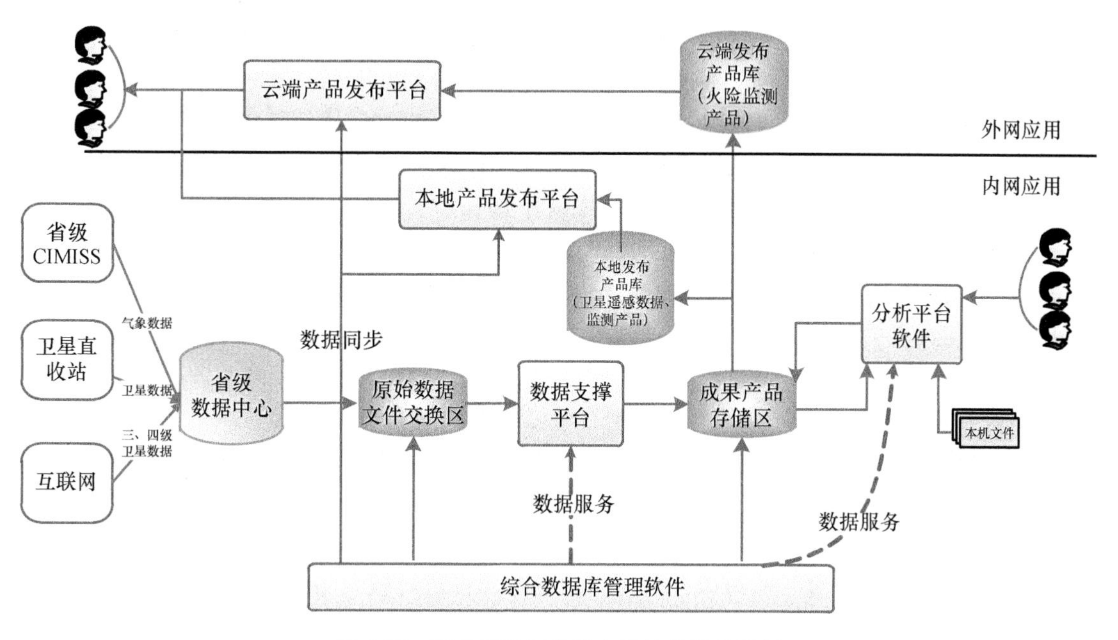

图 4-12　产品自动制作发布系统外部接口图

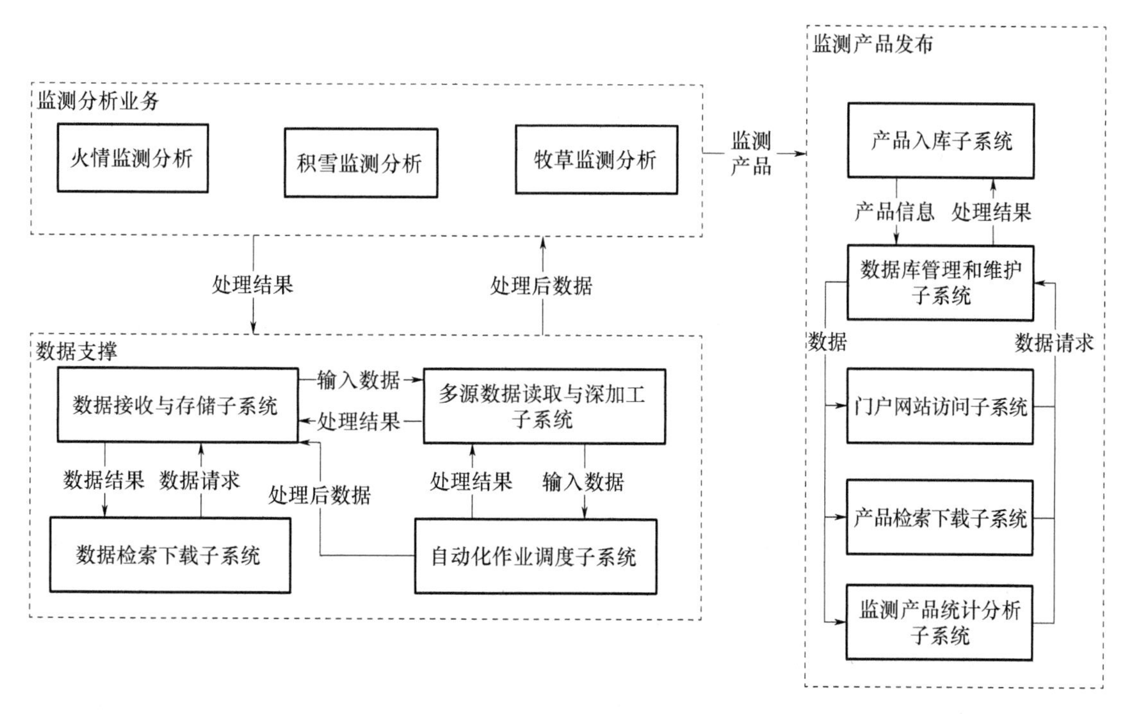

图 4-13　产品自动制作发布系统内部接口

4.3.6　数据库设计

4.3.6.1　数据架构设计

(1)数据综合管理

卫星遥感综合业务平台管理的数据具有海量、复杂的特点。一方面,系统管理的数据量大,每天接收的气象卫星实时监测影像和进行综合监测分析所采用的遥感影像及地理空间信息数据量庞大；另一方面，管理的数据涉及栅格数据、矢量数据、关系型数据、多媒体数据等，数据不仅需要建立空间关系上的统一索引，还需要建立时间关系上的一致性。需要满足海量遥感数据的存储和大量数据批处理的要求。对此，在综合业务平台的数据存储管理架构设计中需要着重考虑数据的存储方式、存储管理中心的统一规划、文件的目录分类管理及数据库的管理等方面，开展数据存储管理架构设计。具体设计如下：

① 以服务的方式对外提供数据应用

在数据的存储管理架构中，所有的数据应用将设计为服务的模式，以一系列数据服务形式提供给数据使用者。其他分系统将通过调用相关的服务来管理和应用卫星遥感综合业务平台的所有数据。

② 基于 ArcSDE 构建数据访问与数据存储之间的中间应用

面向最终数据访问用户的数据服务统一通过 ArcSDE 数据管理引擎来访问和管理数据存储层的数据，而在数据库实现底层则由各 Oracle 数据表组成。通过 ArcSDE 实现按照空间索引来管理数据，使得数据库中的数据单位都是以实际空间位置和属性进行贮存，从而使最终的数据访问者对存储的海量数据可以按照空间位置与属性进行检索，提高数据的下载效率。

③ 构建统一的存储管理中心

在存储管理设计中统一设计一个存储管理中心，统一管理基于共享文件系统的文件数据和基于数据库管理系统的数据库数据。对于数据访问者来说，只要向存储管理中心发出数据读写请求，就能方便地获取到相关的数据。

④ 基于文件系统共享和数据库关联的存储模式

在系统的整个存储管理模式中，设计为两种存储模式。一种模式是基于共享文件系统的文件管理模式，主要存储管理系统中所产生或传输的文件数据。另一种是基于数据库管理系统的数据库管理模式，这类数据通过 Oracle 数据库管理系统进行管理，以 SQL 方式对其进行查询、修改和删除。两类存储之间随着加工处理的变化存在着数据的交换，存储在短时存储空间的文件数据当条件成熟后将写入到数据库进行永久管理，反过来从数据库读取的数据有可能暂时放到短时存储空间的临时区进行处理。

(2)数据访问机制

卫星遥感综合业务平台的数据访问机制如图 4-14 所示。

卫星遥感综合业务平台数据存储管理主要包括文件系统和数据库两部分，文件系统以文件的形式存储所有非结构化数据，数据库存储结构化数据及非结构化数据的元数据信息和文件存储的相对路径。数据库在逻辑上划分为三个数据库：

① 业务数据库：主要存放结构化的原始轨道数据、结构化的监测产品数据、空间数据等。

② 元数据库：主要存储元数据、基础数据等。

③ 管理数据库：主要存放各部件组运行所需要的各类参数配置数据，各类管理数据（发布的信息数据、用户支持与服务数据），及各部件组的运行日志、登录日志、操作日志等日志数据。

综合分析软件平台存储的各类数据根据应用要求，可以通过如下三种方式向用户提供数据服务：

① FTP 访问：卫星遥感综合业务平台通过专用 FTP 服务向用户提供各类数据基于文件方式的下载服务。

② 数据访问层：通过专门的数据访问层实现对各类数据的获取，数据服务、预报发布和后台管理软件等服务器端软件通过此方式进行数据访问。

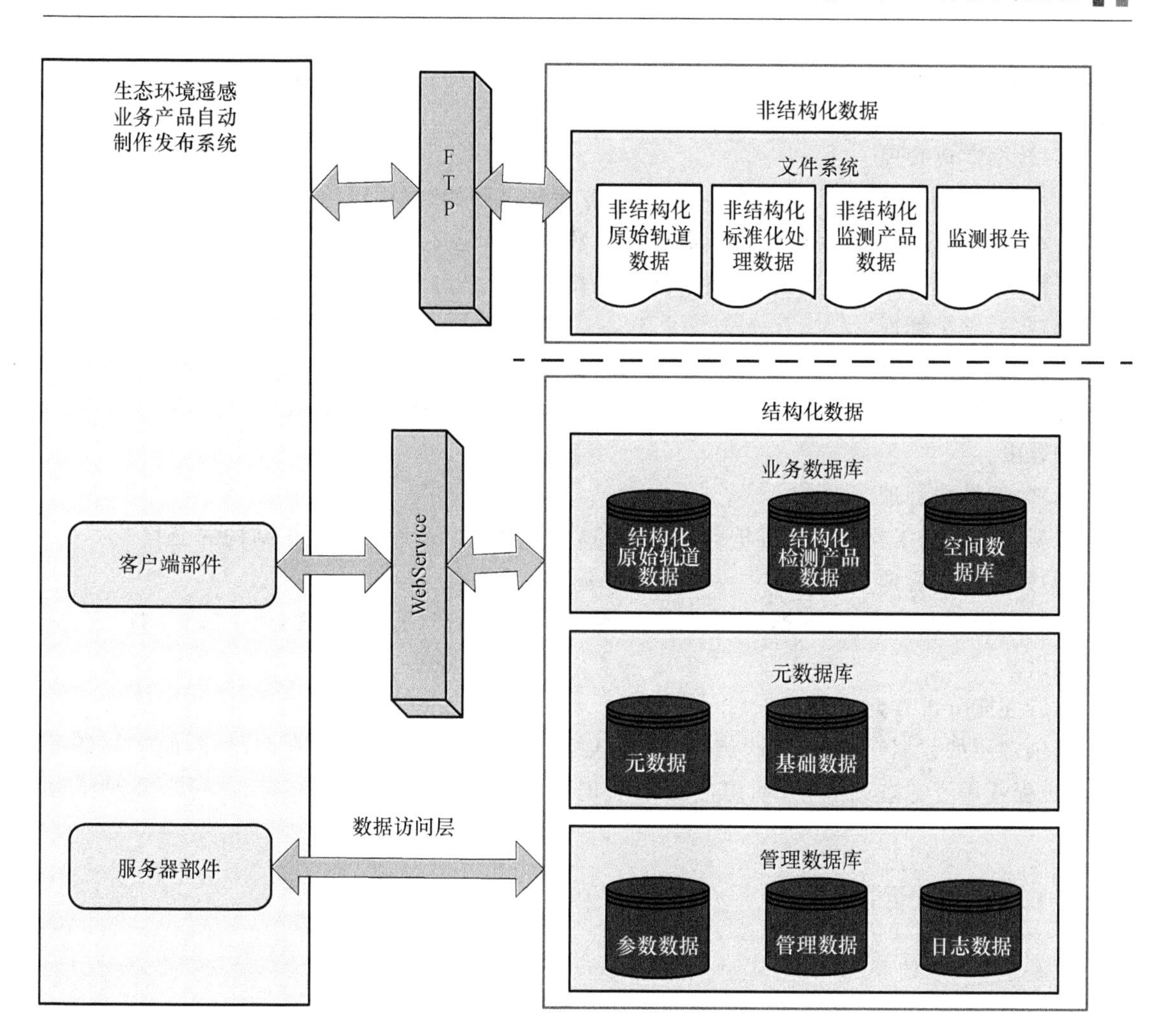

图 4-14　存储规划体系架构图

③ Web 服务(WebService):对于实时显示、数据检索、预报制作等客户端软件,通过数据访问层直接访问数据库,有可能会造成数据库信息泄露,为保证数据库的安全性,故采用 Web 服务的方式进行数据访问。

4.3.6.2　数据库维护设计

(1)数据对象管理

以数据库中的系统视图为基础,提供对数据库中基本表、视图等对象的管理功能,供用户查询基本数据对象,并可根据需要对存储、参数相关的数据库对象设置进行调整与维护。

(2)备份恢复管理

构建数据库的备份恢复功能,提供配置界面供用户设置备份恢复操作的相关参数,包括备份的时间窗口、备份的频率、备份的周期、备份位置、恢复的对象、恢复的模式等。

(3)操作日志管理

数据管理系统功能涉及整个系统的数据安全,其上的所有操作,包括操作人员、操作时间、操作动作、操作结果都将详细记录在系统的日志表中,永久保存以备查询。

(4)数据操作管理

用于实现批量的数据处理功能,利用数据泵、Stream 等功能,实现数据的批量导入导出、复制等功能；借助 DBlink 以及透明数据网关为用户提供对同构及异构数据库系统的分布式访问能力。

(5)数据字典管理

对系统数据库表建立数据字典，完成与业务逻辑之间的映射，使用户能够理解系统的库表设计。本系统在建设完成时将提供数据完整的数据字典定义，正式上线后用户可使用本功能，对系统数据字典进行增减、查询、调整与修改操作。

(6)数据维护管理

(7)数据导入/导出

提供了数据存储中心数据的导入、导出功能。通过标准 Excel、XML 等数据格式数据的导入和导出。

(8)数据结构管理

数据结构管理工具是通过维护各数据表的数据结构，以适应新的数据结构的变化。

(9)数据类别管理

数据库涉及产品众多、数据量大，需要对现有数据进行分门别类管理，便于数据的接收、更新和输出。

(10)性能分析查询

提供常用的数据库状态查询与管理功能，如阻断进程检查，进程锁查询，长时间运行任务查询，进程耗用资源查询等，可使用户及早发现一些易于对系统造成影响的操作，及时予以处置。

4.3.7 系统开发运行环境

4.3.7.1 硬件环境

安装 Windows Server2003 以上操作系统的服务器，要求：

内存：存储容量 16GB 以上；

硬盘：存储容量大于 500GB；

存储：不小于 30TB。

4.3.7.2 软件环境

操作系统：Windows 2007 操作系统；

地图服务：ArcGIS Server10.0；

数据库：Oracle11g。

4.4 系统实现

4.4.1 系统业务流程实现

生态环境遥感业务产品自动制作发布系统是一个以数据处理为基础的软件系统，从获取外部传输过来的数据开始，经过多级运算与处理，最终生成牧草、积雪、火情等业务产品，并通过监测服务产品发布平台提供给最终用户，数据流始终贯穿于软件的各个功能活动。基于此，本节以数据流动关系为基础并结合各个功能活动的处理逻辑来描述系统的总体业务流程。整个系统的业务流程从与外部系统之间的交互关系上可以划分为三个大的阶段，即多源数据采集阶段、监测分析产品加工/制作阶段及产品数据输出阶段。

4.4.1.1　多源数据采集阶段

该阶段侧重于生态环境遥感业务产品自动制作发布系统与数据源系统之间(包括 FTP、CIMISS、直收站等)的数据交互，该流程将为遥感综合业务服务平台系统提供数据源，是整个遥感综合业务服务平台系统进行监测分析产品加工和制作的基础。通过多源数据采集，生态环境遥感业务产品自动制作发布系统将获取到卫星遥感、航空遥感、地基遥感、高分辨率卫星影像、常规天气观测资料、地理信息数据等，获取到的这些源数据将存放到数据交换区，从而为后续的数据处理、产品加工提供数据源的支持。该阶段主要包括业务数据传输与存储流程，关键流程示意图如图 4-15 所示。

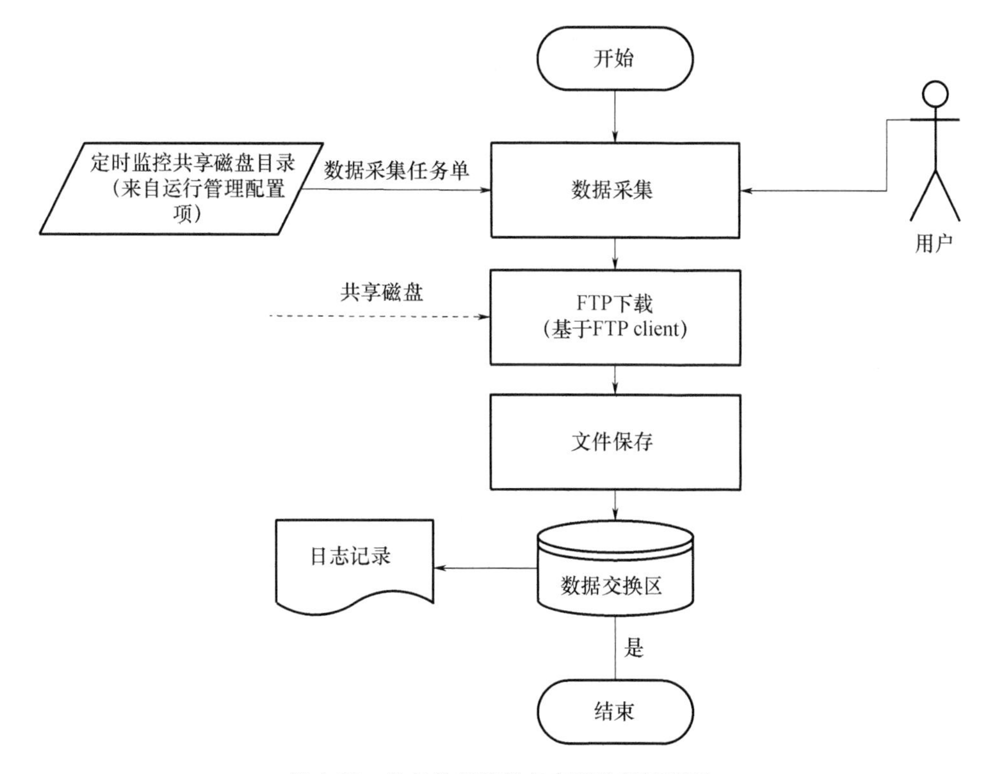

图 4-15　业务数据传输与存储关键流程图

业务数据传输与存储流程主要处理遥感综合业务服务平台系统与外部系统的数据获取与交换接口。生态环境遥感业务产品自动制作发布系统通过 FTP/直收站方式主动从数据中心获取数据。业务流程如下：

(1)接收业务运行管理的数据采集任务后，获得指定的时间节点和需要传输的数据文件清单(本环节可选)；

(2)系统根据数据文件清单，通过共享文件系统将数据文件复制到本地目录；或者系统利用 FTPClient 程序，将所需的数据文件下载并保存到本地目录；

(3)如果文件复制或 FTP 下载过程中出现异常，进行日志记录；

(4)业务运行管理监控文件复制或 FTP 下载的运行情况与文件到达状态，当数据到达数据交换区后，结束任务。

4.4.1.2　监测分析产品加工/制作阶段

该阶段是整个系统监测产品分析与制作的核心，包括了从生态环境遥感业务产品自动制作发布系统获取到外部系统提供的基础数据源开始到真正加工、生产完成各种产品结束之间所有的过程活动及数据交互，是整个生态环境遥感业务产品自动制作发布系统最重要、最基础的业务阶段。该阶段主要包括信息自动提取与分析、监测产品生成与分析等业务处理流程。

下面以一个典型的信息自动提取和处理流程为例(图 4-16)，来详细描述一个作业的执行流程。典型信息自动提取和分析子流程的步骤说明如下：

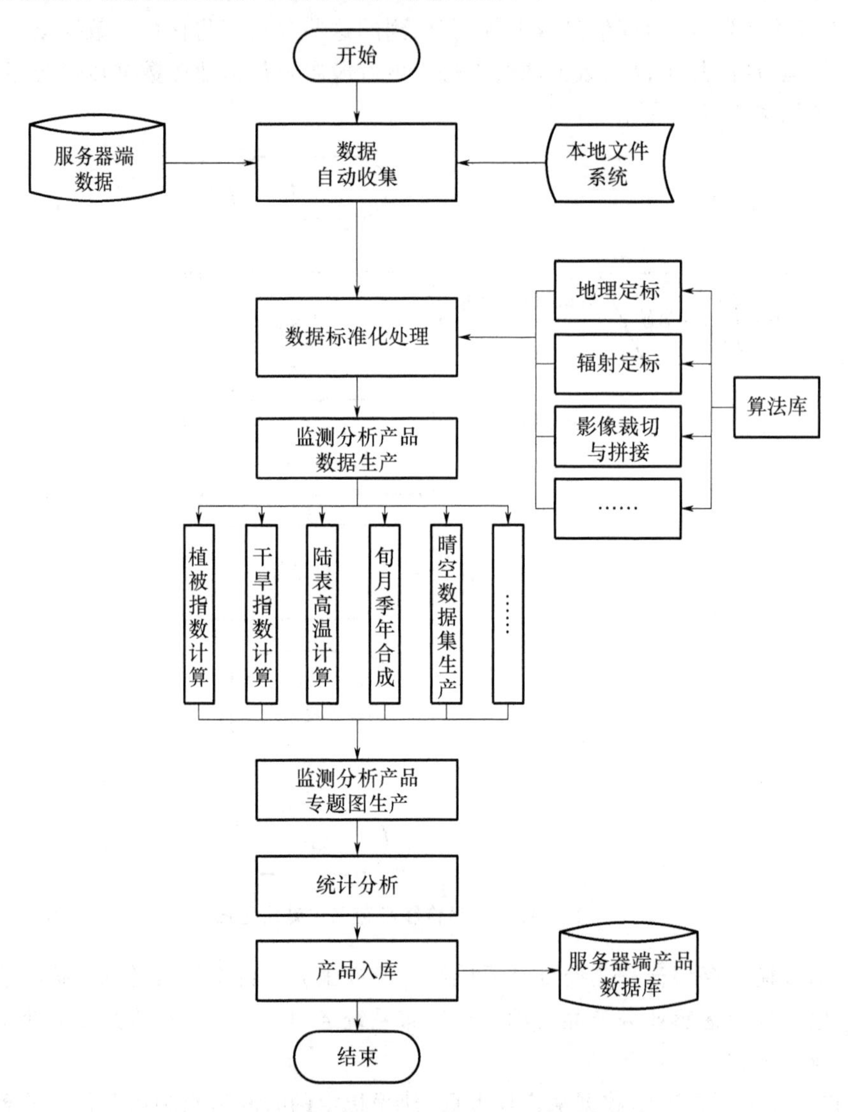

图 4-16　典型信息自动提取和分析子流程图

(1)数据自动收集。自动收集从数据库或本地文件系统中获取后续执行所需要的数据和参数信息。

(2)数据标准化处理。结合作业中的任务定义，运用原子算法库中提供的原子算法对数据进行辐射定标、地理定位和图像分幅等处理。

(3)监测分析产品数据生产。调用原子算法库中的相应产品生产算法，自动提取监测信息并进行相应运算。

(4)监测分析产品专题图生产。调用产品模板生成相应专题图产品。

(5)统计分析。调用定义好的统计分析模型对产品数据进行分析,生成相应定量产品。

(6)产品入库。将生产完成监测分析产品提交到产品数据库中。

监测产品生成与制作子流程通过特定的算法,对经过综合加工处理过的遥感数据作进一步的监测分析,以及人机交互修正,并最终制作生成专题监测产品。监测产品生成与制作子流程见图 4-17,步骤说明如下:

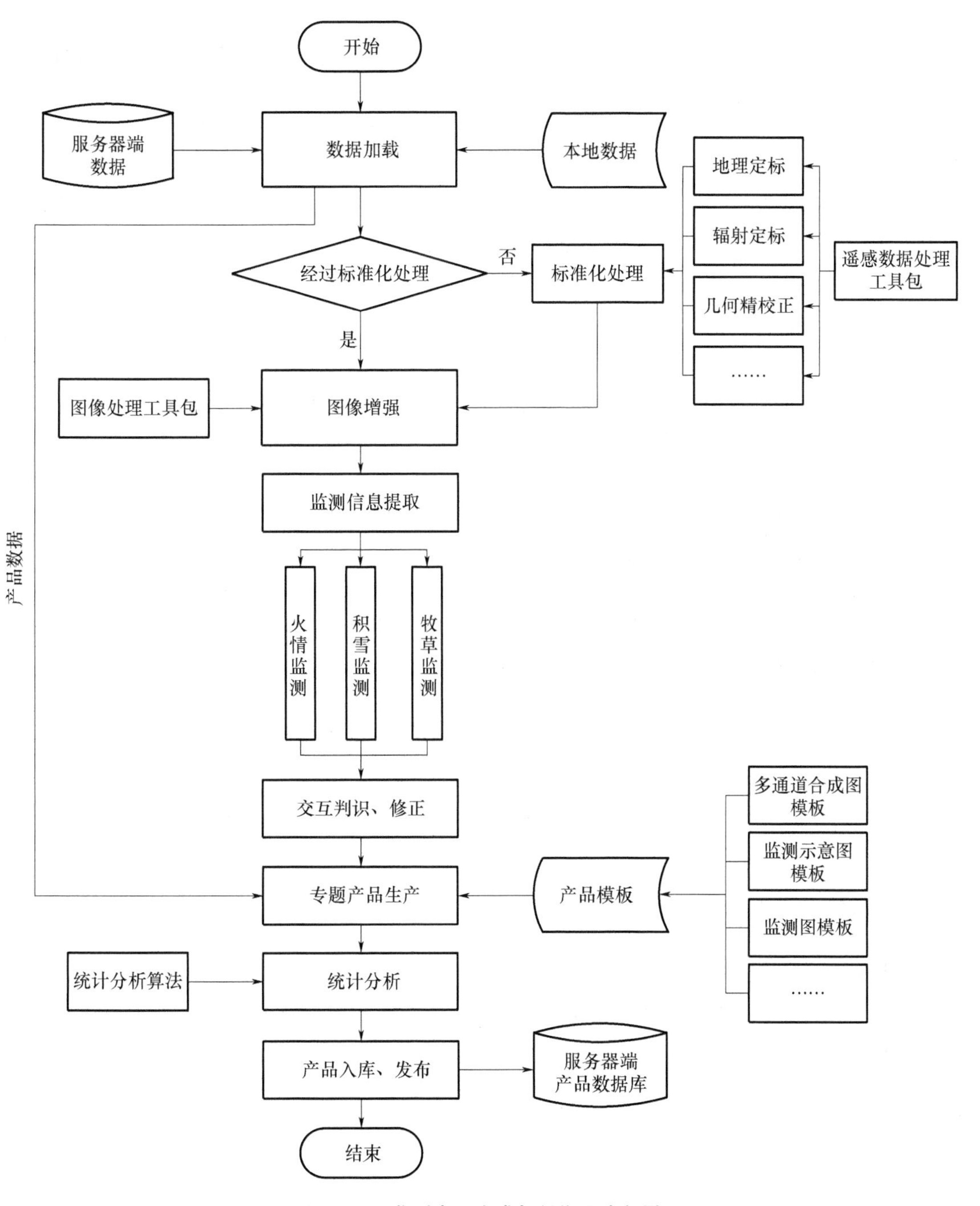

图 4-17　监测产品生成与制作子流程图

(1)数据加载。从本地或服务器数据库加载卫星数据、产品数据,用于专题产品的生产。

(2)标准化处理。对于轨道数据需进行标准化处理,主要应用遥感数据处理工具包中的功能,如:地理定标、辐射定标、平移校正等。

(3)图像增强。运用图像调整工具(如:曲线增强、反相、颜色替换等)对图像进行手动或自动增强,使其凸显监测信息或接近实际地物。

(4)监测信息提取。提供监测产品的信息提取功能。

(5)交互判识修正。针对产品提供人机交互精细化判识界面,包括:阈值调整、感兴趣区区域设置、魔术棒、橡皮擦等功能。

(6)专题产品生产。运用定制后的专题图模板对产品数据进行最终处理,形成符合标准的监测分析专题图像产品。

(7)统计分析。对产品数据进行分省界、分土地利用类型等专项面积统计和频次统计等,形成产品定量信息。

(8)产品入库、发布。对最终监测专题产品进行分类整理,并调用服务器端支撑软件代理将需入库和发布的产品提交到支撑服务产品数据库中。

4.4.1.3 产品数据输出阶段

该阶段主要将分析制作的专题产品集提供给监测服务产品发布平台或直接下载、打包给专业机构用户。通过产品数据输出阶段,大众用户或专业机构用户可以从生态环境遥感业务产品自动制作发布系统获取到该系统所生成、加工、制作完成的经授权发布的各级专题产品,包括牧草、积雪、火情等监测产品所包含的所有产品集,完成生态环境遥感业务产品自动制作发布系统与最终用户之间产品数据的高效交互。该阶段主要包括监测产品发布流程(图 4-18),具体步骤描述如下:

(1)用户登录发布平台后发出数据查询指令。

(2)系统根据查询条件进行数据检索,完成对发布数据库或发布文件的采集工作。

(3)将检索到的数据进行可视化展示,展示效果包括静态展示与动态展示。

(4)如果用户对检索到的数据有下载需求,系统首先确认用户权限,通过审核的用户,系统才允许下载操作。

(5)系统解析下载请求,把相关的下载文件推送到外网 FTP 下载区中,用户就可以通过 FTP 下载相应的数据。

(6)上述所有的流程和操作均有操作日志记录,同时异常信息将报送到运行管理平台统一监控。

4.4.2 系统功能实现

4.4.2.1 支撑平台

根据业务流程对数据收集整理、数据预处理和产品生产进行简单介绍。

(1)数据收集整理

该功能是将不同来源数据,根据用户要求完成数据收集整理预处理等入库前期工作,满足用户自定义数据下载功能。其界面如图 4-19、图 4-20 所示。

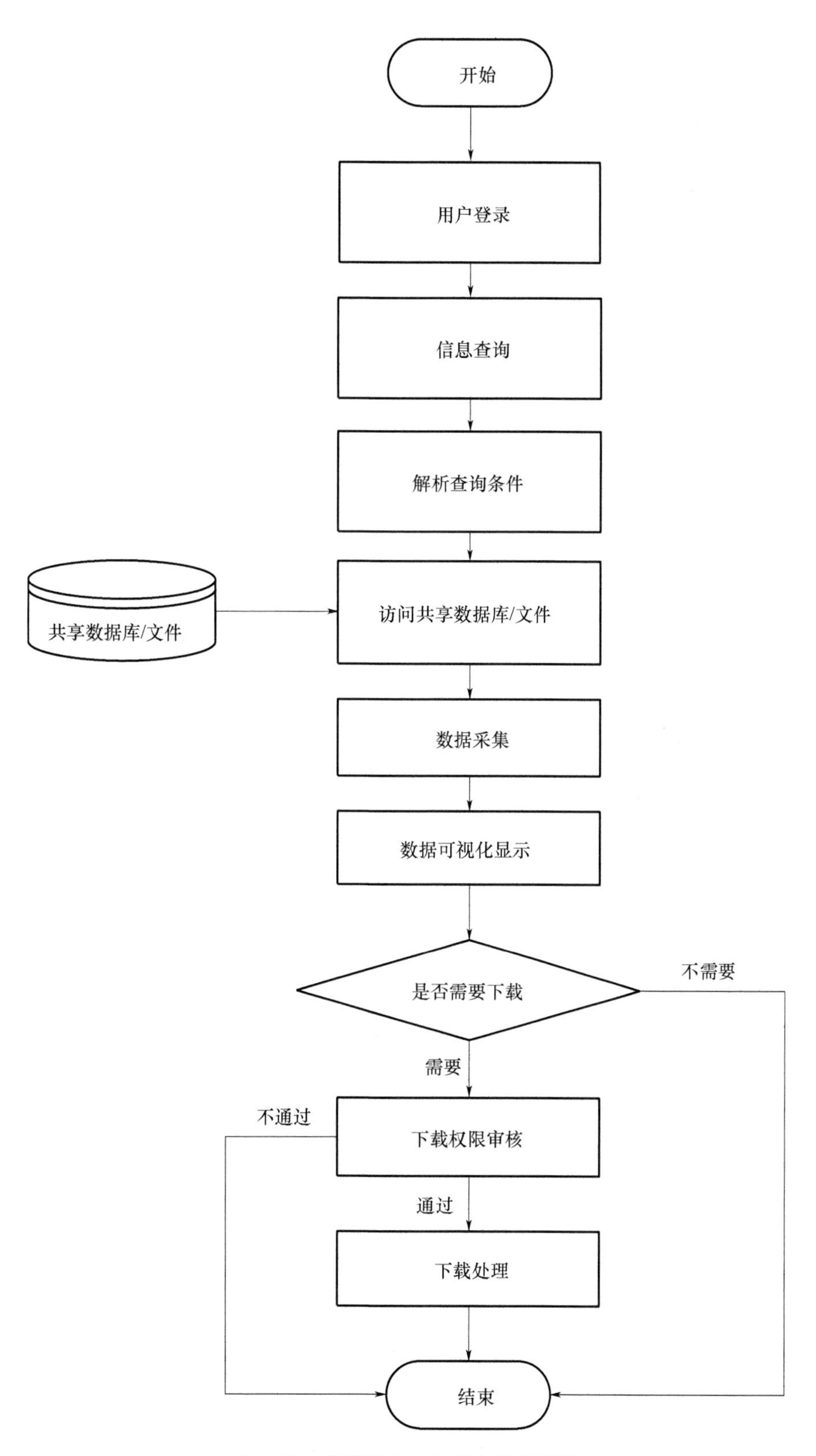

图 4-18　监测服务产品发布子流程图

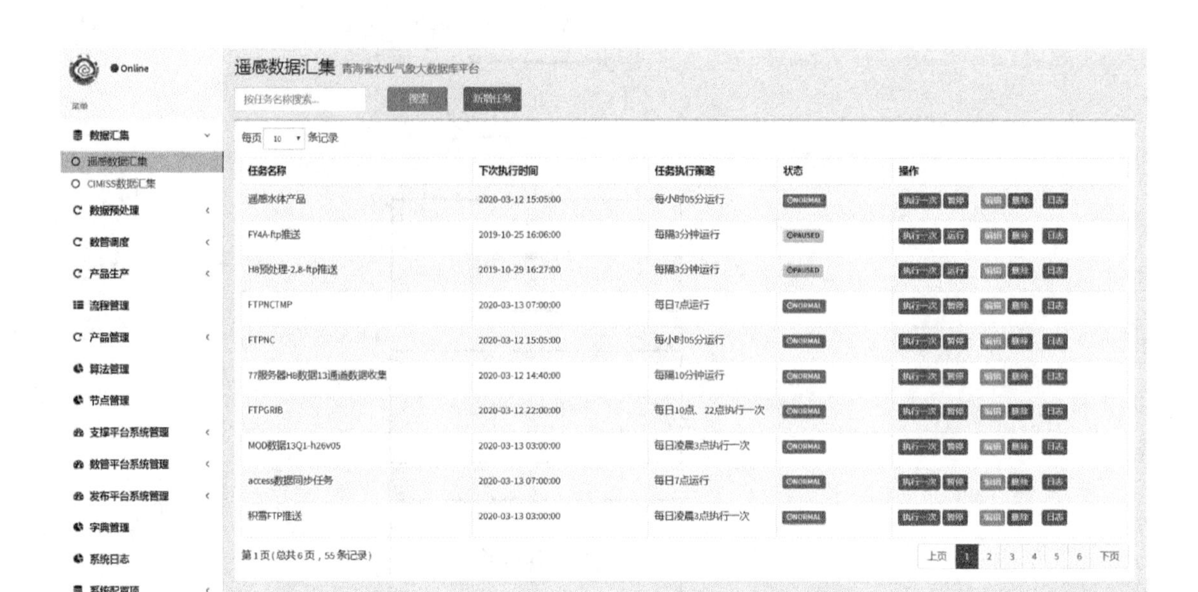

图 4-19　数据汇集界面 1

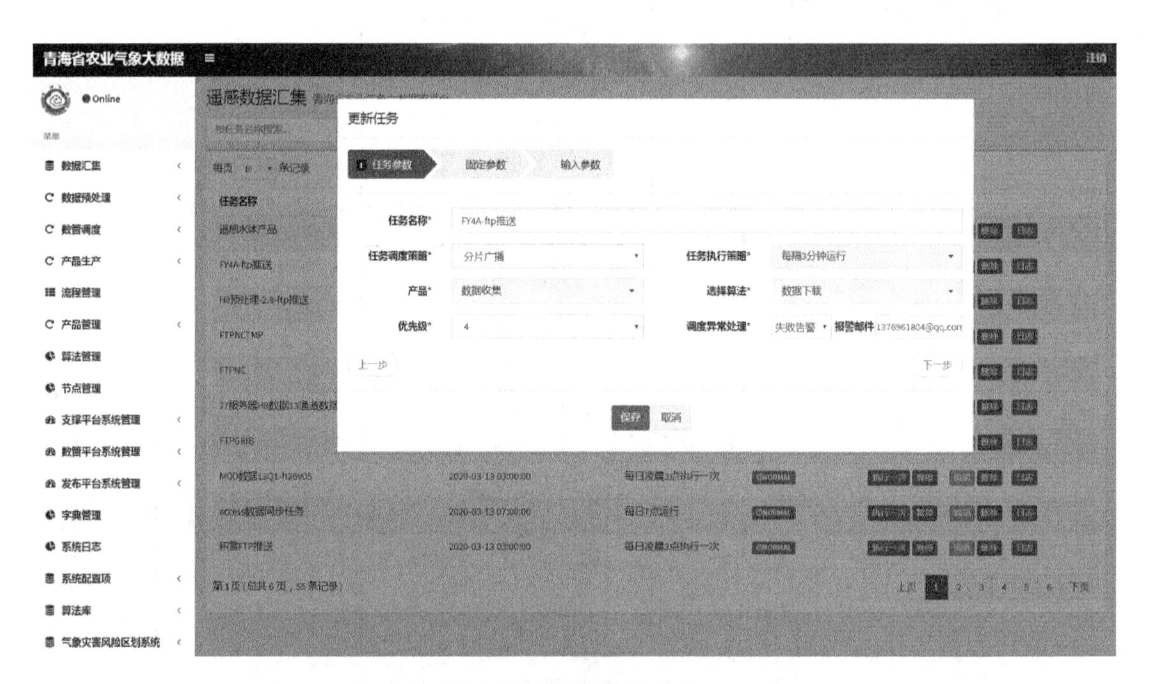

图 4-20　数据汇集界面 2

(2)数据标准化处理

该功能主要针对 MODIS 系列、FY 系列和 NOAA 系列等卫星遥感数据进行标准化处理，以灵活的业务配置、直观的显示形式，完成辐射定标、地理定位、投影转换和图像拼接等功能(图 4-21、图 4-22)。

(3)产品生产

该功能主要实现产品的自动生产，用户通过自定义形式定义输入、输出、算法以及程序运行优先级，调用产品模板，实现产品自动生产(图 4-23)。

图 4-21　数据预处理管理界面

图 4-22　参数配置界面

4.4.2.2　发布平台

发布平台主要功能是提供给用户一系列选择条件，用户根据需要选择相应的条件，系统检索出对应的产品结果，提供给用户用于展示或下载。

(1)地图显示与控制

地图显示与控制功能提供多种工具，供用户进行区域选择、地图缩放及切换、探针查询等功能(图 4-24)。

图 4-23 产品自动生产界面

图 4-24 区域选择、地图缩放及探针查询等

(2)查询功能

在查询条件栏中，首先选择产品类型如雪深监测、遥感干旱监测等，然后选择对应的卫星产品，再选择“开始时间和结束时间”，点击查询，则将所有符合条件的查询结果按期次在右侧产品列表中显示(图 4-25)。

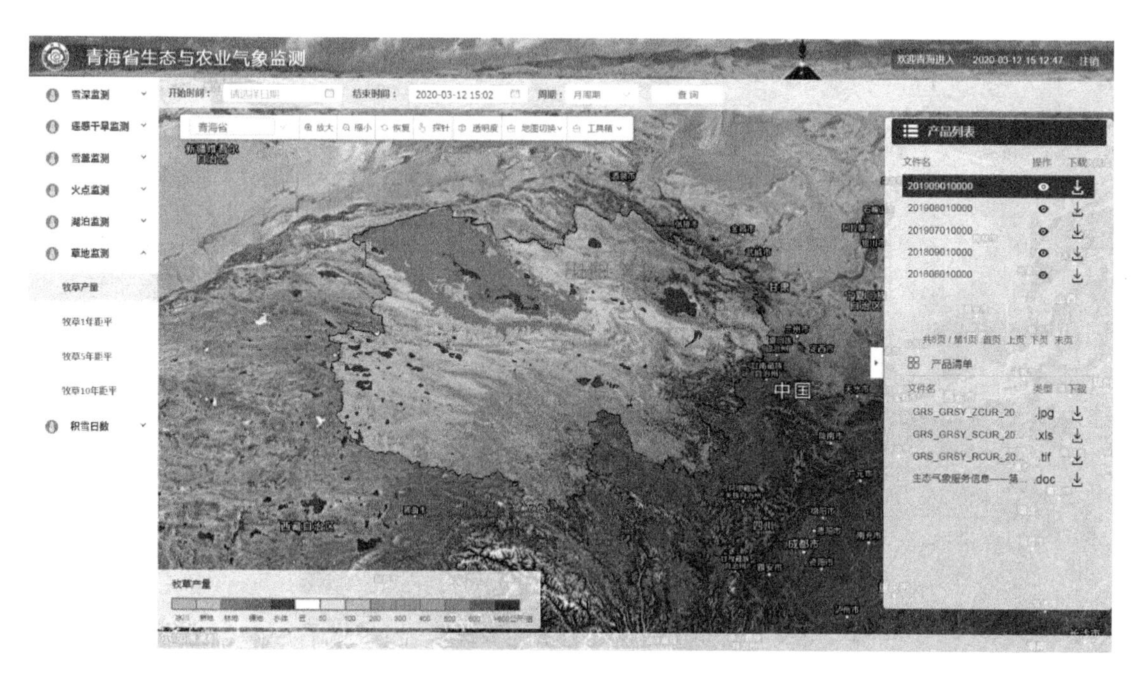

图 4-25　监测产品查询

(3)加载产品信息功能

右侧窗口中,选择需要加载展示的产品后,点击 ⊙ ,可以将所选的产品以图层的形式显示在左边的地图上,并显示该产品可以下载的产品清单(图 4-26)。

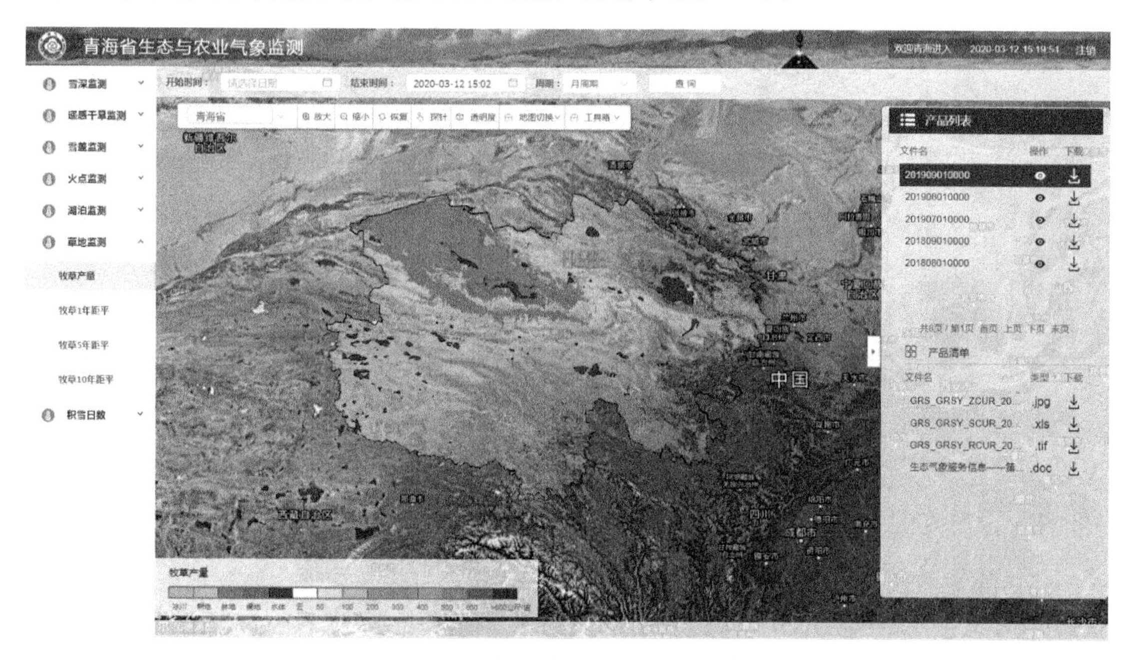

图 4-26　产品信息加载功能

(4)产品下载功能

在各个产品期号的右侧点击“下载”,系统会将产品清单中的产品进行归档压缩后提供给用户进行下载。产品清单中的所有产品均可以在右侧点击下载浏览(图 4-26)。

4.5 系统应用

4.5.1 草地产草量监测

利用支撑平台自动下载、标准化处理 2019 年 MOD13Q1 数据，按照数据月合成规则合成得到 8 月 NDVI 数据，调用青海省草地产草量遥感反演模型，对 2019 年 8 月青海省草地长势进行遥感监测和分析。结果如下：

青海省草地产草量空间上呈由东南向西北递减态势。牧草产量较高的地区主要分布在祁连山区、环青海湖北部、黄南南部和果洛东南部。其中，海北州牧草产量大部高于 300 kg/亩，黄南州牧草产量大部高于 500 kg/亩，海南州牧草产量大部低于 200 kg/亩，果洛州牧草产量大部高于 300 kg/亩，玉树州牧草产量大部低于 300 kg/亩，海西州牧草产量低于 200 kg/亩（图 4-27、图 4-28）。

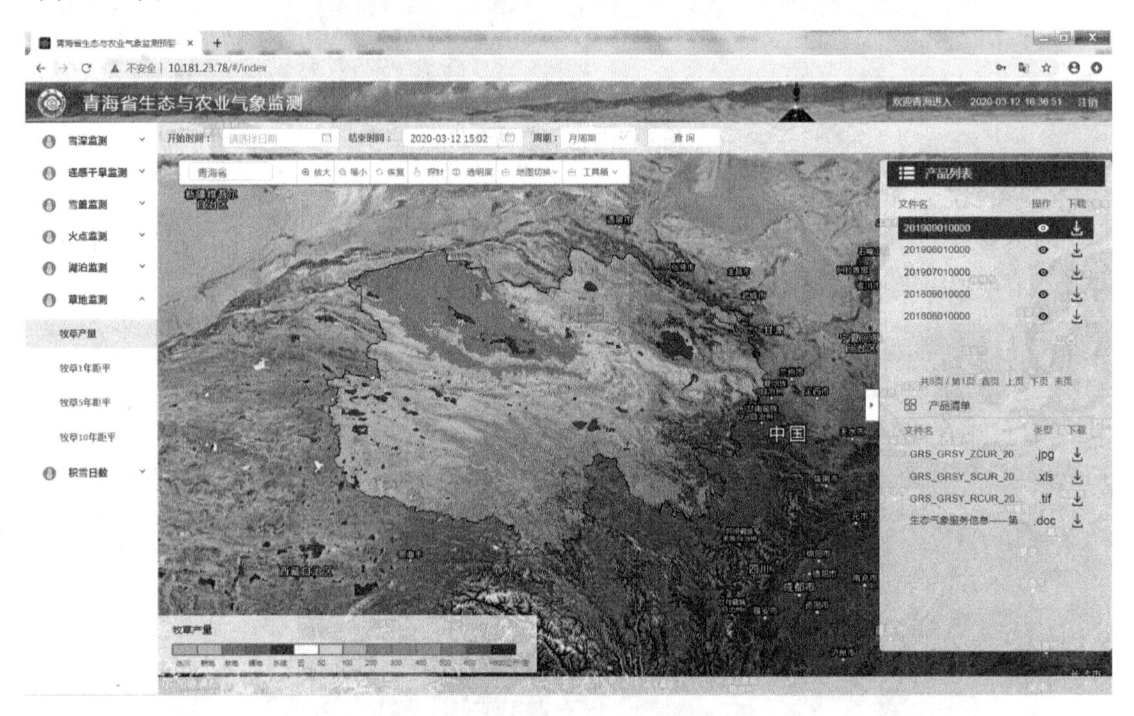

图 4-27 发布平台展示的青海省 2019 年 8 月草地产草量遥感监测专题图

4.5.2 积雪监测

2018 年入冬以来，青海省青南牧区出现多次降雪天气过程。积雪主要分布在青南中部和东部，局部地区持续存在着 5 cm 以上的积雪。由于长期受低温天气影响，积雪融化缓慢，积雪持续时间长，果洛州和玉树州大范围出现了 55 天以上的积雪覆盖，其中玉树州称多中部、玉树市南部和北部、囊谦南部，果洛州玛多中部和东北部、玛沁西部、达日西部和甘德中部等地，出现了超过 75 天的积雪覆盖（图 4-29）。由于降雪区草场大多属高寒草甸植被类型，草高普遍低于 10 cm，牛羊牲畜觅食困难，致使青南牧区多地出现不同程度雪灾，多地雪灾等级为 1997 年以来最重。

生态气象服务信息

2019年第1期（总第1期）

青海省生态气象中心 2019年09月1日

2019年08月青海省牧草长势遥感监测信息

摘要：根据2019年8月EOS/MODIS遥感监测分析，青海省牧草产量以小于50公斤/亩和50～100公斤/亩等级为主，草地面积比例分别为29.56%和24.4%。与去年同期相比，牧草长势偏差，主要分布在黄南藏族自治州、果洛藏族自治州和西宁市；与近五年同期相比，牧草长势持平，主要分布在海东市、黄南藏族自治州和果洛藏族自治州；与近十年同期相比，牧草长势持平，主要分布在海东市、海南藏族自治州和西宁市。

一、牧草产量遥感监测情况

利用2019年8月EOS/MODIS卫星遥感监测资料，对青海省的牧草长势进行了遥感监测（图1、表1），结果如下：

青海省的牧草产量以小于50公斤/亩和50～100公斤/亩等级为主。其中，小于50公斤/亩牧草主要分布在海西蒙古族藏族自治州玉树藏族自治州，面积比例在9.19%～17.72%之间；50～100公斤/亩牧草主要分布在海西蒙古族藏族自治州玉树藏族自治州，面积比例在8.69%～11.22%之间；100～200公斤/亩牧草主要分布在玉树藏族自治州海西蒙古族藏族自治州，面积比例在3.25%～6.41%之间；200～300公斤/亩牧草主要分布在玉树藏族自治州果洛藏族自治州，面积比例在1.93%～4.17%之间；300～400公斤/亩牧草主要分布在玉树藏族自治州果洛藏族自治州，面积比例在1.98%～3.14%之间；400～500公斤/亩牧草主要分布在玉树藏族自治州果洛藏族自治州，面积比例在1.6%～1.87%之间；500～600公斤/亩牧草主要分布在果洛藏族自治州玉树藏族自治州，面积比例在0.96%～1.24%之间；大于600公斤/亩牧草主要分布在果洛藏族自治州黄南藏族自治州，面积比例在1.15%～1.66%之间；（见图1，表1）。

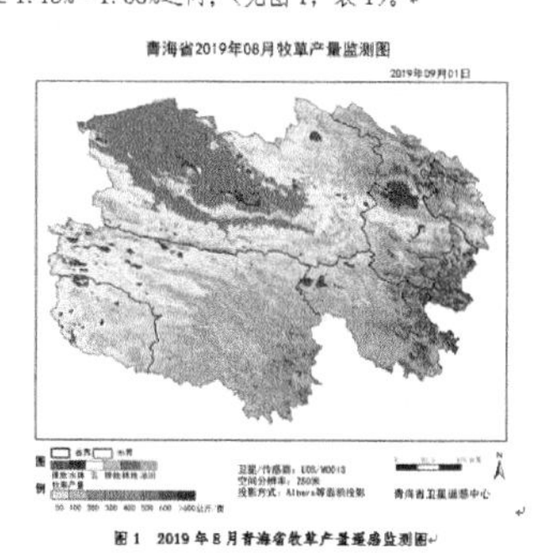

图1 2019年8月青海省牧草产量遥感监测图

表1 2019年8月青海省不同等级牧草产量的草地面积比例（%，公斤/亩）

图4-28 发布平台展示的青海省2019年8月草地产草量遥感监测报告截图

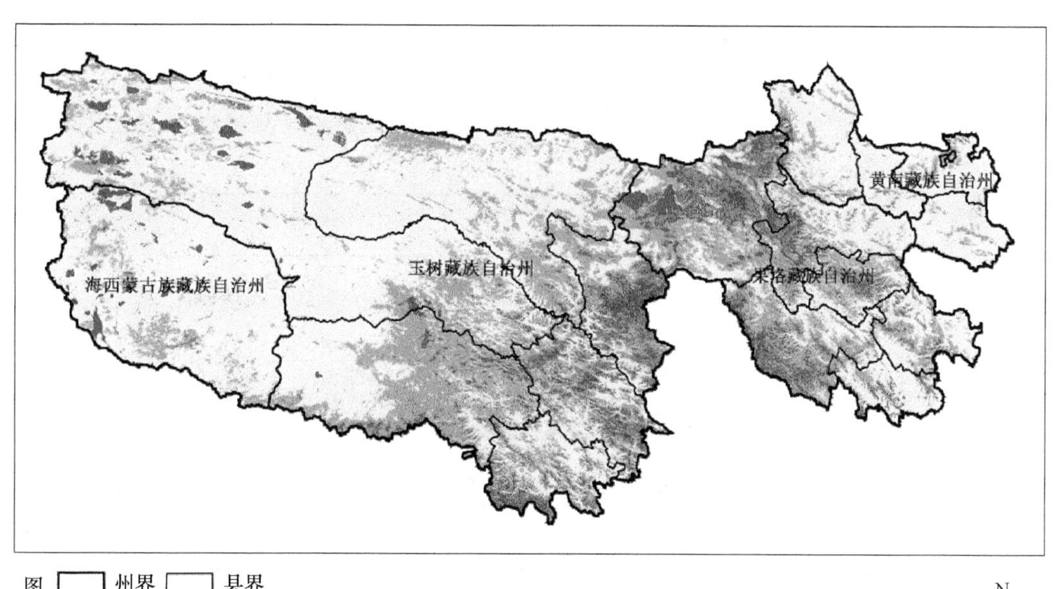

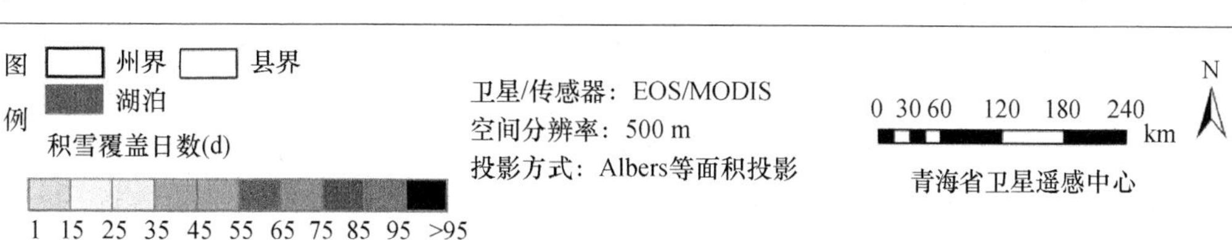

图4-29 2018年11月1日—2019年3月12日青南牧区积雪日数分布图

针对青南地区雪灾发展趋势和受灾情况，2019年2月19日至4月15日青海省气象局启动雪灾Ⅲ级救灾应急响应命令。应急期间，青海省生态气象中心通过“青海省生态与农牧业气象监测评估预警一体化”系统（EAMIS）每日自动向各州县推送遥感积雪监测产品，及时提供了青南牧区积雪覆盖面积、雪深等级动态变化情况，有力地提高了当地气象部门雪灾应急服务能力，被赞"发挥作用突出"，服务工作受到中国气象局、青海省政府、玉树州政府等各级领导的高度肯定。

4.5.3 干旱监测

(1)案情概述

2015年夏季玉树州各地降水较常年偏少2～5成，其中7月份降水特少并发生大面积干旱，具体为曲麻莱出现中度气象干旱，囊谦、治多、杂多出现轻度气象干旱。干旱导致牧草提前黄枯、减产，黑毛虫泛滥成灾。

(2)平台遥感监测情况

利用高寒草地土壤水分遥感监测算法(陈国茜，2018)，动态监测曲麻莱地区的土壤墒情变化。从旱情发生发展趋势来看，平台遥感监测结果与地面一致：从第177天(6月下旬)后，土壤失墒加剧，至第201天(7月中旬)达到本年度最低值，第201～249天(7月中旬—9月上旬)土壤墒情一直维持在较低水平，第249天(9月上旬)后，土壤墒情逐步好转(图4-30)。

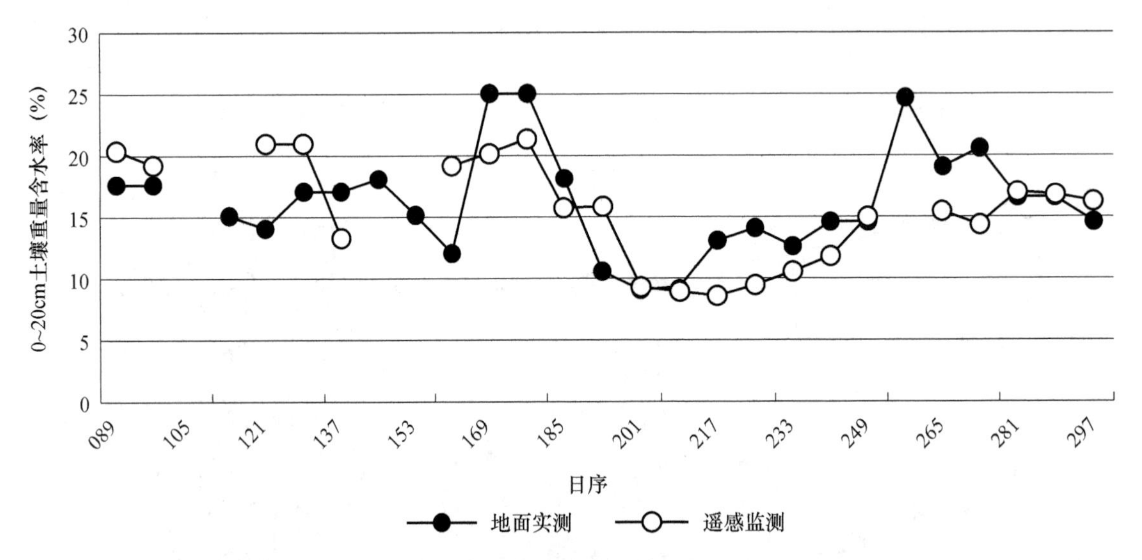

图4-30 2015年曲麻莱土壤墒情遥感监测结果与地面实测对比

图4-31为2015年7—9月曲麻莱县土壤干旱等级和牧草长势的遥感监测。可以看出，7月上旬，曲麻莱县各地土壤墒情较好，牧草长势好于或持平于历年同期；7月中下旬曲麻莱县中部的秋智乡和东部的麻多乡南部等部分地区出现轻旱至中旱，这些地区牧草长势差于历年同期；8月旱情持续发展，受旱地区范围扩大、旱情加重，研究区除西部的曲麻河乡西部、南部的约改镇和巴干乡中南部地区未发生干旱外，其余大部分地区均发生干旱，牧草长势差于历年；9月上中旬，各地旱情逐步缓解，东北部地区旱情解除、牧草长势有所恢复。干旱分布区域与牧草长势较差的分布区域基本一致，空间演变趋势相同。由于牧草生长旺盛期受持续干旱影响，曲麻莱县8月牧草产量仅为270 kg/hm^2，较2003—2014年平均值减产81.6%。

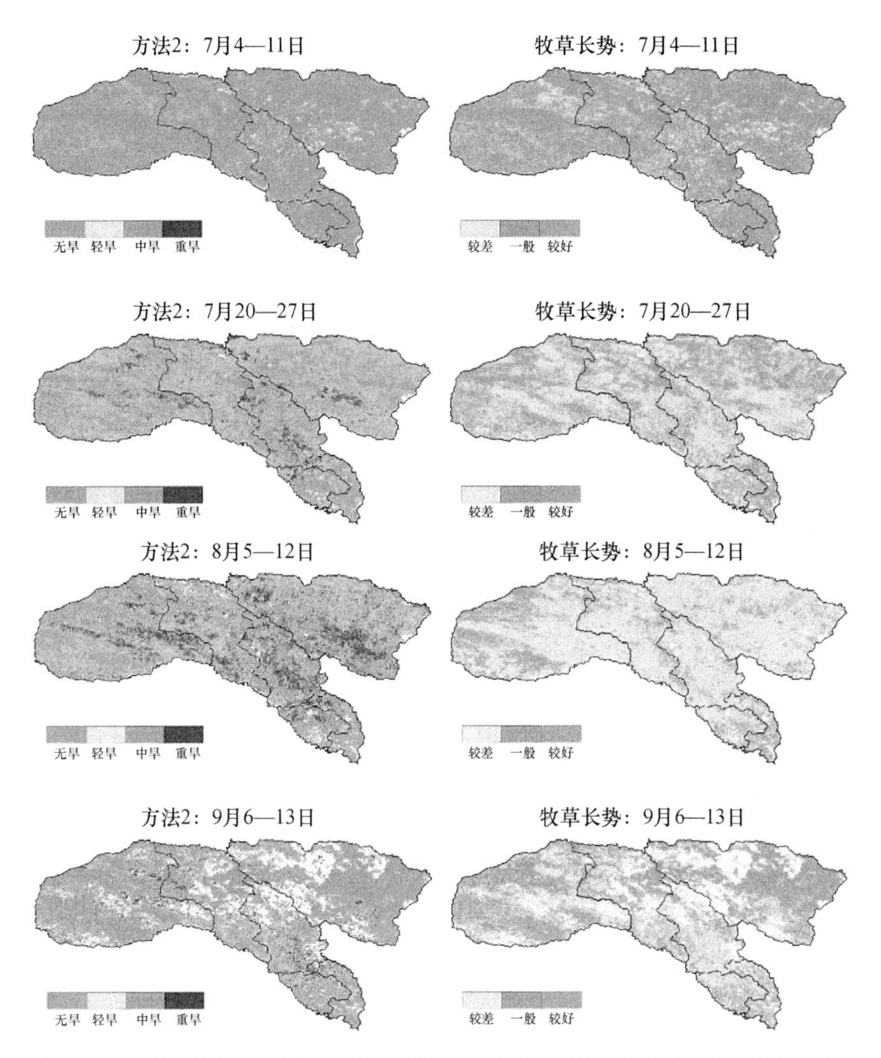

图 4-31 2015 年 7—9 月曲麻莱县土壤干旱等级(左)和牧草长势(右)遥感监测

参考文献

曹梅盛，等，2006. 冰冻圈遥感[M]. 北京：科学出版社.

陈国茜，祝存兄，李林，等，2018. 青海高寒草地区曲麻莱县遥感干旱指数的适用性研究[J]. 干旱气象(6)，905-910.

陈洁，郑伟，刘诚，2017. Himawari-8 静止气象卫星草原火监测分析[J]. 自然灾害学报(4)：197-204.

崔铁军，2019. 地理空间数据库原理[M]. 北京：科学出版社.

顾炯炯，2016. 云计算架构技术与实践(第 2 版)[M]. 北京：清华大学出版社.

国家气象科学数据中心[EB/OL]. http://data.cma.cn/.

何小朝，李琦，承继成，2003. 基于网格的空间信息模型与服务技术研究[J]. 地理与地理信息科学(4)：60-63.

贾庆雷，万庆，邢超，2020. ArcGIS Server 开发指南——基于 Flex 和 .NET[M]. 北京：科学出版社.

雷向东，雷振阳，龙军，2019. 高性能并行计算——技术、算法与编程[M]. 长沙：中南大学出版社.

李凤霞，伏洋，2008. 青海省生态环境监测评估系统的构建与服务[J]. 青海气象(A1)：55-58.

李建中，1998. 并行关系数据库管理系统引论[M]. 北京：科学出版社.

李治洪,2010. Webgis原理与实践[M]. 北京:高等教育出版社.

刘诚,李亚君,赵长海,等,2004. 气象卫星亚像元火点面积和亮温估算方法[J]. 应用气象学报,2004,15(3):273-280.

美国冰雪产品IMS数据下载地址[EB/OL]. ftp://sidads.colorado.edu/DATASETS/NOAA/G02156/.

美国国家航空航天局MODIS产品介绍网址[EB/OL]. https://modis.gsfc.nasa.gov/data/.

美国交互式多传感器冰雪制图系统发布的冰雪产品IMS数据FTP地址:ftp://sidads.colorado.edu/DATASETS/NOAA/G02156/.

青海省气象科学研究所,2017. 高寒积雪遥感监测评估方法:DB63/T 1565—2017[S]. 西宁:青海省质量技术监督局.

青海省气象科学研究所,2018. 高寒草地土壤墒情遥感监测规范:DB63/T 1681—2018[S]. 西宁:青海省质量技术监督局.

王江山,2004. 青海省生态环境监测系统[M]. 北京:气象出版社.

肖建设,陈国茜,祝存兄,2019. 省市县生态气象一体化业务平台建设与发布系统[J]. 青海科技(5):40-44.

新疆维吾尔自治区气象局,国家气象卫星中心,2008. 积雪遥感监测技术导则:QX/T 96—2008[S]. 北京:气象出版社.

严荣华,廖安平,陈利军,等,2006. 基于ArcSDE的国家基础数字正射影像数据库研究与实践[J]. 地理信息世界(5):29-33.

杨军,2012. 气象卫星及其应用[M]. 北京:气象出版社.

张永生,贲进,童晓冲,2007. 地球空间信息球面离散网格:理论、算法及应用[M]. 北京:科学出版社.

赵芳,何文春,张小缨,等,2018. 全国综合气象信息共享平台建设[J]. 气象科技进展,8(1):171-180.

中国资源卫星应用中心[EB/OL]. http://www.cresda.com/CN/.

Rahimi S K,2014. 分布式数据库管理系统实践[M]. 北京:清华大学出版社.

Shi C, Jiang L,Zhang T, et al,2014. Status and Plans of CMA Land DataAssimilation System(CLDAS) Project[C]. Egu General Assembly Conference. EGU General Assembly Conference Abstracts.

第5章 青海省生态环境变化评价

青海省地域辽阔，行政面积72万km^2，按照不同气候特点，大致可以分为环青海湖区、三江源区和柴达木盆地区。青海生态系统类型大致为草地生态系统、荒漠生态系统、森林生态系统、水体与湿地生态系统、农田生态系统和聚落生态系统。但主要以草地生态系统和荒漠生态系统为主，占全区总面积的90%左右(www.dsac.cn)。辛玉春等(2012)对青海天然草地生态系统服务功能价值进行初步评价得出，气候调节、气体调节、水源涵养、土壤形成与保护、废物处理和生物多样性维持6项生态因子的服务价值占天然草地生态服务功能总价值的比例接近95%。按照全国气候区划分，青海草地属青藏高寒区，含3个气候带，主体是高原亚寒带，其次是高原温带和高原寒带，与气候带对应的草地主体分别是高寒草甸草地类、高寒草原草地类和高寒荒漠草地类(尚拜，2010)。作为青海主要的生态类型，众多科研人员对青海不同区域的草地资源进行了研究和分析(李文娟等，2009；杨慧清等，2010；于红妍，2012；马松江，2007；徐新良等，2008；赵新全等，2005)。目前，草地资源在人类、野生动物和自然因素的影响下，草地严重退化，生产力水平不断下降，草地植被盖度降低，草地涵养水源、保持水土能力减弱，严重影响草地畜牧业的持续稳定发展和牧区人民的生活水平的提高(崔庆虎等，2007；赵雪雁等，2016；周万福，2006；王一博等，2005)。基于卫星数据和植被指数，国内多位科技工作者对青海省草地变化进行了评估分析(代子俊等，2018；赵健赟等，2016；马昊翔等，2018；王莉雯等，2008；刘栎杉等，2014；杜玉娥等，2011)。

我国青藏高原分布着地球上海拔最高、数量最多、面积最大，以盐湖和咸水湖集中为特色的高原湖群区，据统计，仅西藏和青海两省(区)面积大于100 km^2的湖泊有346个(姜加虎等，2004)。青藏高原湖泊在高原水循环和生态环境系统中起着至关重要的作用。青藏高原自然条件恶劣，交通不便，数据采集困难。卫星遥感技术是探测湖泊的先进手段，随着遥感资料的日益丰富，应用遥感手段研究湖泊变化是可取的方法(鲁安新等，2006)。戚知晨等(2018)基于高分一号影像，分析对比了归一化差异水体指数(NDWI)阈值法、LBV变换法、“全域-局部”水体自动分割法3种方法，“全域-局部”水体自动分割法将提取范围从全域转为局部，减少了非湖泊范围内地物信息的干扰，并对每个湖泊的NDWI阈值独立判断，实现了湖泊边界的精细提取。卢善龙等(2016)以MODISMOD09Q1为数据源，构建了一种结合湖泊水面缓冲区边界分析和逐个湖泊确定分割阈值的湖泊水面信息提取方法，并利用该方法提取了2000—2012年间青藏高原每期间隔8d的面积大于1 km^2湖泊水面数据集。精度分析结果表明，该方法提取结果相对于基于30m空间分辨率TM得到的133个抽样湖泊水面面积结果，总精度为93.98%；与近年来其他研究人员在纳木错、青海湖和色林错等典型湖泊得到的遥感监测结果对比，无论在日、月及年尺度上，均具有非常高的一致性。为开展青藏高原近10a多来湖泊变化研究提供了可靠的基础数据。利用遥感和GIS技术监测青藏高原湖泊环境要素的动态变化，进一步分析各要素对气候变化的响应，对促进青藏高原的水循环和能量循环研究以及青藏高原生态环境的可持续发展战略实施有重要的意义(王智颖,2017)。鲁安新等(2005)利用地形图、航空照片、TM卫星遥感资料和其他相关研究文献资料,得出1960—2000年期间,青藏高原典型地区的湖泊在气温上升、降水增加、最大可能蒸散降低的背景下,以冰川融水为主要补给的纳木错和色林错地区的主要湖泊以扩大为主,而以降水为主要补给的黄河源地区的主要湖泊则基本上全面萎缩。闫立娟等(2012)以RS和GIS技术为基础,从Landsat的MSS、TM、ETM三期遥感影像中,提取了青藏高原的所有湖泊信息,建立了我国盐湖空间数据库,并将青藏高原湖泊分为三个动态变化区:西藏西南部为稳定萎缩区,青海北部为萎缩区,西藏东北部大部分地区和青海南部为稳定扩张区。但是对于影响湖泊面积变化的气候原因目前还没有统一的认识,可能青藏高原不同时期、不同区域湖泊面积的气候影响因子差异较大。胡忠等(2008)证实高原湖泊的规模与流域山地存在密切关系,揭示山地降水是湖泊水的主要来源,其质与量是维持湖泊一定规模与稳定存在的主要因素。边多等(2006)根据1975年地形图、20世纪80年代至2005年的TM、CBERS卫星遥感资料和近45年的气候资料分析得出,西藏那曲地区东南部的巴木错、蓬错、东错、乃日平错等四个湖泊的水位面积在近30年来呈较显著的扩大趋势,其主要原因与该地区近年来气温的上升、降水量的增加和蒸发量的减少、冻土退化等暖湿化的气候变化有很大关系。以MSS、TM和ETM遥感影像作为主要信息源,提取青藏高原20世纪70年代、90年代、21世纪头10年、10年代4个时段的湖泊面积信息,分别从区域位置、面积规模、海拔高度3方面得出其近40年来的变化趋势及变化特征,在整体上表现为湖泊呈加速扩张的趋势,其中21世纪头10年、10年代时段是湖泊扩张最显著的时期;在区域位置上,北部地区的湖泊变化最为剧烈;在面积规模上,小型湖泊扩张最为显著;在海拔高度上,低海拔地区湖泊扩张剧烈;气候变化对湖泊面积变化影响显著;在气象要素中,降水量的变化是青藏高原湖泊面积变化的主要驱动因子(董斯扬等,2014)。Shen等(2010)通过对青藏高原湖泊面积、年平均气温和年平均降水量变化趋势的分析,发现湖区的变化与年平均气温的变化密切相关,而不是年平均降水量。Guozhuang等(2014)基于MSS数据、TM、ETM影像和131个气象站的气候资料,采用多元统计分析方法,得出青藏高原湖泊的变化与平均气温、降水量和饱和水汽压有关。但冻土在一定程度上会影响湖泊面积的变化。Tang等(2018)基于20世纪80年代至21世纪10年代的Landsat图像和青藏高原7个观测站的气象资料,利用结构方程模型(SEM)分析得出降水是影响青海湖面积的主要因素。此外,温度可能与降水、雪线和蒸发密切相关,从而间接导致湖区的变化。

随着气候变暖,全球覆盖的冰川及其他各类冰体消融越来越多,近几十年来冰体消融呈加速趋势。冰川的消融会影响到全球气候,使海平面上升,引发区域淹没、冰雪灾害、冰川洪水等自然灾害,这些都威胁着人类居住环境的安全,并可能改变许多动植物种群的习性和生境。不断加剧的冰冻圈变化已影响到我们的生存环境(沈永平等,2001)。高晓清等(2000)通过理论分析证实对百年以上的冰川进退基本上决定于温度变化,与降水的关系不大。对101年以内的冰川波动,其大范围的总体特征亦基本上决定于温度变化。个别冰川则比较复杂,但在冰川上部无消融区的物质平衡基本上决定于降水。张明军等(2011)通过分析近50年气候变化背景下中国冰川面积表明,就冰川面积变化的空间分布特征而言,天山的伊犁河流域、准噶尔内流水系、阿尔泰山的鄂毕河流域、祁连山的河西内流水系等都是冰川退缩程度较高的区域。近50年中国冰川区夏季地面气温与大气0 ℃层高度均呈上升趋势,而降水量的增幅却相对轻微,增长的降水量不足以抵消升温对冰川的影响,气候变暖是影响冰川面积变化的主要因素。青藏高原是世界上中低纬度地区最大的现代冰川分布区,这里冰川末端在近百年来总的进退

变化趋势是退缩，但在 20 世纪初至 20—30 年代和 70—80 年代多数冰川曾出现过稳定甚至前进。对比近百年来气候变化，冰川变化虽然滞后于温度变化，但它们之间存在着很好的对应关系，多数冰川对温度变化滞后时间在 10～20 年(苏珍等，1999)。进入 20 世纪 80 年代以来的快速增温，使高原冰川末端在近几十年间出现了快速退缩。以高原东部和南部边缘山地的冰川变化幅度最大，而高原中北部山区和羌塘地区的冰川变化幅度较小，相对比较稳定。显示出青藏高原冰川对气候变化响应的敏感性在边缘山区较中腹地区更为敏感(蒲健辰等，2004)。张堂堂等(2004)于 1999 和 2003 年在念青唐古拉山冰川考察期间，采用 GPS 对拉弄冰川末端位置进行了测量，并将测量结果与 1970 年航摄冰川末端位置进行对比分析，结果表明：1970—1999 年拉弄冰川末端退缩了 285 m，平均年退缩量 9.8 m；1999—2003 年拉弄冰川退缩 13 m，平均年退缩量 3.25 m。由于冰川对气候的响应有一定滞后性，近年来气候持续变暖将使拉弄冰川继续保持退缩状态。鲁安新等(2002)以位于青藏高原长江源头的各拉丹冬地区冰川为例，利用 2000 年的 TM 数字遥感影像资料、1969 年的航空相片遥感资料、地形图及数字地形模型，通过遥感图像处理和分析提取研究区小冰期最盛期(LIA)、1969 年和 2000 年的冰川范围，并在地理信息系统技术支持下分析该地区冰川的进退情况。研究结果表明，该地区 1969 年冰川面积比小冰期最盛期的冰川面积减少了 5.2%，2000 年的冰川面积比 1969 年的冰川面积减少了 1.7%。该区的冰川基本处于稳定状态，冰川退缩的速度不是太大，并有前进的冰川存在。

青海省气象局于 2003 年开始生态监测，监测项目包括牧草、土壤墒情、荒漠化等。资料选择：地面监测数据来自青海省生态监测站观测资料，时间介于 2003—2017 年。遥感监测数据来自 MODIS 卫星资料，时间介于 2012—2017 年。

5.1　草地动态变化

5.1.1　牧草地面监测与评估

5.1.1.1　发育期监测与评估

2003—2017 年，青海省牧草平均返青时间为 5 月 13 日，返青时间最早为 4 月 10 日，出现在 2007 年的海晏县；最晚为 6 月 12 日，出现在 2007 年的清水河镇和 2012 年的曲麻莱县。

从站点尺度的变化来看，青海湖区牧草平均返青时间为 5 月 8 日，返青时间最早为 4 月 10 日，出现在 2007 年的海晏县，最晚为 6 月 6 日，出现在 2014 年的天峻县。三江源区牧草平均返青时间为 5 月 14 日，其中返青时间最早为 4 月 14 日，出现在 2017 年的班玛县，最晚为 6 月 12 日，出现在 2007 年的清水河镇和 2012 年的曲麻莱县。

从区域尺度的变化来看，青海湖区多站平均返青时间介于 4 月 28 日至 5 月 19 日之间，最早值出现在 2008 年，最晚值出现在 2004 年。三江源区多站平均返青时间介于 5 月 6 日至 19 日之间，最早值出现在 2009 年，最晚值出现在 2007 年。从近 15 年的返青时间来看，除 2004 年外，青海湖返青时间均较三江源区偏早 1～14 天(图 5-1)。

从近 15 年的平均返青日期可以看出，各站牧草返青时间介于 4 月中旬至 6 月上旬。大部地区牧草返青时间为 5 月中旬，海晏返青时间最早，为 4 月中旬；其次是兴海，返青期为 4 月下旬；再次是同德、班玛、玛沁和河南等地，返青期为 5 月上旬。杂多返青期较晚，为 5 月下旬；清水河和沱沱河最晚，为 6 月上旬(图 5-2)。各站平均返青时间与海拔成正比，即海拔越高返青

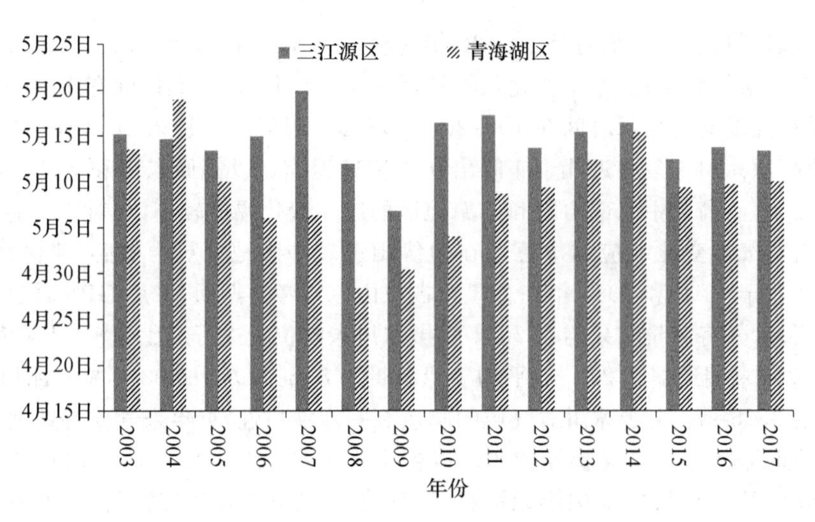

图 5-1 三江源区和青海湖区多站平均返青日期图

时间越晚，其相关系数为0.73，大概海拔升高100 m，返青时间推迟1.7天。平均返青时间与经度成反比，即从西往东随着经度增加，返青时间提前，其相关系数为0.64，大概经度增加1度，返青时间提前3天。平均返青时间与纬度相关性不高，未通过显著性检验。

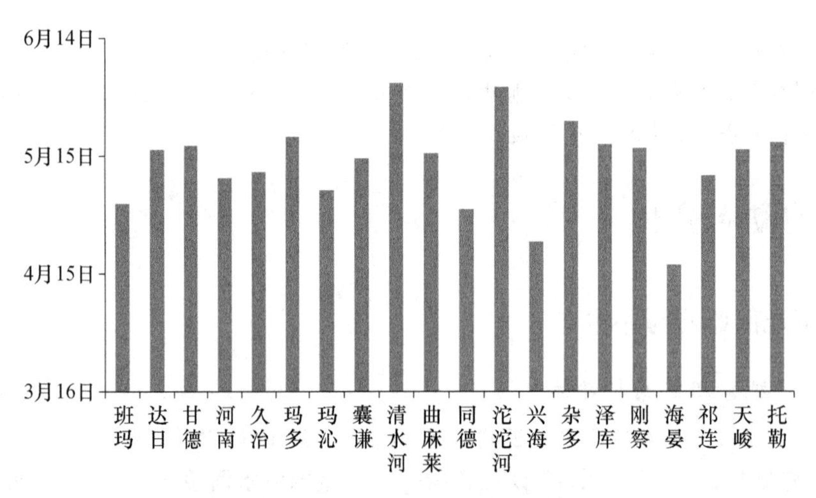

图 5-2 牧业区各站多年平均返青日期图

2003—2017年，青海省牧草平均黄枯时间为9月22日，黄枯时间最早为8月22日，出现在2016年的曲麻莱县；最晚为10月16日，出现在2003年的囊谦县和2005年的班玛县。

从站点尺度的变化来看，青海湖区牧草平均黄枯时间为9月25日，黄枯时间最早为9月6日，出现在2008年的天峻县；最晚为10月13日，出现在2016年的刚察县。三江源区牧草平均黄枯时间为9月22日，黄枯时间最早为8月22日，出现在2016年的曲麻莱县；最晚为10月16日，出现在2003年的囊谦县和2005年的班玛县。

从区域尺度的变化来看，青海湖区各站平均黄枯时间介于9月19日至10月2日之间，最早值出现在2012年，最晚值出现在2009年。三江源区各站平均黄枯时间介于9月17日至26日之间，最早值出现在2006年，最晚值出现在2017年。从近15年的黄枯时间来看，2003年和2012年，青海湖区牧草黄枯时间较三江源区偏早1～2天；2008年、2010年和2011年，青海湖区牧草黄枯时间基本与三江源区持平；其余年份青海湖区牧草黄枯时间较

三江源区偏晚 1～12 天(图 5-3)。

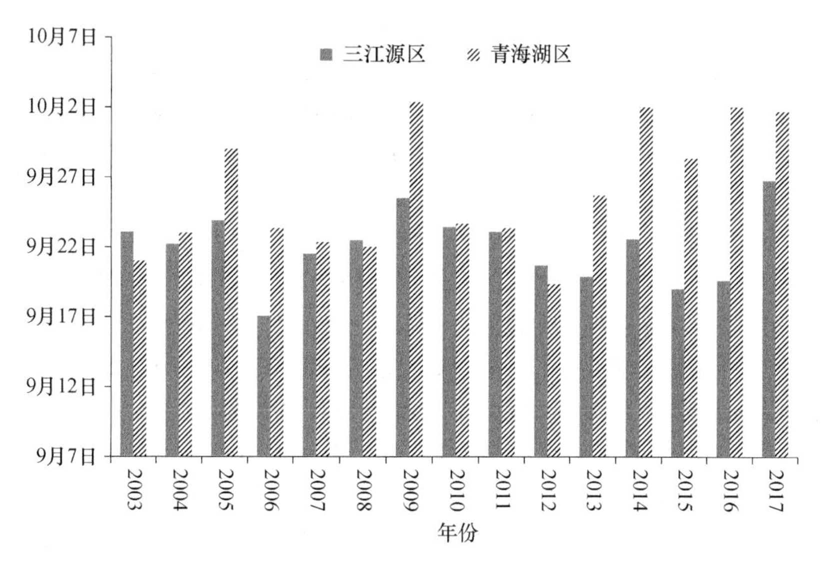

图 5-3　三江源区和青海湖区多站平均黄枯日期图

从近 15 年的平均黄枯日期可以看出,各站黄枯时间介于 9 月上旬至 10 月上旬。大部地区牧草黄枯时间为 9 月下旬,泽库县和河南县牧草黄枯时间最早,为 9 月上旬;其次是清水河、曲麻莱、托勒、兴海、天峻和沱沱河,黄枯期为 9 月中旬;祁连、刚察、囊谦和班玛黄枯期最晚,为 10 月上旬(图 5-4)。各站平均黄枯时间与海拔、经度和纬度的相关性均未通过显著性检验,与海拔的相关性最高,但只有 0.3。

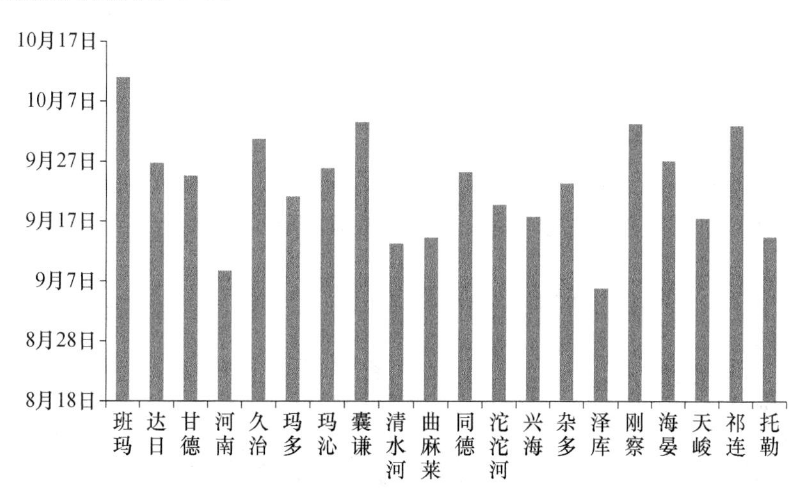

图 5-4　牧业区各站多年平均黄枯日期图

5.1.1.2　*覆盖度监测与评估*

2003—2017 年,青海省草地 6 月份平均覆盖度为 78%,覆盖度最高为 100%,大部分出现在班玛县和久治县,最低为 25%,出现在 2006 年的兴海县;7 月份平均覆盖度为 85%,覆盖度最高为 100%,大部分出现在班玛县、久治县和祁连县,最低为 33%,出现在 2005 年的玛多县;8 月份平均覆盖度为 85%,覆盖度最高为 100%,大部分出现在班玛县、久治县、玛沁县和祁连县,最低为 33%,出现在 2007 年的玛多县。

从站点尺度的变化来看，青海湖区各监测站点草地 6 月多年平均覆盖度为 77%，其中天峻多年平均覆盖度最高，为 86%。海晏县多年平均覆盖度最低，为 63%。各站各年的覆盖度最高为 100%，出现在 2005 年和 2006 年的刚察县，最低为 45%，出现在 2006 年和 2011 年的海晏县；7 月份平均覆盖度为 86%，其中天峻多年平均覆盖度最高，为 93%。海晏县多年平均覆盖度最低，为 76%。各站各年的覆盖度最高为 100%，出现在 2004 年和 2006 年的刚察县，最低为 55%，出现在 2004 年的海晏县；8 月份平均覆盖度为 90%，其中天峻多年平均覆盖度最高，为 94%。海晏县多年平均覆盖度最低，为 84%。各站各年的覆盖度最高为 100%，出现在 2004—2006 年的刚察县，最低为 60%，出现在 2008 年的海晏县。三江源区草地 6 月份平均覆盖度为 79%，其中班玛县多年平均覆盖度最高，为 100%。兴海县多年平均覆盖度最低，为 37%。各站各年的覆盖度最高为 100%，大部分出现在班玛县和久治县，最低为 25%，出现在 2006 年的兴海县；7 月份平均覆盖度为 85%，其中班玛县和久治县多年平均覆盖度最高，为 100%。兴海县多年平均覆盖度最低，为 46%。各站各年的覆盖度最高为 100%，大部分出现在班玛县和久治县，最低为 33%，出现在 2005 年的玛多县；8 月份平均覆盖度为 86%，其中班玛县和久治县多年平均覆盖度最高，为 100%。兴海县多年平均覆盖度最低，为 48%。覆盖度最高为 100%，大部分出现在班玛县、久治县和玛沁县，最低为 33%，出现在 2007 年的玛多县。

从单站近 15 年的平均覆盖度可以看出，班玛县和久治县覆盖度较高，兴海县覆盖度较低。6 月份，清水河镇、杂多县、久治县和班玛县的覆盖度高于 90%，刚察县、祁连县、达日县、玛沁县、天峻县、泽库县和囊谦县的覆盖度介于 82%～90%，曲麻莱县、河南县和甘德县的覆盖度介于 74%～79%，海晏县、玛多县和同德县的覆盖度介于 63%～69%，沱沱河和托勒的覆盖度分别为 54%和 57%，兴海县的覆盖度最低只有 37%。7 月份，曲麻莱县、河南县、甘德县和刚察县的覆盖度介于 81%～90%，海晏县和同德县的覆盖度分别为 76%和 78%，沱沱河、托勒和玛多县的覆盖度分别为 65%～69%，兴海县的覆盖度最低只有 46%，其余各站的覆盖度高于 90%。8 月份，曲麻莱县、海晏县和河南县的覆盖度介于 84%～85%，同德县的覆盖度为 77%，沱沱河、托勒和玛多县的覆盖度分别为 62%～64%，兴海县的覆盖度最低只有 48%，其余各站的覆盖度高于 90%(图 5-5)。各站各月平均覆盖度与海拔、经度和纬度的相关性均未通过显著性检验，6 月覆盖度与纬度的相关性最高，但只有 0.4。

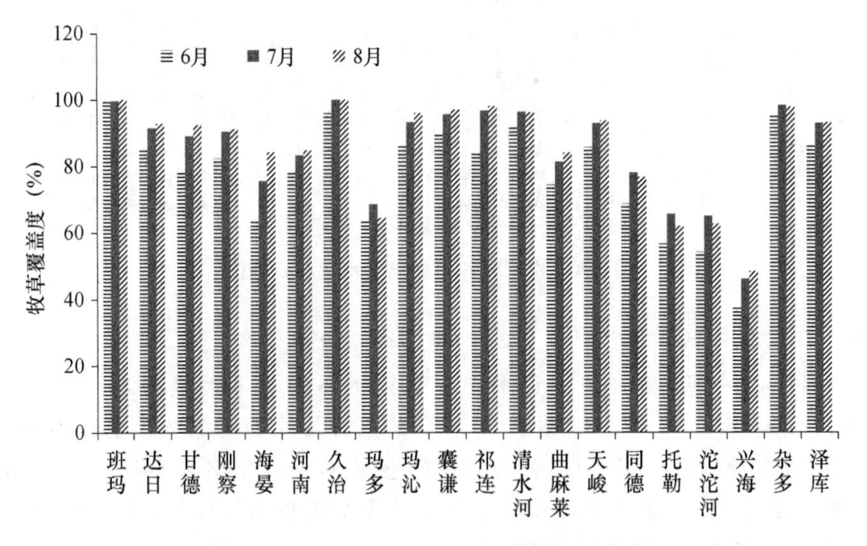

图 5-5　各站 6—8 月多年平均覆盖度变化图

从区域尺度的变化来看，青海湖区 6 月平均覆盖度介于 70%～87%，最高值出现在 2005 年和 2015 年，最低值出现在 2008 年和 2011 年，青海湖区 7 月平均覆盖度介于 73%～93%，最高值出现在 2012 年和 2014 年，最低值出现在 2008 年，青海湖区 8 月平均覆盖度介于 77%～95%，最高值出现在 2012 年，最低值出现在 2008 年(图 5-6)。三江源区 6 月平均覆盖度介于 72%～84%，最高值出现在 2010 年，最低值出现在 2006 年，三江源区 7 月平均覆盖度介于 79%～90%，最高值出现在 2010 年，最低值出现在 2006 年，三江源区 8 月平均覆盖度介于 80%～90%，最高值出现在 2010 年，最低值出现在 2006 年(图5-7)。

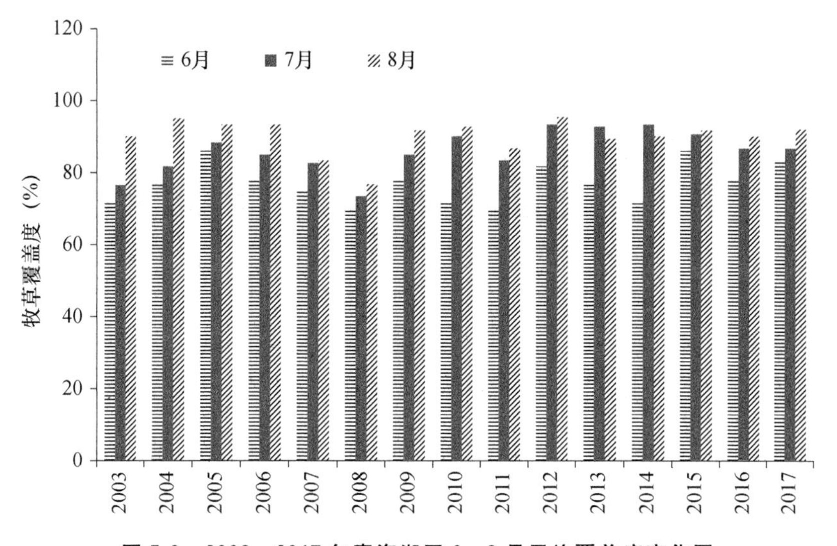

图 5-6　2003—2017 年青海湖区 6—8 月平均覆盖度变化图

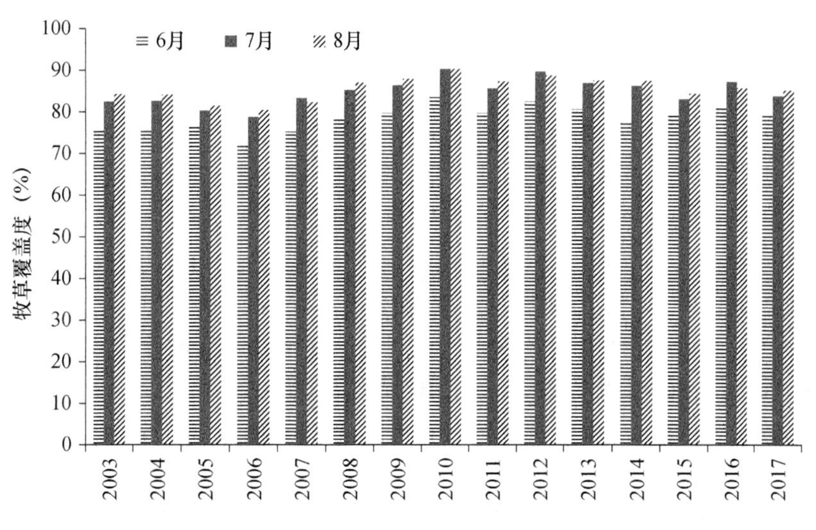

图 5-7　2003—2017 年三江源区 6—8 月平均覆盖度变化图

从近 15 年的平均覆盖度来看，在 6 月份，2004 年、2005 年、2006 年、2015 年和 2017 年青海湖区较三江源区偏高 1%～10%，2007 年青海湖区与三江源区持平，其余 9 年青海湖区较三江源区偏低 1%～13%。7 月份，情况发生较大变化，2003 年、2004 年、2007 年、2008 年、2009 年、2011 年和 2016 年青海湖区较三江源区偏低 1%～12%，2010 年青海湖区与三江源区持平，其余 7 年青海湖区较三江源区偏高 3%～8%。8 月份，除 2011 年和 2008 年青海湖区较三江源区偏低1%和10%，其余13年青海湖区较三江源区偏高1%～13%。可见，随着月份的推移，青海湖区的覆盖度从低于三江源区逐渐增加而高于三江源区(图5-8)。

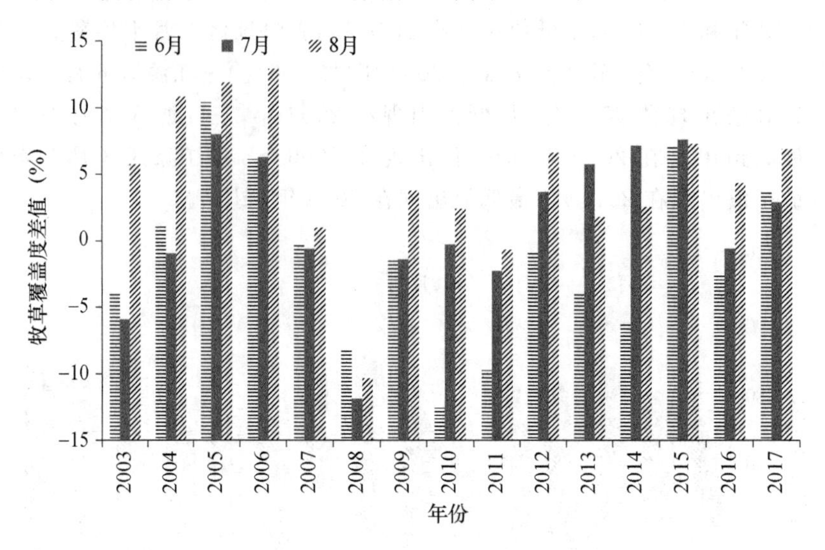

图5-8 2003—2017年青海湖区与三江源区牧草6—8月平均覆盖度差变化图

5.1.1.3 高度监测与评估

2003—2017年，青海省草地6月份平均高度为8 cm，最高为25 cm，出现在2016年同德县，最低为2 cm，出现在2005年的曲麻莱县；7月份平均高度为15 cm，最高为60 cm，出现在2013年的久治县，最低为3 cm，出现在2004年的曲麻莱县；8月份平均高度为16 cm，最高为47 cm，出现在2005年的河南县，最低为3 cm，出现在2003年的沱沱河和2004年的曲麻莱县。

青海湖区草地6月份平均高度为9 cm，其中海晏县多年平均高度最高，为12 cm。刚察县多年平均高度最低，为6 cm。各站各年的牧草最高为16 cm，出现在2015年的海晏县，最低为3 cm，出现在2014年的天峻县；7月份平均高度为14 cm，其中海晏县多年平均高度最高，为17 cm。刚察县多年平均高度最低，为11 cm。各站各年的牧草最高为27 cm，出现在2010年的天峻县，最低为7 cm，出现在2003年和2004年的刚察县；8月份平均高度为17 cm，其中海晏县多年平均高度最高，为22 cm。刚察县多年平均高度最低，为13 cm。各站各年的牧草最高为45 cm，出现在2005年的天峻县，最低为8 cm，出现在2004年、2007年和2014年的天峻县。三江源区草地6月份平均高度为7 cm，其中班玛县多年平均高度最高，为14 cm。达日县多年平均高度最低，为4 cm。各站各年的牧草最高为25 cm，出现在2016年的同德县，最低为2 cm，出现在2005年的曲麻莱县；7月份平均高度为14 cm，其中班玛县多年平均高度最高，为24 cm。曲麻莱县和沱沱河镇多年平均高度最低，为8 cm。各站各年的牧草最高为60 cm，出现在2013年的久治县，最低为3 cm，出现在2004年的曲麻莱县；8月份平均高度为16 cm，其中河南县多年平均高度最高，为29 cm。沱沱河镇多年平均高度最低，为8 cm。各站各年的牧草最高为47 cm，出现在2005年的河南县，最低为3 cm，出现在2003年的沱沱河和2004年的曲麻莱县。

从单站近15年的平均高度可以看出，6月份，班玛县牧草最高，为14 cm，其次是海晏县、祁连县和久治县的高度介于11～12 cm，曲麻莱县、清水河镇、沱沱河和杂多县的高度最低为

5 cm，其余各站的高度介于 6～9 cm。7 月份，祁连县牧草最高，为 26 cm，班玛县、久治县和河南县的高度介于 20～24 cm，曲麻莱县和沱沱河的高度最低，为 8 cm，其次是玛多县和杂多县的高度为 9 cm，其余各站的高度介于 11～17 cm。8 月份，祁连县的牧草最高，为 30 cm，河南县、班玛县、久治县、海晏县和兴海县的高度介于 21～29 cm，沱沱河牧草的高度最低，只有 8 cm，其次是玛多县、曲麻莱县和清水河镇，牧草高度介于 9～10 cm，其余各站的高度介于 11～17 cm(图 5-9)。各站各月平均高度与海拔呈显著负相关，与经度呈正相关。6 月牧草高度与海拔的相关系数为 0.69，大概海拔升高 100 m，牧草高度降低 0.4 cm；7 月牧草高度与海拔的相关系数为 0.66，大概海拔升高 100 m，牧草高度降低 0.7 cm；8 月牧草高度与海拔的相关系数为 0.66，大概海拔升高 100 m，牧草高度降低 0.9 cm。6 月牧草高度与经度的相关系数为 0.47，大概经度增加 1°，牧草高度增加 0.5 cm；7 月牧草高度与经度的相关系数为 0.60，大概经度增加 1°，牧草高度增加 1.3 cm；8 月牧草高度与经度的相关系数为 0.64，大概经度增加 1°，牧草高度增加 1.8 cm。牧草高度与纬度未通过显著性检验，只有 0.2 左右。

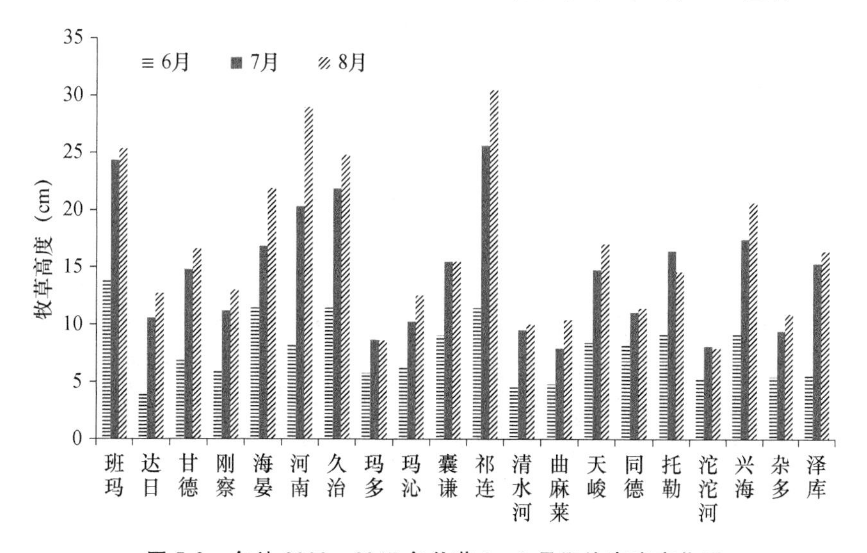

图 5-9　各站 2003—2017 年牧草 6—8 月平均高度变化图

青海湖区 6 月平均高度介于 5～11 cm，最高值出现在 2005 年、2010 年和 2013 年，最低值出现在 2003 年，青海湖区 7 月平均高度介于 8～22 cm，最高值出现在 2010 年，最低值出现在 2003 年，青海湖区 8 月平均高度介于 9～28 cm，最高值出现在 2005 年，最低值出现在 2004 年(图 5-10)。三江源区 6 月平均高度介于 6～9 cm，最高值出现在 2016 年和 2017 年，最低值出现在 2003 年、2004 年和 2008 年，三江源区 7 月平均高度介于 11～18 cm，最高值出现在 2013 年，最低值出现在 2003 年和 2004 年，三江源区 8 月平均高度介于 14～18 cm，最高值出现在 2017 年，最低值出现在 2003 年、2004 年、2007 年、2008 年和 2015 年(图 5-11)。

从近 15 年的平均高度来看，6 月份，2003 年、2014 年和 2016 年青海湖区较三江源区偏低 1～2 cm，2004 年和 2007 年青海湖区与三江源区持平，其余 10 年青海湖区较三江源区偏高 1～4 cm。7 月份，情况发生较大变化，2006 年、2009 年、2010 年、2011 年、2012 年和 2017 年青海湖区较三江源区偏高 1～7 cm，2008 年青海湖区与三江源区持平，其余 8 年青海湖区较三江源区偏低 1～6 cm。8 月份，2003 年、2004 年、2011 年、2013 年、2014 年和 2016 年青海湖区较三江源区偏低 1～6 cm，2007 年、2015 年和 2017 年青海湖区与三江源区持平，其余 6 年青海湖区较三江源区偏高 1～12 cm(图 5-12)。

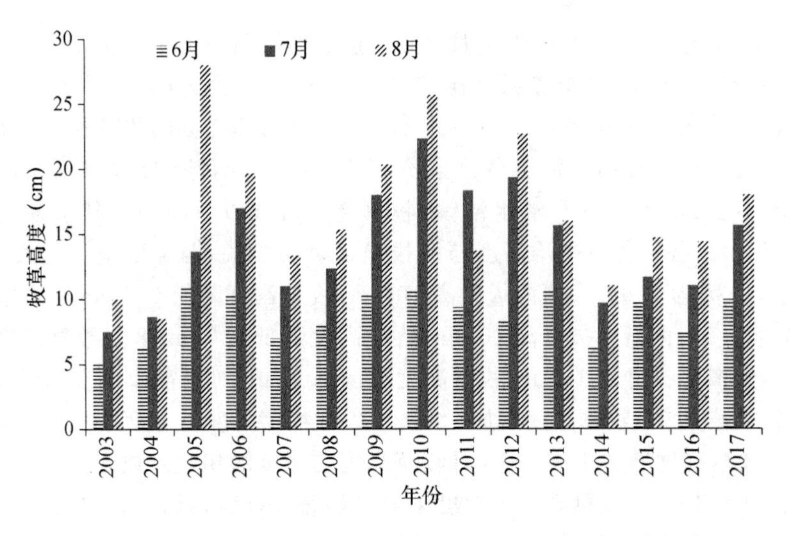

图 5-10　2003—2017 年青海湖区牧草 6—8 月平均高度变化图

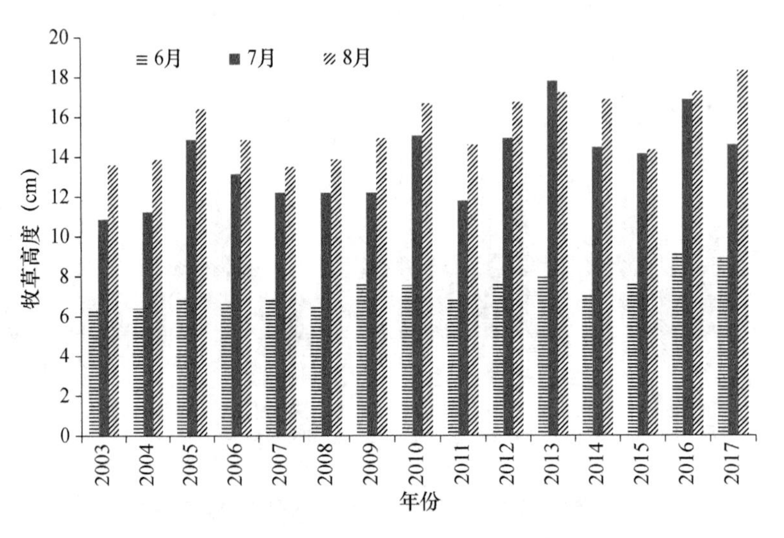

图 5-11　2003—2017 年三江源区牧草 6—8 月平均高度变化图

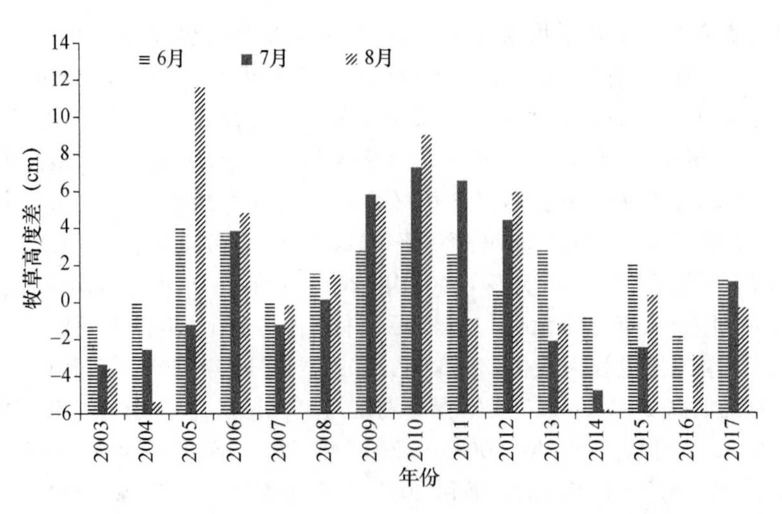

图 5-12　2003—2017 年青海湖区与三江源区牧草 6—8 月平均高度差变化图

5.1.1.4　产量监测与评估

2003—2017 年，青海省草地 6 月份平均产量为 158 kg/亩，最高为 653 kg/亩，出现在 2004 年班玛县，最低为 12 kg/亩，出现在 2014 年的同德县；7 月份平均产量为 291 kg/亩，最高为 976 kg/亩，出现在 2010 年的河南县，最低为 31 kg/亩，出现在 2016 年的沱沱河；8 月份平均产量为 300 kg/亩，最高为 970 kg/亩，出现在 2006 年的班玛县，最低为 14 kg/亩，出现在 2005 年的玛多县。

青海湖区草地 6 月份平均产量为 113 kg/亩，其中海晏县多年平均产量最高，为 163 kg/亩。刚察县多年平均产量最低，为 77 kg/亩。各站各年的牧草产量最高为 306 kg/亩，出现在 2013 年的海晏县，最低为 28 kg/亩，出现在 2007 年的天峻县。7 月份平均产量为 189 kg/亩，其中海晏县多年平均产量最高，为 241 kg/亩。刚察县多年平均产量最低，为 163 kg/亩。各站各年的牧草产量最高为 501 kg/亩，出现在 2012 年的海晏县，最低为 55 kg/亩，出现在 2008 年的刚察县。8 月份平均产量为 211 kg/亩，其中海晏县多年平均产量最高，为 267 kg/亩。天峻县多年平均产量最低，为 156 kg/亩。各站各年的牧草产量最高为 506 kg/亩，出现在 2012 年的刚察县，最低为 61 kg/亩，出现在 2003 年的天峻县。

三江源区草地 6 月份平均产量为 169 kg/亩，其中班玛县多年平均产量最高，为 528 kg/亩。玛多县多年平均产量最低，为 34 kg/亩。各站各年的牧草产量最高为 653 kg/亩，出现在 2004 年的班玛县，最低为 12 kg/亩，出现在 2014 年的同德县。7 月份平均产量为 312 kg/亩，其中班玛县多年平均产量最高，为 702 kg/亩。沱沱河镇多年平均产量最低，为 65 kg/亩。各站各年的牧草产量最高为 976 kg/亩，出现在 2010 年的河南县，最低为 31 kg/亩，出现在 2016 年的沱沱河。8 月份平均产量为 318 kg/亩，其中班玛县多年平均产量最高，为 753 kg/亩。玛多县多年平均产量最低，为 59 kg/亩。各站各年的牧草产量最高为 970 kg/亩，出现在 2006 年的班玛县，最低为 14 kg/亩，出现在 2005 年的玛多县。

从单站近 15 年的平均产量可以看出，6—8 月份，班玛县牧草产量均最高，分别为 528 kg/亩、702 kg/亩和 753 kg/亩，6 月和 8 月，玛多牧草产量最低，分别为 34 kg/亩和 59 kg/亩，7 月份牧草产量最低值出现在沱沱河，为 65 kg/亩。6 月份，班玛县牧草产量高于 500 kg/亩，囊谦县牧草产量为 301 kg/亩，达日县、祁连县、泽库县、久治县和河南县介于 210～276 kg/亩，杂多县、甘德县、玛沁县和海晏县介于 123～163 kg/亩，其余站点低于 100 kg/亩，特别是玛多县、兴海县、曲麻莱县和沱沱河四站低于 50 kg/亩。7 月份，泽库县、久治县、河南县和班玛县牧草产量高于 500 kg/亩，达日县、囊谦县和祁连县牧草产量介于 423～453 kg/亩，甘德县和杂多县牧草产量分别为 302 kg/亩和 387 kg/亩，玛沁县和海晏县分别为 238 kg/亩和 241 kg/亩，托勒、清水河、同德县、刚察县和天峻县介于 130～164 kg/亩，其余站点低于 100 kg/亩。8 月份，久治县、河南县和班玛县牧草产量高于 500 kg/亩，泽库县、囊谦县、杂多县、祁连县和达日县牧草产量介于 405～498 kg/亩，甘德县牧草产量为 342 kg/亩，刚察县、海晏县和玛沁县介于 210～272 kg/亩，托勒、清水河、同德县和天峻县介于 108～156 kg/亩，其余站点低于 100 kg/亩(图 5-13)。各站各月平均产量与海拔和纬度的相关系数未通过 0.05 显著性水平检验。但 7 月和 8 月的产量与经度呈正相关。7 月牧草产量与经度的相关系数为 0.46，大概经度增加 1°，产量增加 38 kg/亩；8 月牧草产量与经度的相关系数为 0.44，大概经度增加 1°，产量增加 36 kg/亩。

青海湖区 6 月平均产量介于 55～170 kg/亩，最高值出现在 2010 年，最低值出现在 2003 年。青海湖区 7 月平均产量介于 101～336 kg/亩，最高值出现在 2012 年，最低值出现在

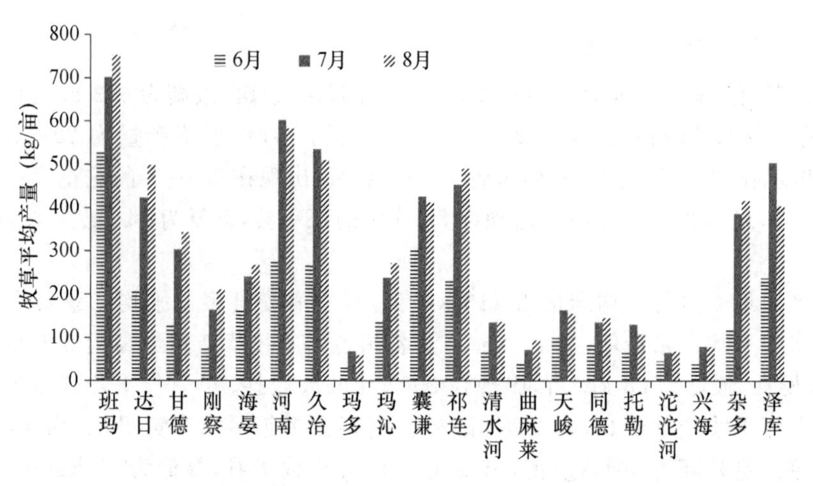

图 5-13　各站 2003—2017 年牧草 6—8 月平均产量变化图

2004 年。青海湖区 8 月平均产量介于 104～373 kg/亩，最高值出现在 2012 年，最低值出现在 2004 年(图 5-14)。三江源区 6 月平均产量介于 151～200 kg/亩，最高值出现在 2010 年，最低值出现在 2014 年，三江源区 7 月平均产量介于 253～368 kg/亩，最高值出现在 2010 年，最低值出现在 2015 年，三江源区 8 月平均产量介于 238～380 kg/亩，最高值出现在 2010 年，最低值出现在 2015 年(图 5-15)。

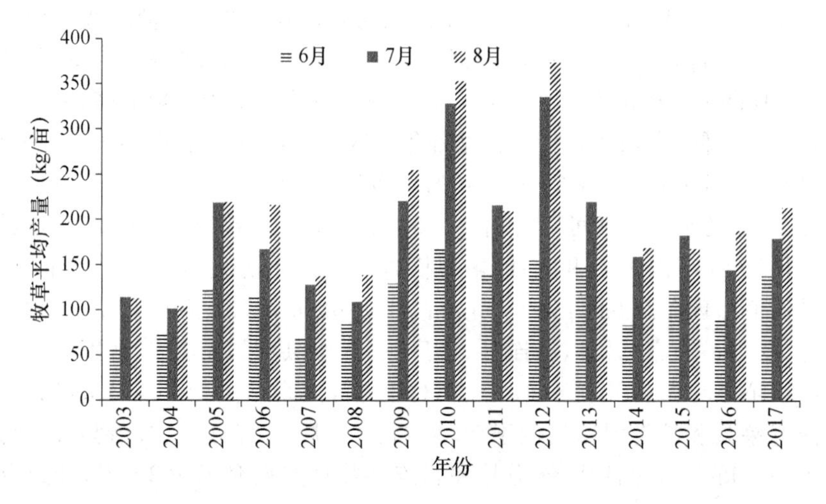

图 5-14　2003—2017 年青海湖区牧草 6—8 月平均产量变化图

从近 15 年的平均产量来看，6—8 月份，除 2012 年 8 月份外，青海湖区均较三江源区偏低，偏低幅度介于 3～214 kg/亩(图 5-16)。

5.1.2　牧草遥感监测与评估

5.1.2.1　牧草产量遥感监测

6—8 月 EOS/MODIS 卫星遥感监测表明，青海省各地牧草产量从 6 月份起逐渐增大，至 7 月末 8 月初达到最大值，此后又呈逐渐减小趋势；空间上呈西北向东南递增的分布趋势；产量高值区主要分布在环青海湖地区、黄南州以及玉树州南部、果洛州东部。以 2017 年为例，遥感反演产品如图 5-17 所示。

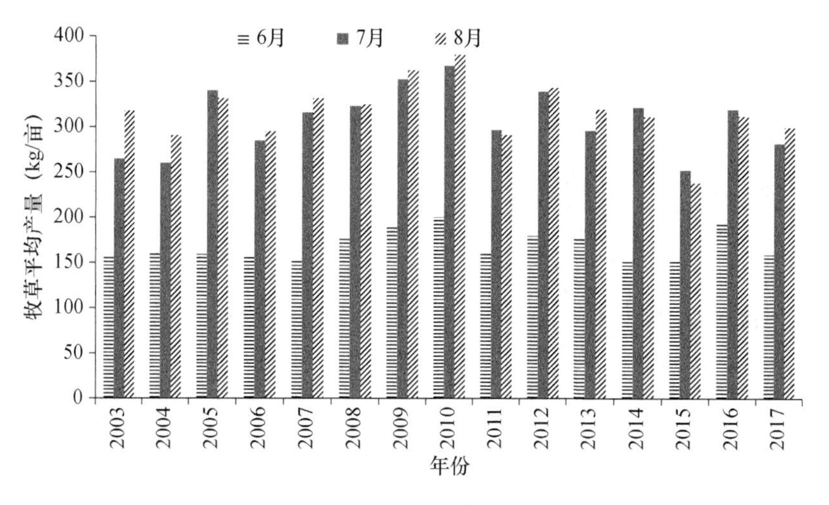

图 5-15　2003—2017 年三江源区牧草 6—8 月平均产量变化图

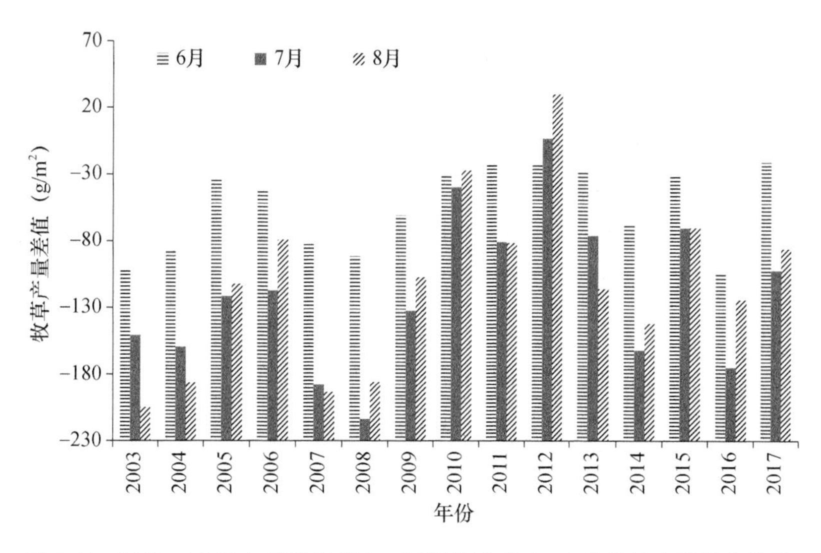

图 5-16　2003—2017 年青海湖区与三江源区牧草 6—8 月平均产量差变化图

青海省2017年6月牧草产量监测图

2017年6月30日

图例 省界 县界 裸地 水体 云 农田 森林 牧草产量 50 100 200 300 400 500 600 >600 kg/亩

卫星/传感器：EOS/MODIS
空间分辨率：250 m
投影方式：Albers等面积投影

青海省卫星遥感中心

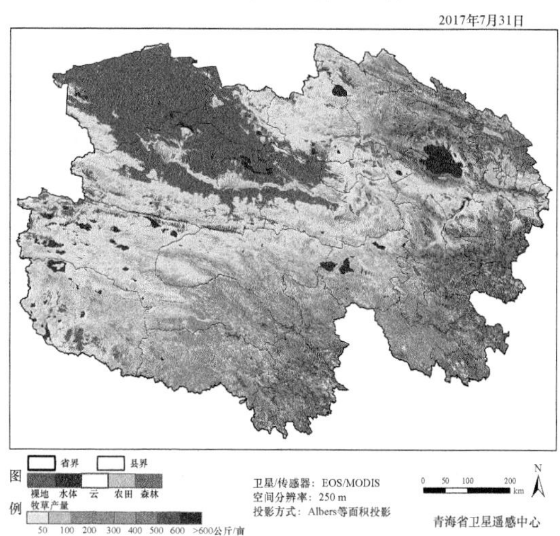

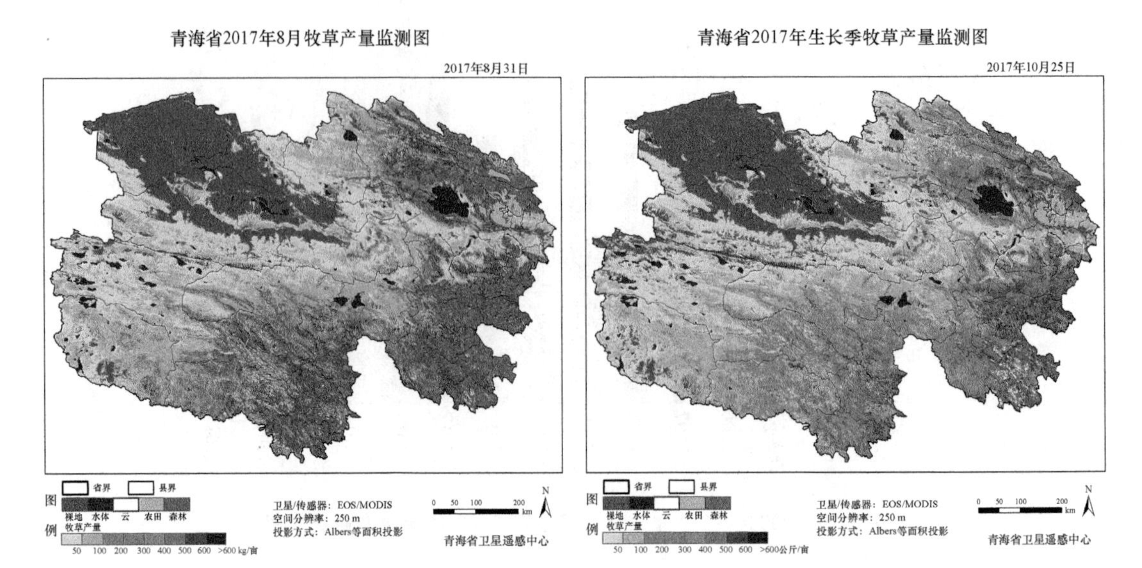

图 5-17 2017 年牧草生长季节 EOS/MODIS 卫星遥感监测图

（对应彩图见 193～194 页）

2012 年夏季 EOS/MODIS 卫星数据植被指数最大值合成资料反演牧草产量监测数据分析结果表明，黄南州的牧草产量大部分在 400～600 kg/亩；果洛州的牧草产量大部分在 300～600 kg/亩；海北州的牧草产量在 200～500 kg/亩；海南州的牧草产量大部分在 200～400 kg/亩；玉树州的牧草产量大部分在 100～400 kg/亩；海西州草地牧草产量大部分在 100 kg/亩以下（图 5-18）。

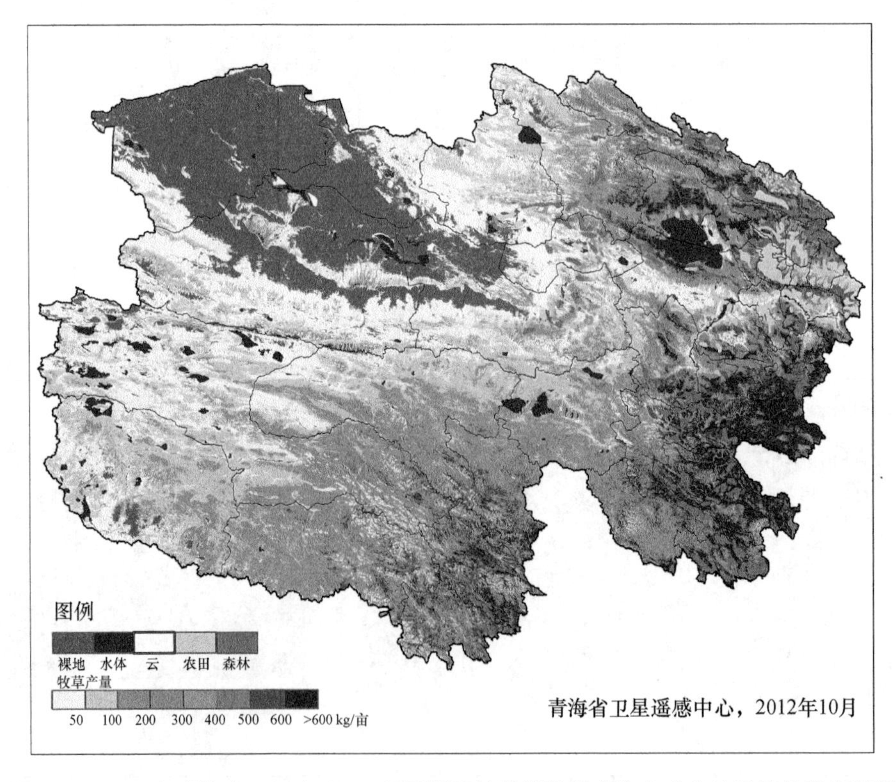

图 5-18 2012 年青海省 EOS/MODIS 卫星夏季植被指数最大值合成产品反演牧草产量图

（对应彩图见 195 页）

2013 年夏季 EOS/MODIS 16 日合成遥感监测数据分析结果表明，黄南州的牧草产量大部分在400～600 kg/亩；果洛州的牧草产量大部分在 200～500 kg/亩；海北州的牧草产量在 200～400 kg/亩；海南州的牧草产量大部分在 100～400 kg/亩；玉树州的牧草产量大部分在 300 kg/亩以下；海西州草地牧草产量大部分在 100 kg/亩以下(图 5-19)。

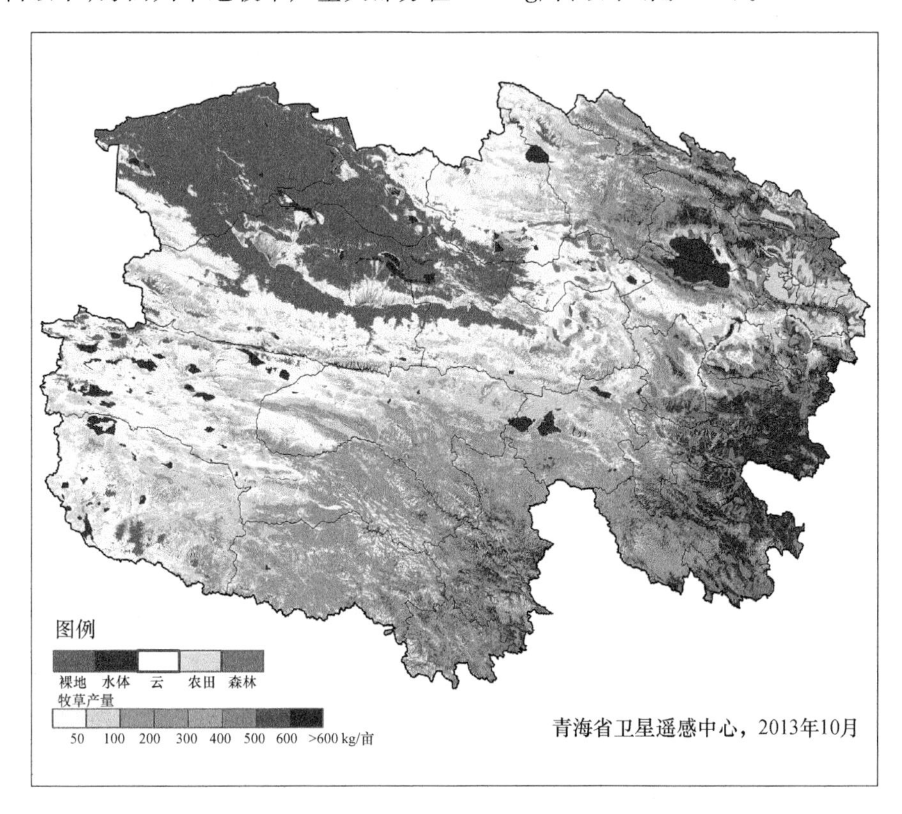

图 5-19　2013 年青海省 EOS/MODIS 卫星夏季植被指数最大值合成产品反演牧草产量图

(对应彩图见 195 页)

2014 年夏季 EOS/MODIS 植被指数最大值合成遥感监测数据分析结果表明，黄南州的牧草产量大部分在 300～500 kg/亩；果洛州的牧草产量大部分在 200～500 kg/亩；海北州的牧草产量在 200～500 kg/亩；海南州的牧草产量大部分在 300 kg/亩以下；玉树州的牧草产量大部分在 200 kg/亩以下；海西州草地牧草产量大部分在 100 kg/亩以下(图 5-20)。

2015 年夏季 EOS/MODIS 植被指数最大值合成遥感监测数据分析结果表明，黄南州的牧草产量大部分在 300～500 kg/亩；果洛州的牧草产量大部分在 200～500 kg/亩；海北州的牧草产量在 200～500 kg/亩；海南州的牧草产量大部分在 400 kg/亩以下；玉树州的牧草产量大部分在 300 kg/亩以下；海西州牧草产量大部分在 100 kg/亩以下(图 5-21)。

2016 年夏季 EOS/MODIS 植被指数最大值合成遥感监测数据分析结果表明，海北州牧草产量大部分在 300～400 kg/亩，黄南州牧草产量大部在 300～500 kg/亩，果洛州牧草产量大部在 200～400 kg/亩，海南州和玉树州牧草产量大部在 400 kg/亩以下，海西州牧草产量大部在 100 kg/亩以下(图 5-22)。

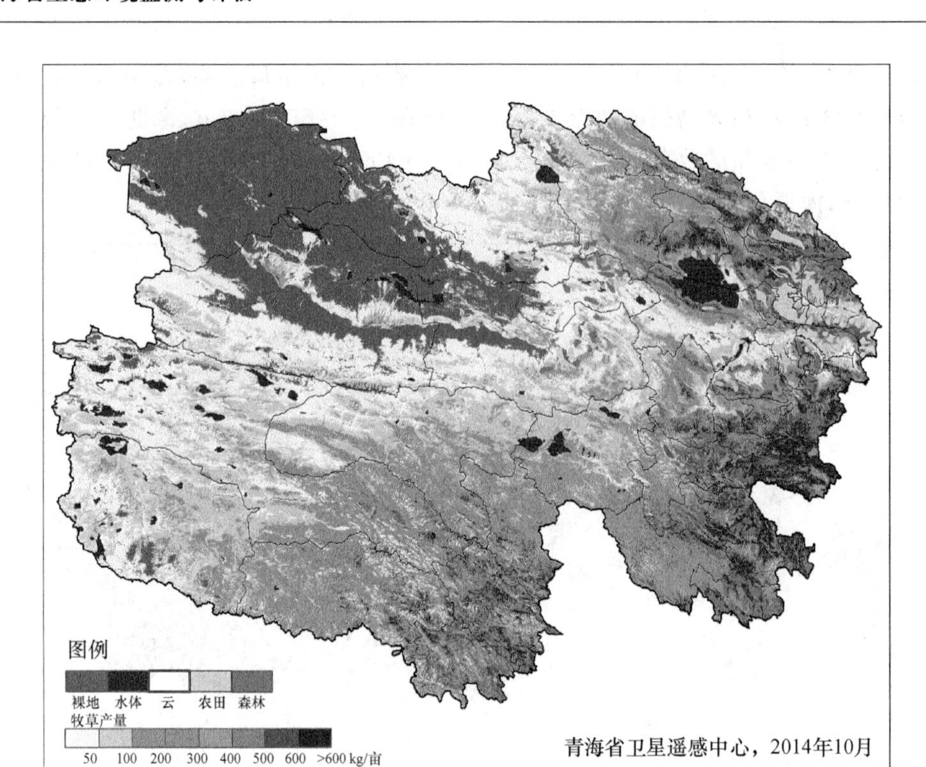

图 5-20　2014 年青海省 EOS/MODIS 卫星夏季植被指数最大值合成产品反演牧草产量图

（对应彩图见 196 页）

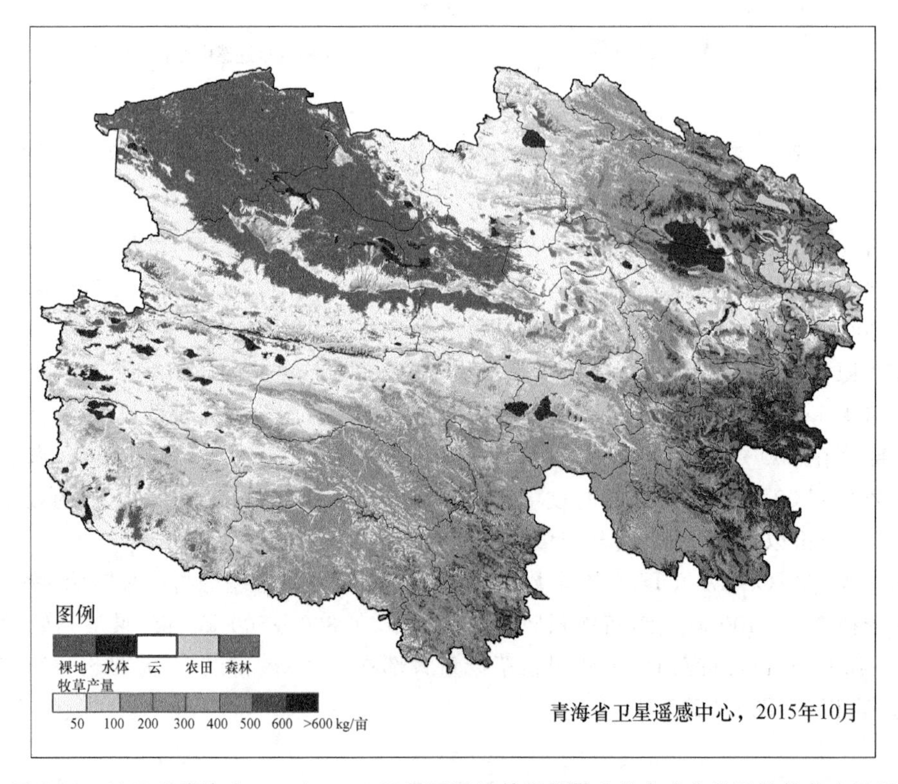

图 5-21　2015 年青海省 EOS/MODIS 卫星夏季植被指数最大值合成产品反演牧草产量图

（对应彩图见 196 页）

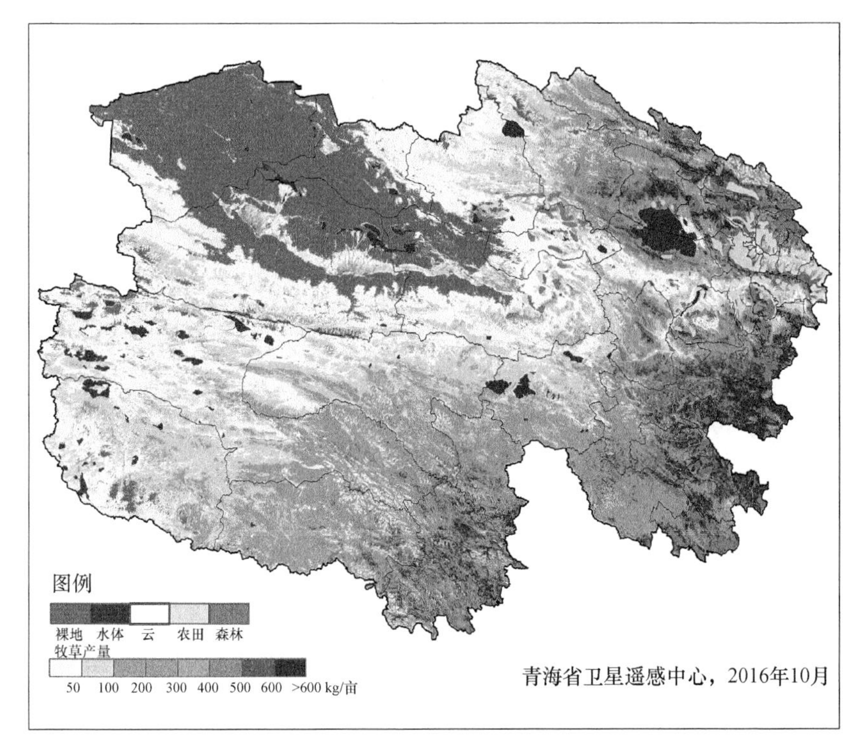

图 5-22　2016 年青海省 EOS/MODIS 卫星夏季植被指数最大值合成产品反演牧草产量图

（对应彩图见 197 页）

5.1.2.2　牧草产量遥感评估

2012 年春季(3—5 月)牧业区气温前低后高，降水持续偏多。3 月份大部分地区气温偏低，降水偏多；4 月份，大部分地区气温持平或偏高、降水偏多，水热条件匹配较好；5 月份，大部分地区气温偏高、降水偏多。气候条件总体有利于牧草返青，青南大部分地区牧草返青期较历年提前或基本持平。夏季(6—8 月)青海省大部分地区气温偏高，降水量偏多，大部分地区气象条件有利于牧草的生长发育和产量形成。9 月份各地气温偏高，大部分地区降水偏少，水热条件不利于延长牧草青草期。2012 年青海省各地最高牧草产量(6—8 月产量)与近 5 年同期平均相比，大部分地区增幅在 2%～22%(图 5-23)。2012 年总载畜量最大为玉树州，其次为果洛州，最小为黄南州。

2013 年夏季(6—8 月)气温大部分地区偏高，降水前后期偏少、中期偏多，水热匹配不理想，对牧草生长发育和产量形成影响弊大于利。6 月，牧业区大部气温偏高、降水偏少，气象条件不利于牧草的生长发育；7 月青海全省气温大部偏高、降水偏多，牧业区气象条件对牧草生长较为有利；进入 8 月份，牧业区大部气温偏高、降水偏少，不利于牧草生长发育及产量形成。9 月份，牧业区大部气温偏低、降水偏少，气象条件不利于牧草后期生长，导致大部分地区牧草黄枯期提前。2013 年青海省各地最高牧草产量(6—8 月产量)与近 5 年同期牧草产量相比，2013 年青海省牧草平均产量青南西部、东部和海西地区大部增减幅度介于－10%～10%，环湖地区和青南中部减幅大于 10%，其余大部产量增幅大于 10%(图 5-24)。2013 年牲畜理论载畜量最大是玉树州，其次是果洛州，其余地区牲畜载畜量从大到小依次为海西州、海北州、海南州和黄南州。与 2012 年相比，各地牲畜理论载畜量均有所减小，其中海南州减幅最大，黄南州减幅最小。

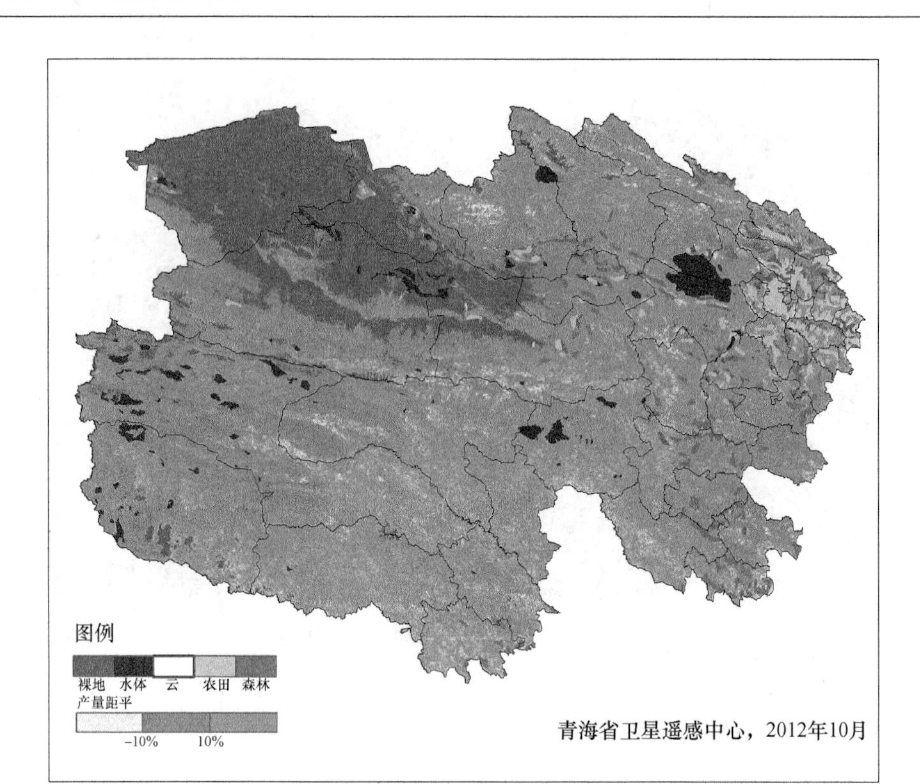

图 5-23　2012 年青海省牧草产量与近五年距平图

（对应彩图见 197 页）

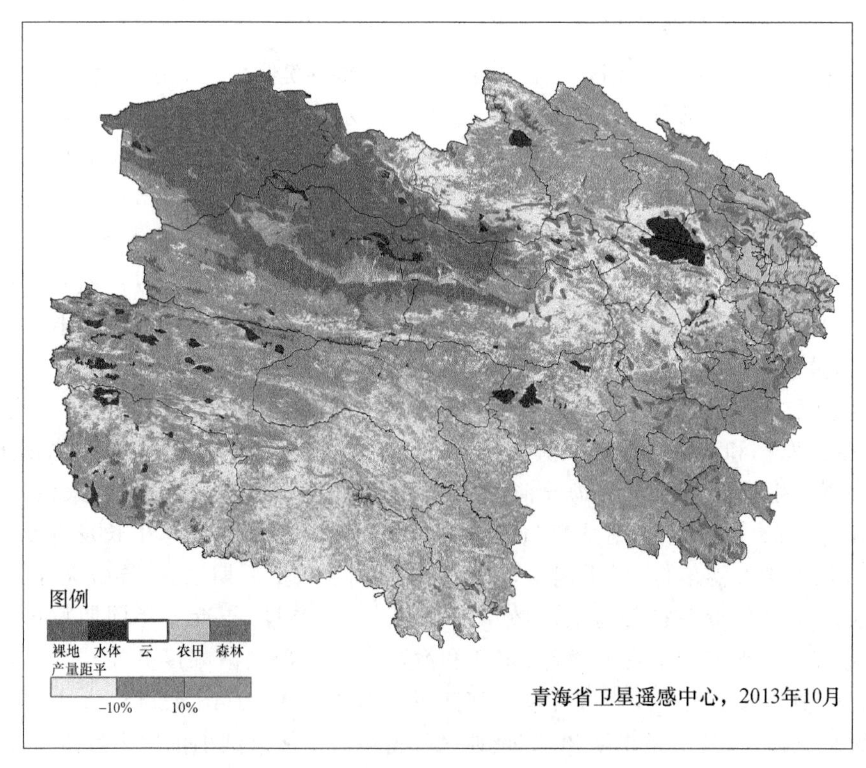

图 5-24　2013 年青海省牧草产量与近五年距平图

（对应彩图见 198 页）

2014 年夏季(6—8 月),6 月,牧业区大部气温偏低、降水偏多,气象条件不利于牧草的生长发育;7 月青海全省气温大部偏高、降水偏少,气象条件不利于牧草的生长发育;8 月,牧业区大部气温偏高、降水偏多,对牧草的生长发育及产量形成较为有利。9 月,牧业区大部气温偏高、降水偏多,气象条件有利于牧草后期生长,导致大部分地区牧草黄枯期推迟。2014 年青海省牧区牧草产量与近 5 年同期平均相比,2014 年青海省牧草平均产量青南西部、东部和海西地区大部增减幅度介于－10%～10%,环湖地区和青南大部减幅大于 10%,其余极少部分地区产量增幅大于 10%(图 5-25)。2014 年牲畜理论载畜量最大是玉树州,其次是果洛州,其余地区牲畜载畜量从大到小依次为海西州、海北州、海南州和黄南州。与 2013 年相比,各地牲畜理论载畜量均有所减小,其中果洛州减幅最大,玉树州减幅最小。

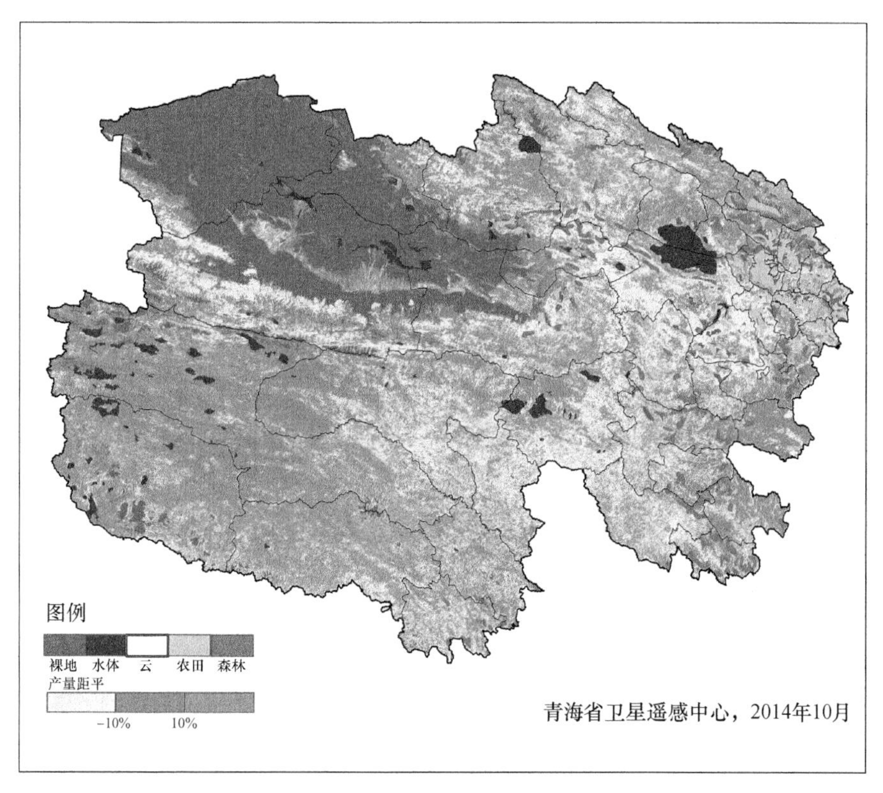

图 5-25　2014 年青海省牧草产量与近五年距平图

(对应彩图见 198 页)

2015 年 6—8 月牧区气温接近常年,降水偏少且时间上分布不均(前期多、中后期少),气象条件不利于牧草的生长发育;玉树州 7 月份发生干旱,影响牧草生长发育,导致牧草提前黄枯。9 月份,牧区大部气温偏高,降水偏多,果洛南部牧草推迟黄枯。2015 年青海省牧区牧草产量与近 5 年同期平均相比,青南西部、东部和海西地区大部增减幅度介于－10%～10%,环湖地区和青南大部减幅大于 10%,其余极少部分产量增幅大于 10%(图 5-26)。2015 年牲畜理论载畜量最大是玉树州,其次是果洛州,其余地区牲畜理论载畜量从大到小依次为海西州、海南州、海北州和黄南州。与 2014 年相比,除海西州和海南州牲畜理论载畜量有所增加外,其余各地牲畜理论载畜量均减小,其中玉树州减幅最大(12.27%);与近 5 年平均相比,各地牲畜理论载畜量均减小,其中玉树州减幅最大(15.36%)。

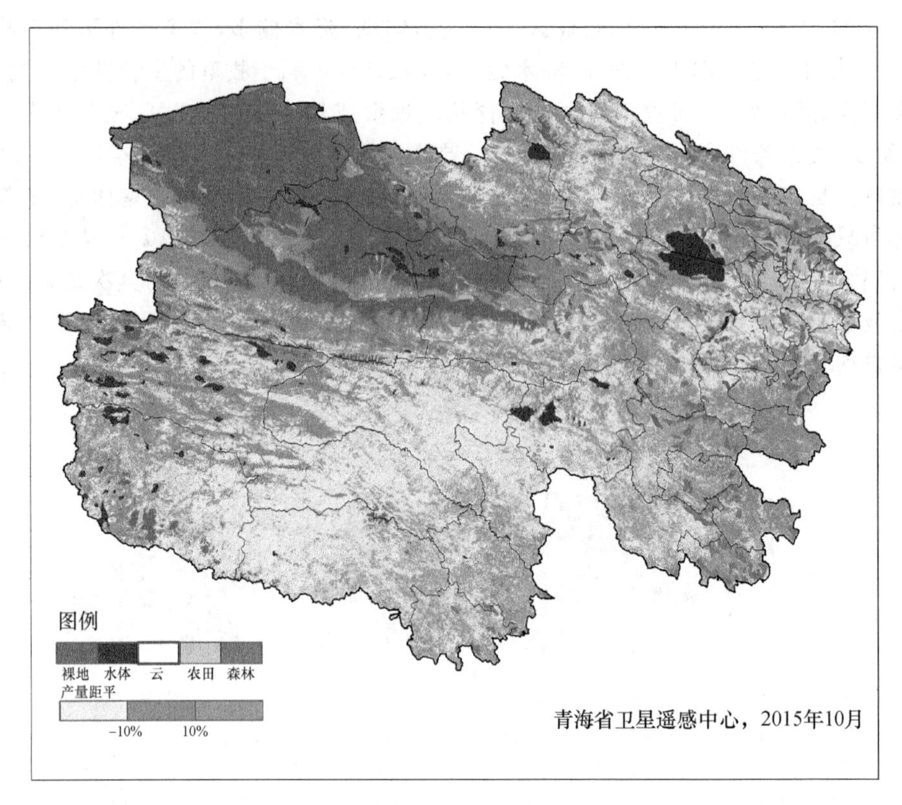

图 5-26 2015 年青海省牧草产量与近五年距平图

（对应彩图见 199 页）

2016 年夏季(6—8 月)气温偏高，降水略偏少，但变幅较大，呈前少后多，且空间分布不均，部分地区发生阶段性干旱，影响牧草生长发育，牧草产量略偏低。9 月份牧区气温略偏低，降水接近常年，水热条件匹配较差，使得前期长势较差的牧草提前黄枯。2016 年青海省牧区牧草产量与近 5 年(2011—2015 年)平均相比，减幅大于 10%的草地主要分布在青南地区中部的称多和曲麻莱，东部的甘德、达日和玛多，以及海西东部的都兰和乌兰，增幅大于 10%的草地主要分布在海南州中部，其余地区基本持平(图 5-27)。2016 年牲畜理论载畜量最大为玉树州，其次为果洛州，其余地区牲畜理论载畜量从大到小依次为海西州、海南州、海北州和黄南州。与 2015 年相比，果洛州牲畜理论载畜量减少 3.46%，其余各州增加 0.23%～9.21%。

2017 年春季(3—5 月)全省牧区气温大部偏低、但积温条件与近五年接近，而降水大部偏多，牧业区大部牧草返青期较近五年持平或提前；夏季(6—8 月)牧区气温前低后高、降水前少后多，部分地区出现阶段性干旱，不利于牧草的生长发育及产量形成；9 月份牧区气温偏高、降水大部偏多，气象条件有利于牧草后期生长，低海拔地区牧草黄枯期延迟。2017 年青海省各地牧草产量与近五年(2012—2016 年)平均相比，增幅大于 10%的草地主要分布在海西东部、环青海湖南部和玉树西部的部分地区，减幅大于 10%的草地主要分布在玉树南部、海南东南部和海北北部，其余地区基本持平(图 5-28)。2017 年各州牲畜理论载畜量，玉树州最大，其次为果洛州，其余地区牲畜理论载畜量从大到小依次为海西州、海北州、海南州和黄南州。与 2016 年相比，各州牲畜理论载畜量均增大，其中果洛州牲畜理论载畜量增幅最大(51%)，其余各州牲畜理论载畜量增幅在 15%～48%。

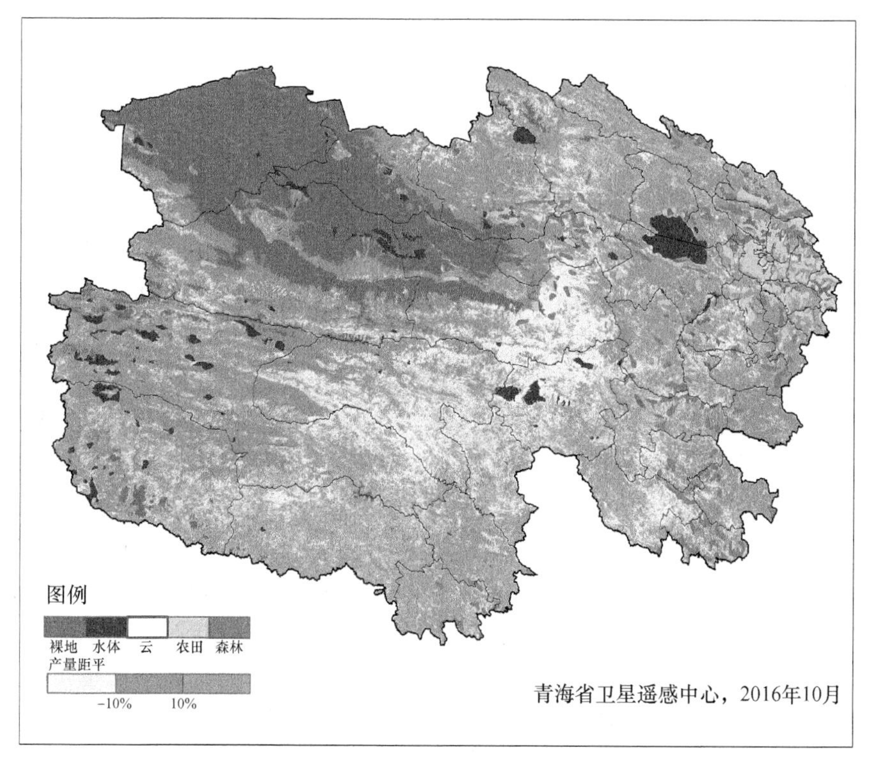

图 5-27　2016 年青海省牧草产量与近五年距平图

（对应彩图见 199 页）

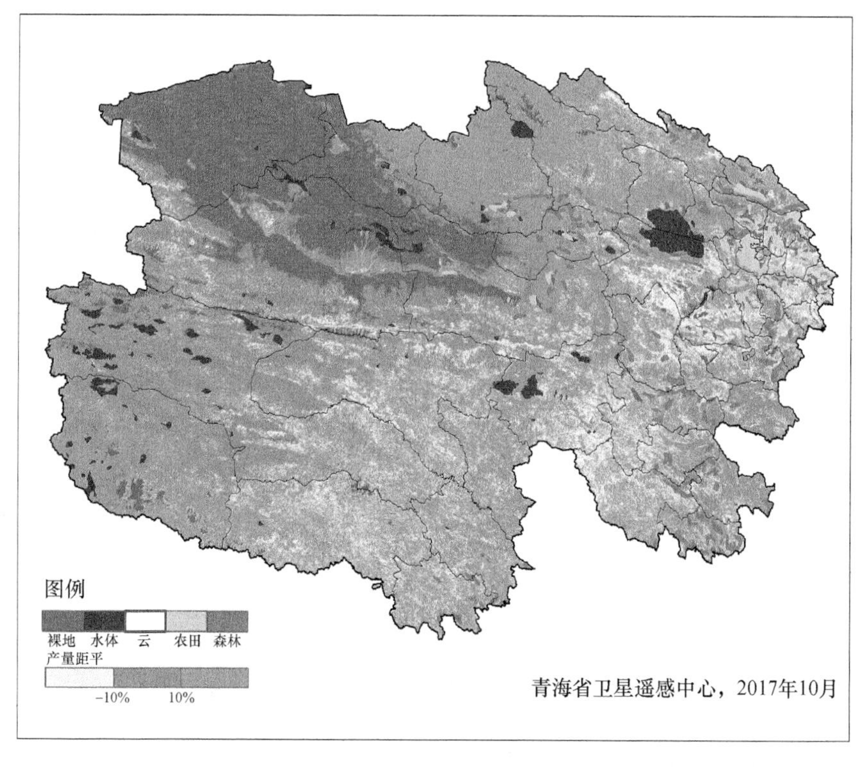

图 5-28　2017 年青海省牧草产量与近五年距平图

（对应彩图见 200 页）

5.2 水体动态变化

5.2.1 青海湖动态变化

5.2.1.1 青海湖封冻解冻动态变化

青海湖封冻一般在12月份封冻,次年1月份完全封冻。2004年至2016年的平均开始封冻时间为12月12日,开始封冻时间最早为11月25日,出现在2013年,开始封冻时间最晚为12月27日,出现在2004年和2016年。开始封冻期呈微弱提前的趋势,但未通过0.05显著性水平检验。平均完全封冻时间为1月15日,但是2017年未能观测到完全封冻,所以2005至2016年,完全封冻时间最早为1月2日,出现在2011年,完全封冻时间最晚为1月30日,出现在2012年。完全封冻期呈微弱推迟的趋势,但未通过0.05显著性水平检验。青海湖解冻一般在3月份解冻,4月份完全解冻。2005年至2017年的平均开始解冻时间为3月13日,但是各年间的变化幅度比较大,开始解冻时间最早为2月1日,出现在2017年,开始解冻时间最晚为4月8日,出现在2011年。开始解冻期呈极显著提前的趋势,通过0.01显著性水平检验,其趋势为提前36天/10年。平均完全解冻时间为4月12日,完全解冻时间最早为4月4日,出现在2016年,完全解冻时间最晚为4月23日,出现在2011年。完全解冻期呈显著提前的趋势,通过0.05显著性水平检验,其趋势为提前6天/10年(图5-29)。

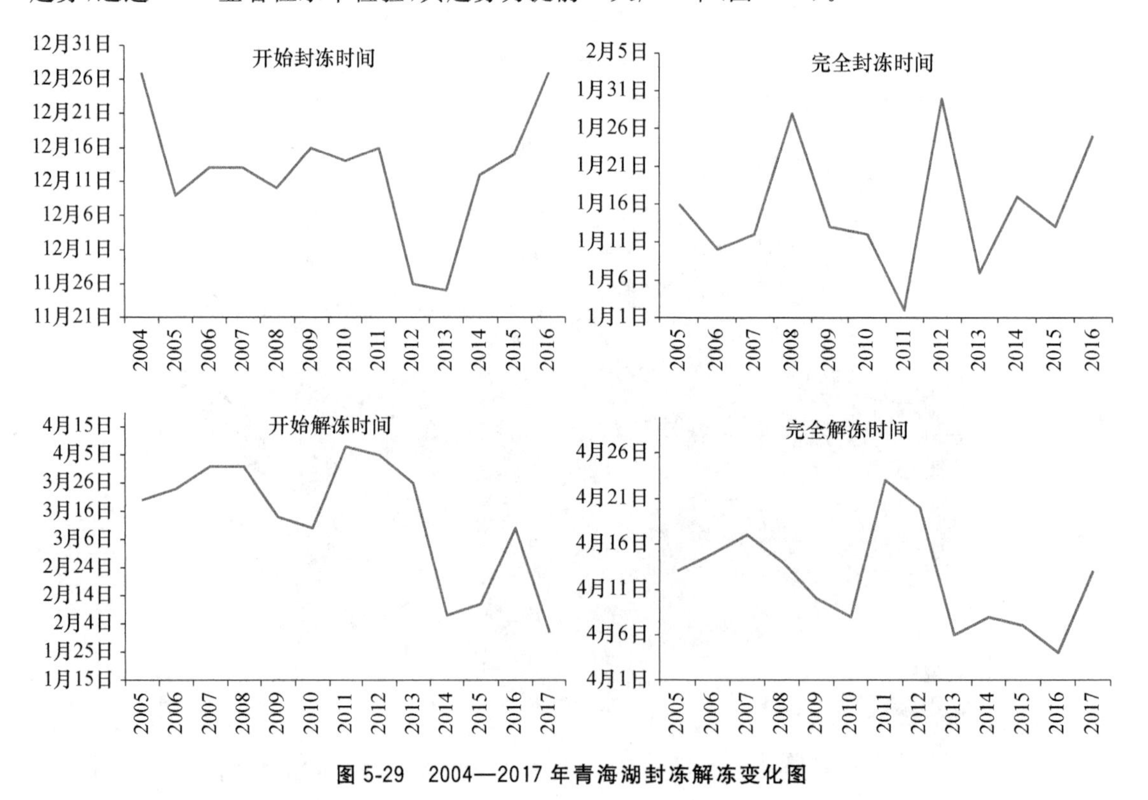

图5-29 2004—2017年青海湖封冻解冻变化图

5.2.1.2 青海湖封冻解冻变化分析

青海湖自2011年12月16日开始封冻,至2012年1月30日完全封冻,整个封冻过程历时 45 天。与上年度相比，完全封冻期推迟 28 天，封冻历时延长 26 天；与历年平均相比，完全封冻期推迟 17 天，封冻历时延长 15 天。2012 年 4 月 5 日开始解冻，湖冰四周多处开裂，至 2012 年 4 月 20 日完全解冻；开始解冻期较历年平均推迟 14 天，完全解冻时间较历年推迟 8 天；解冻历时 16 天，较历年缩短 7 天(图 5-30)。

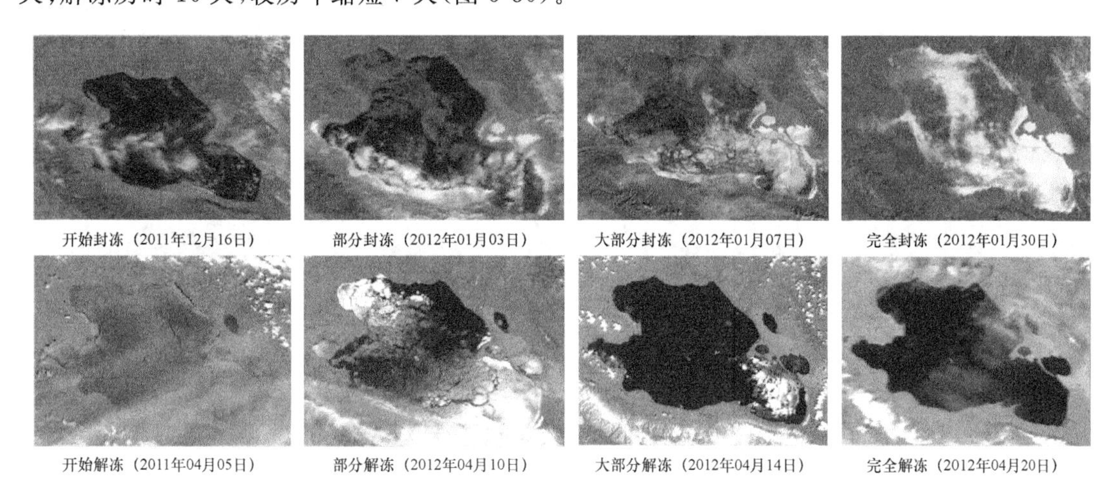

图 5-30　2011—2012 年青海湖封冻解冻过程图

青海湖于 2012 年 11 月 26 日从湖的西部和北部边缘开始结冰，12 月 15 日部分湖面结冰，12 月 26 日大部分湖面结冰，2013 年 1 月 7 日湖面完全封冻。青海湖湖冰 3 月 26 日从西部和北部多处开裂，西部和北部边缘明显消融，3 月 30 日湖冰大面积开裂，4 月 2 日只剩东部和西北部的湖冰未融化，至 2013 年 4 月 6 日青海湖完全解冻。开始解冻期较上年度提前 10 天，较历年平均推迟 2 天；完全解冻期较上年度提前 14 天，较历年平均提前 7 天；解冻历时 12 天，较上年度缩短 4 天，较历年缩短 9 天(图 5-31)。

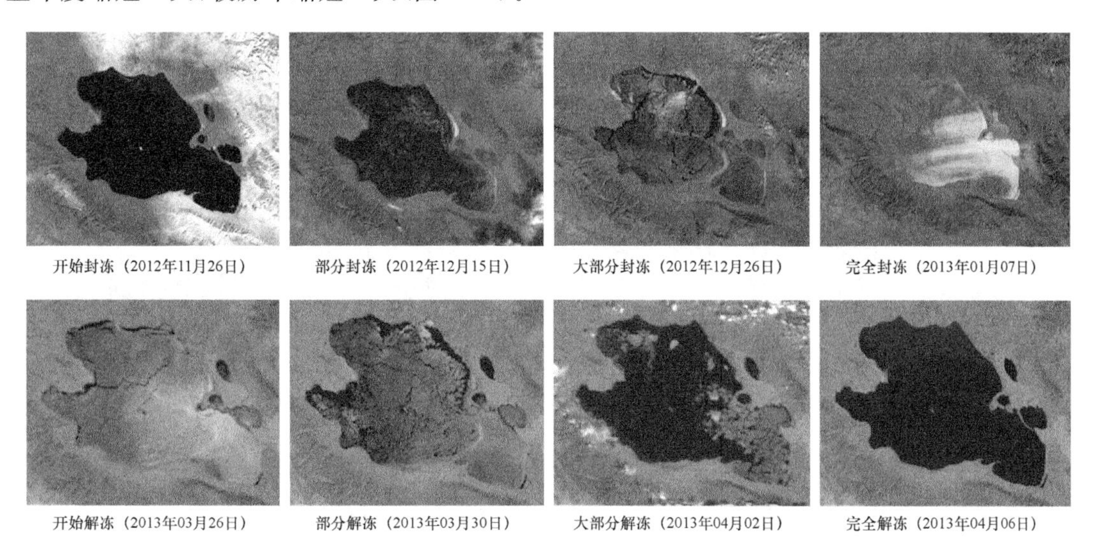

图 5-31　2012—2013 年青海湖封冻解冻过程图

青海湖自 2013 年 11 月 25 日开始封冻，至 2014 年 1 月 17 日完全封冻，整个封冻过程历时 53 天。与上年度相比，完全封冻期推迟 10 天，封冻历时延长 11 天；与历年平均相比，完全封冻期推迟 3 天，封冻历时延长 22 天。青海湖自 2014 年 2 月 7 日开始解冻，先从西部开裂，西南部边缘湖冰明显消融，至 2014 年 4 月 8 日完全解冻；开始解冻期较历年平均提前 45 天；解冻历时 60 天，较历年延长 40 天(图 5-32)。

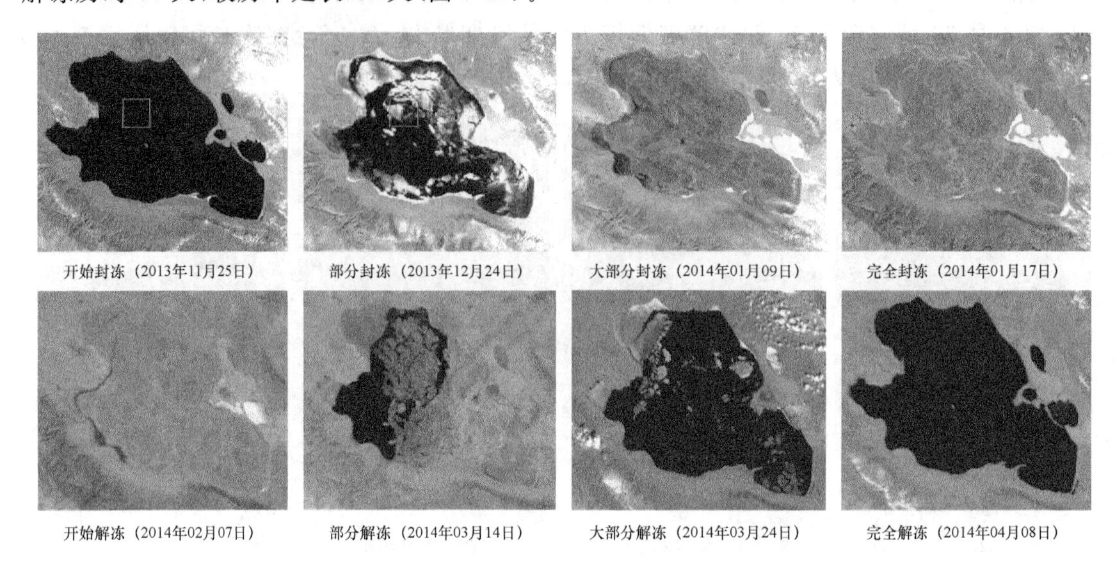

图 5-32　2013—2014 年青海湖封冻解冻过程图

青海湖自 2014 年 12 月 7 日从湖的西部和东部边缘开始结冰，12 月 23 日部分湖面结冰，2015 年 1 月 1 日大部分湖面结冰，2015 年 1 月 13 日湖面完全封冻；与上年度相比，完全封冻期提前 4 天，封冻历时缩短 16 天；与历年平均相比，完全封冻期持平，封冻历时延长 3 天。青海湖自 2015 年 2 月 11 日开始解冻，至 2015 年 4 月 7 日完全解冻；较历年开始解冻期提前 38 天，完全解冻期较上年度提前 1 天，较历年提前 4 天；解冻历时 56 天(图 5-33)。

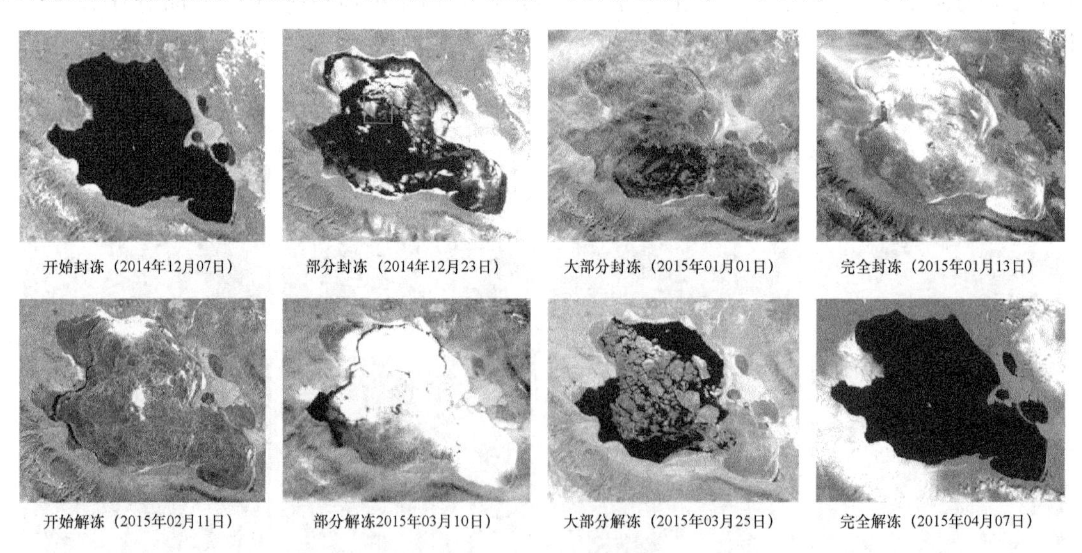

图 5-33　2014—2015 年青海湖封冻解冻过程图

青海湖自 2015 年 12 月 15 日开始封冻，至 2016 年 1 月 25 日完全封冻，历时 41 天。与上年度相比，完全封冻期推迟 12 天，封冻历时延长 9 天；与历年(2004—2015 年)平均相比，完全封冻期推迟 10 天，封冻历时延长 6 天。青海湖自 2016 年 3 月 10 日开始解冻，至 4 月 4 日完全解冻，历时 25 天。完全解冻日期较上年度提前 3 天，较历年平均提前 9 天(图 5-34)。

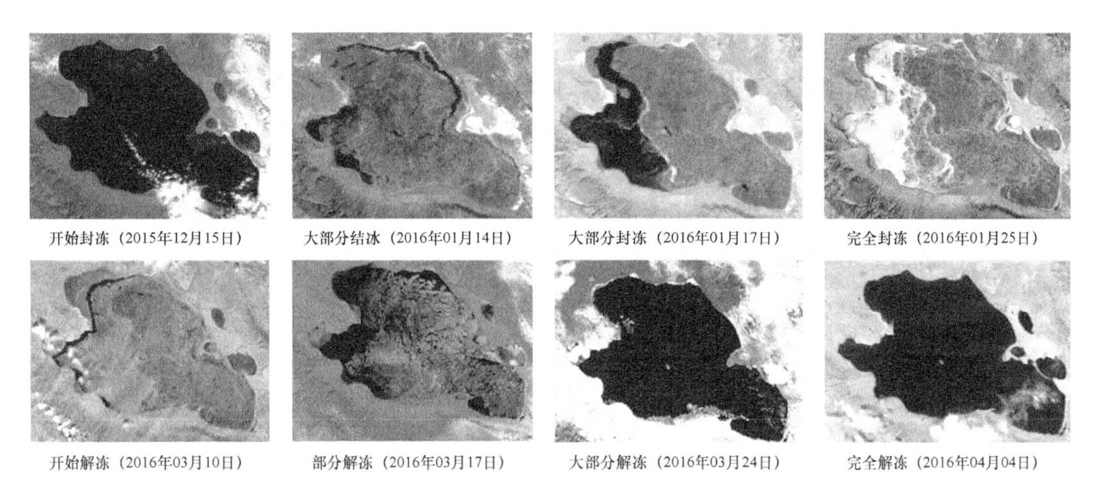

图 5-34　2015—2016 年青海湖封冻解冻过程图

青海湖自 2016 年 12 月 27 日开始封冻，至 2017 年 1 月 25 日湖面出现大面积封冻，29 日开始青海湖西部水面面积扩大，表明 2017 年青海湖首次出现未完全封冻现象。开始封冻期较上年度推迟 12 天，较 5 年(2011—2015 年)平均推迟 20 天(图 5-35)。

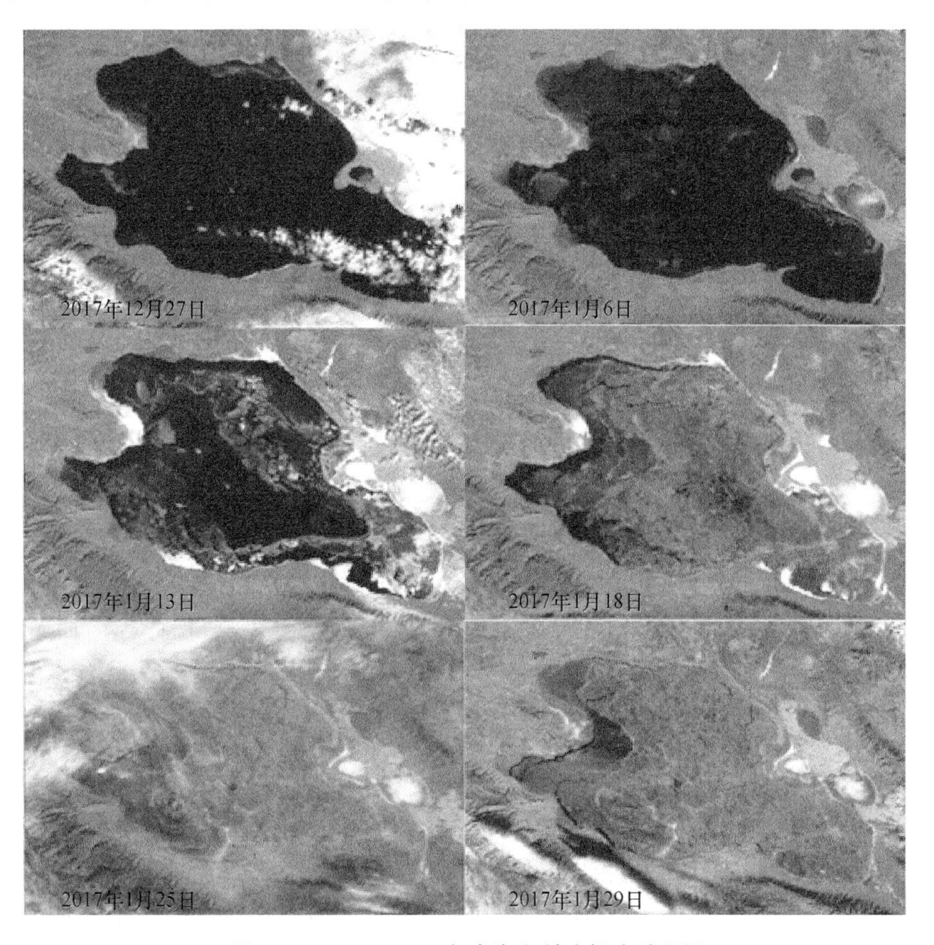

图 5-35　2016—2017 年青海湖封冻解冻过程图

5.2.1.3 青海湖面积变化分析

根据青海湖水位多年观测资料，选择枯水期4月份和丰水期9月份进行湖泊面积监测。

2012年EOS/MODIS卫星资料监测显示：4月份青海湖面积较2011年同期增加了56.06 km^2，与2001—2011年同期的平均面积相比增加106.36 km^2；9月份青海湖面积比2011年同期增加了48.83 km^2，与2001—2011年同期的平均面积相比增加108.35 km^2。从水位分析看出，青海湖面积和水位增减变化基本一致(图5-36)。

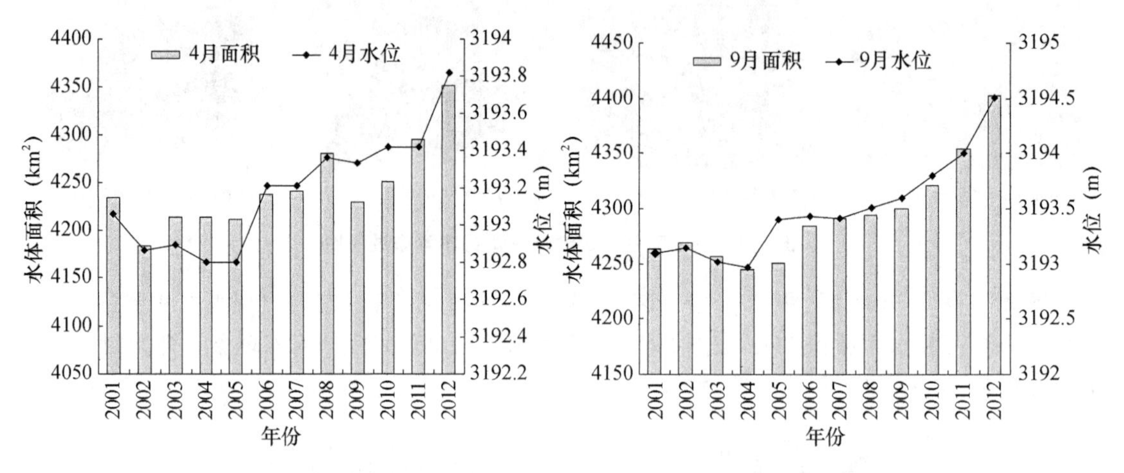

图5-36 2001—2012年4月和9月青海湖面积与水位变化图

2013年EOS/MODIS卫星资料监测显示：4月份青海湖面积较2012年同期增加了26.25 km^2，与2001—2012年同期的平均面积相比增加132.61 km^2；9月份青海湖面积比2012年同期减少了6.30 km^2，与2001—2012年同期的平均面积相比增加102.05 km^2。从水位分析看出，青海湖面积和水位增减变化基本一致(图5-37)。

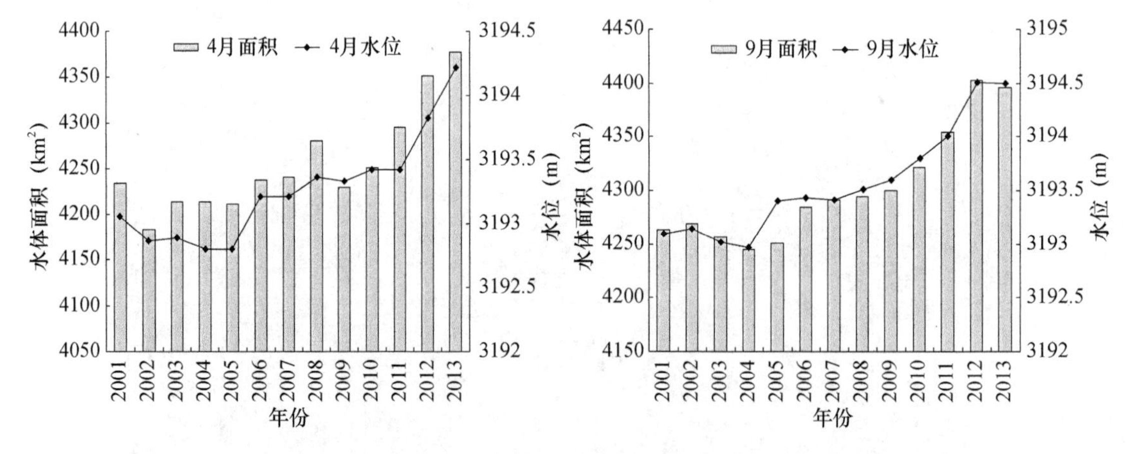

图5-37 2001—2013年4月和9月青海湖面积与水位变化图

2014年EOS/MODIS卫星资料监测显示：4月份青海湖面积较2013年同期增加了2.48 km^2，与2001—2013年同期的平均面积相比增加124.89 km^2；9月份青海湖面积比2013年同期增加了12.56 km^2，与2001—2013年同期的平均面积相比增加106.76 km^2。从水位分析看出，青海湖面积和水位增减变化基本一致(图5-38)。

2015年EOS/MODIS卫星资料监测显示：4月份青海湖面积较2014年同期增加了9.08 km^2，

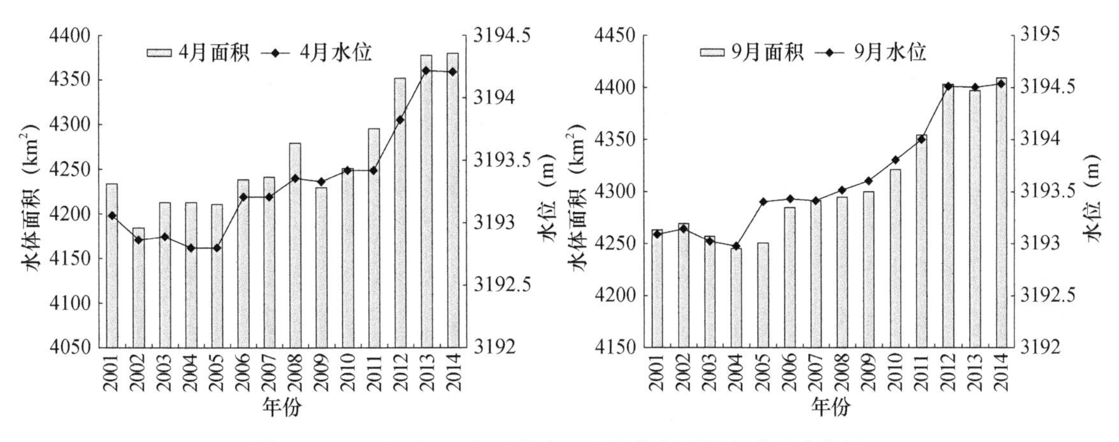

图 5-38　2001—2014 年 4 月和 9 月青海湖面积与水位变化图

与 2001—2014 年同期的平均面积相比增加 125.05 km²；9 月份青海湖面积比 2014 年同期减小 9.43 km²，与 2001—2014 年同期的平均面积相比增加 82.42 km²。从水位分析看出，青海湖面积和水位增减变化基本一致(图 5-39)。

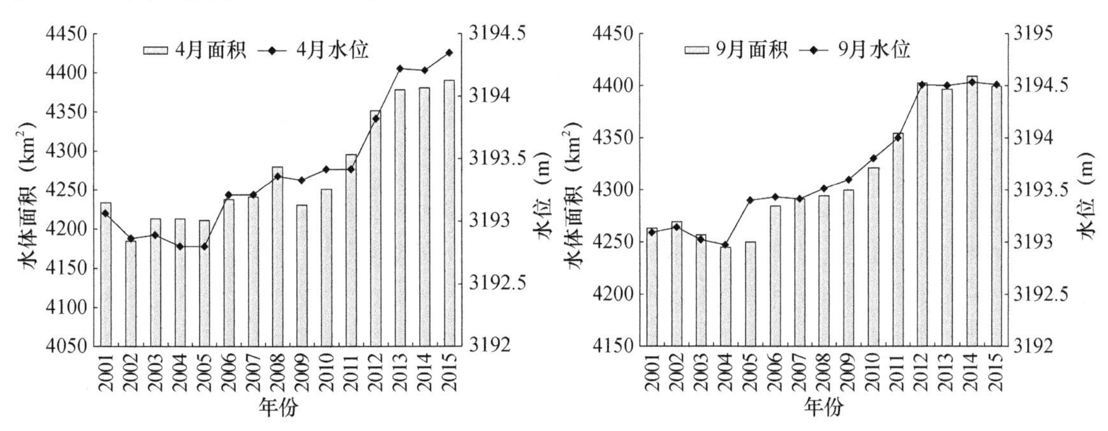

图 5-39　2001—2015 年 4 月和 9 月青海湖面积与水位变化图

2016 年 4 月青海湖面积较 2015 年同期减小 12.93 km²，较历年(2001—2015 年)同期增大 103.78 km²；9 月青海湖面积较 2015 年同期增大 52.07 km²，较历年(2001—2015 年)同期增大 135.80 km²。从水位分析看出，青海湖面积和水位增减变化基本一致(图 5-40)。

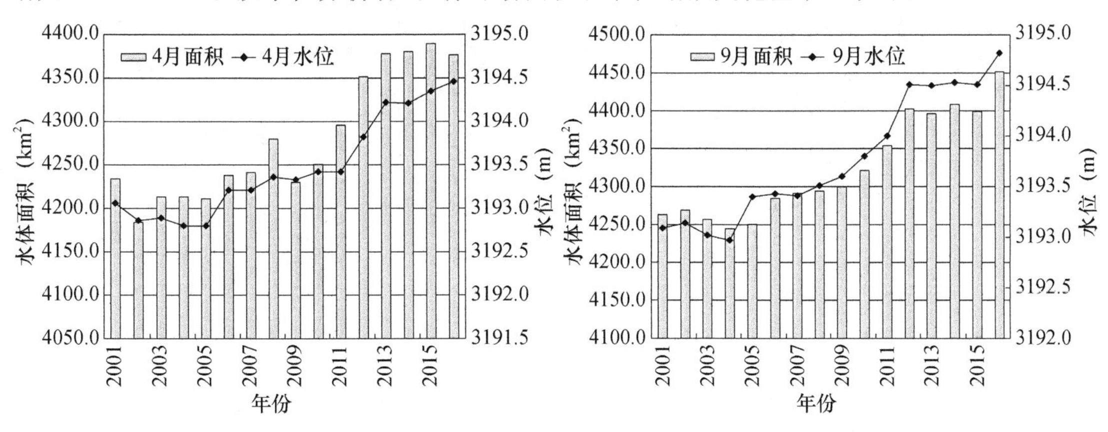

图 5-40　2001—2016 年 4 月和 9 月青海湖面积与水位变化图

2017 年 4 月青海湖面积较 2016 年同期增大 49.00 km²，较近五年（2012—2016 年）同期增大 50.35 km²；9 月青海湖面积较 2016 年同期增大 45.56 km²，较近五年同期增大 85.32 km²。从水位分析看出，青海湖面积和水位增减变化基本一致（图 5-41）。

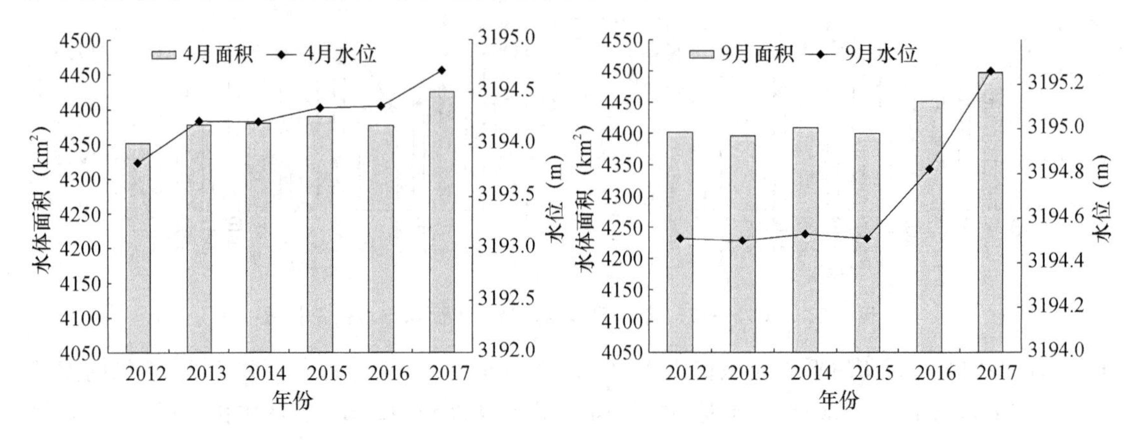

图 5-41　2012—2017 年 4 月和 9 月青海湖面积与水位变化图

5.2.2　柴达木盆地水体动态变化

根据 2007—2017 年 8 月下旬 EOS/MODIS 卫星遥感监测，分析结果显示，柴达木盆地主要的 9 个湖泊面积从小到大依次为尕海、黑海、阿拉克湖、大柴达木湖、都兰湖、可鲁克湖、小柴达木湖、托素湖和哈拉湖（图 5-42），其中尕海、黑海、阿拉克湖面积小于 50 km²，大柴达木湖、都兰湖、可鲁克湖面积介于 50～100 km²，小柴达木湖、托素湖面积介于 100～200 km²，哈拉湖面积大于 600 km²。主要湖泊面积变化见表 5-1。

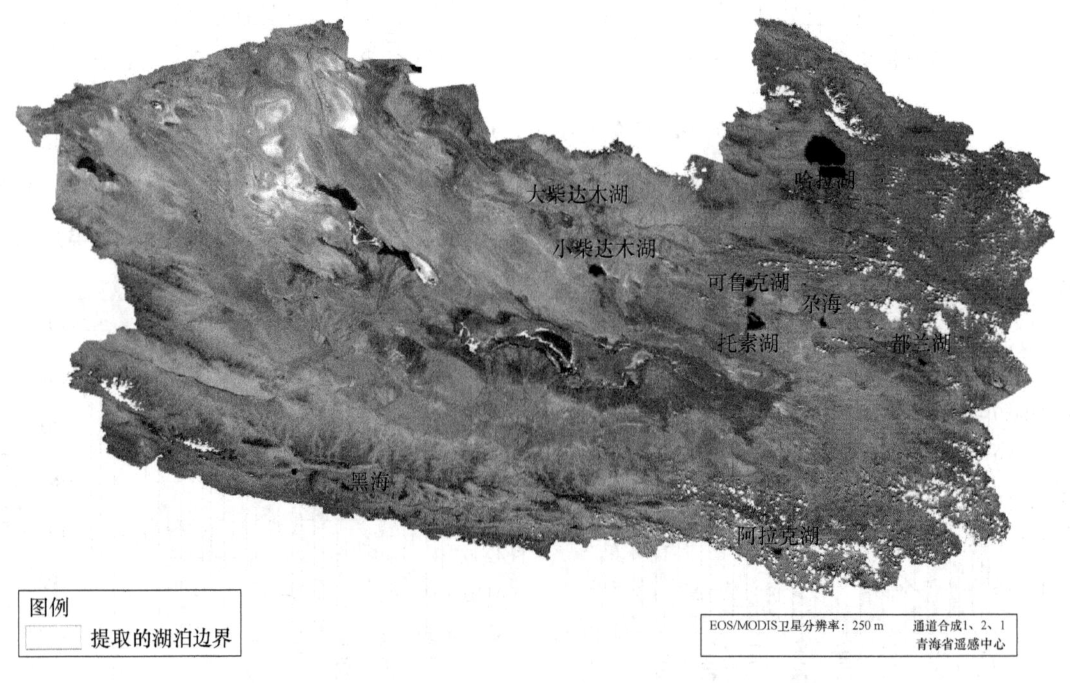

图 5-42　8 月下旬柴达木盆地湖泊群面积 EOS/MODIS 遥感监测图

表 5-1　2007—2017 年柴达木盆地主要湖泊面积年变化

湖泊	哈拉湖	托素湖	小柴达木湖	大柴达木湖	可鲁克湖	都兰湖	黑海	阿拉克湖	尕海
变化趋势	正	正	正	正	正	正	负	正	正
变化幅度(km^2/a)	0.9662	0.9326	1.1202	0.3555	0.1993	2.1774	0.4008	0.2122	0.1484
决定系数	0.3939	0.5604	0.1911	0.048	0.0694	0.6145	0.3252	0.131	0.3046

2012 年 8 月下旬，柴达木盆地湖泊群的面积均有所增加，与 2007—2011 年平均值相比，面积增幅最大的为都兰湖，达 17.25 km^2，其次为小柴达木湖，增幅 11.96 km^2，其余湖泊面积变化幅度在 8.67 km^2 以下(图 5-43)。

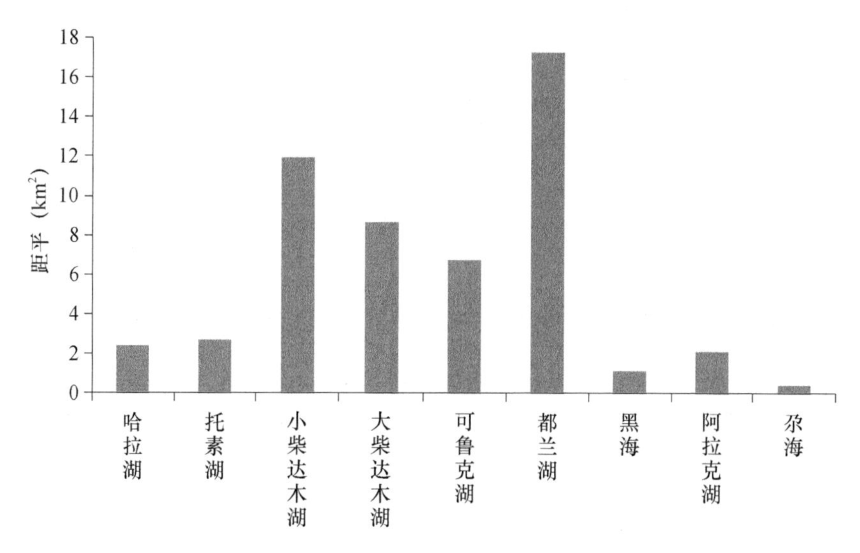

图 5-43　柴达木盆地 2012 年湖泊面积与 2007—2011 年平均值距平图

2013 年 8 月下旬，与 2008—2012 年平均值相比，面积增幅最大的为大柴达木湖，达 5.11 km^2，其次为托素湖，增幅 4.68 km^2，黑海减幅最大，为 6.18 km^2，其余湖泊面积增减幅度在 4.0 km^2 以下(图 5-44)。

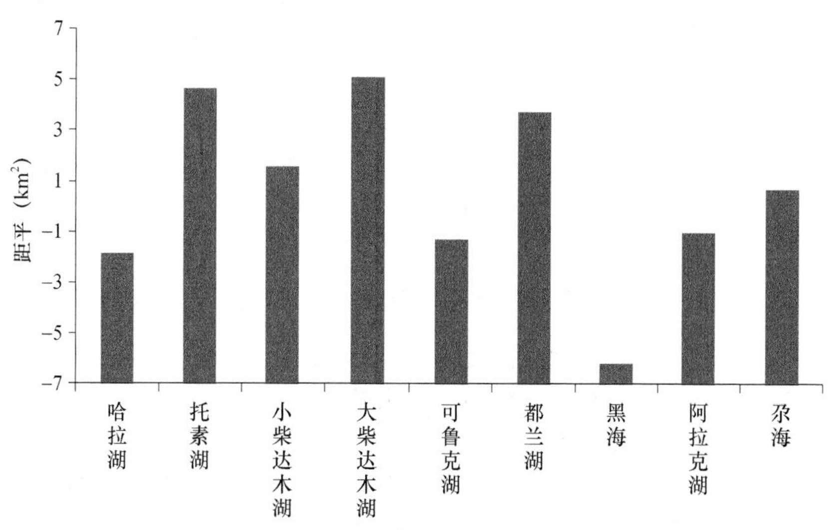

图 5-44　柴达木盆地 2013 年湖泊面积与 2008—2012 年平均值距平图

2014 年 8 月下旬，与 2009—2013 年平均值相比，面积增幅最大的为大柴达木湖，达 4.96 km^2，其次为托素湖，增幅 3.56 km^2；都兰湖减幅最大，为 4.56 km^2，其次是小柴达木湖，为 4.34 km^2，其余湖泊面积增减幅度在 2.0 km^2 以下(图 5-45)。

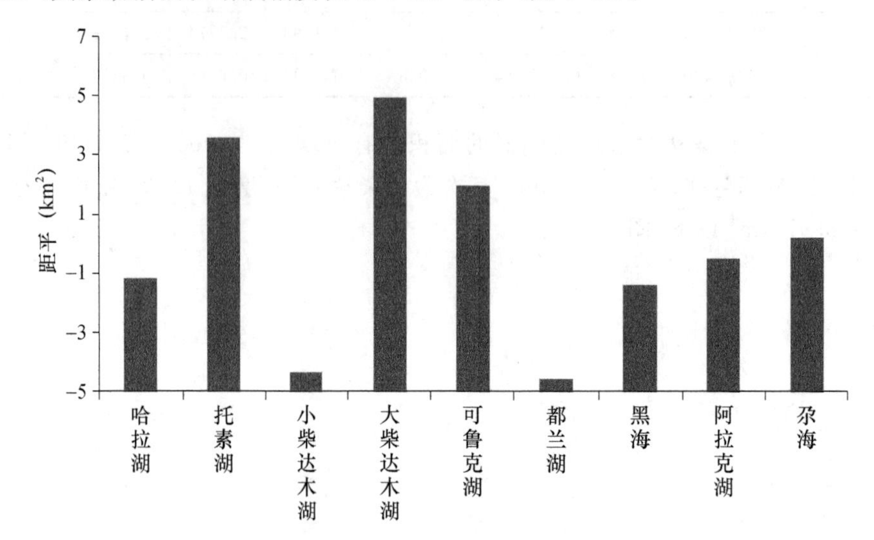

图 5-45 柴达木盆地 2014 年湖泊面积与 2009—2013 年平均值距平图

2015 年 8 月下旬，与 2010—2014 年平均值相比，面积增幅最大的为哈拉湖，达 4.52 km^2，其次为都兰湖，增幅为 2.86 km^2；小柴达木湖减幅最大，为 3.63 km^2，其余湖泊面积变化幅度在 1.6 km^2 以下(图 5-46)。

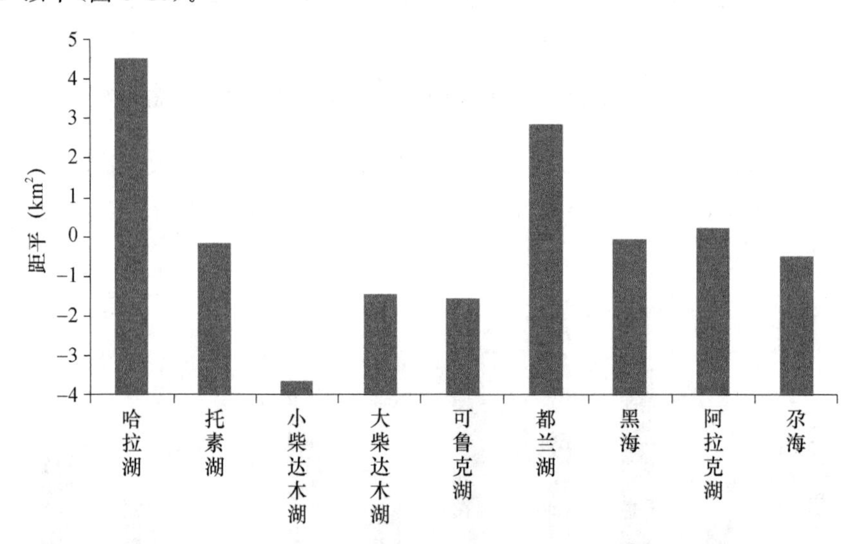

图 5-46 柴达木盆地 2015 年湖泊面积与 2010—2014 年平均值距平图

2016 年 8 月下旬柴达木盆地湖泊群水体面积与 2011—2015 年同期相比均呈现减少趋势，小柴达木湖面积减少最多，达 10.25 km^2，其次是大柴达木湖，为 9.54 km^2，其余湖泊面积均减小，减小幅度在 0.28～3.44 km^2(图 5-47)。

2017 年 8 月下旬柴达木盆地湖泊群水体面积与 2012—2016 同期平均相比，除尕海面积基本持平，大柴达木湖减小 5.15 km^2 外，其余湖泊面积扩大 0.96～14.45 km^2，其中小柴达木湖、都兰湖和托素湖面积较近 5 年平均显著扩大(图 5-48)。

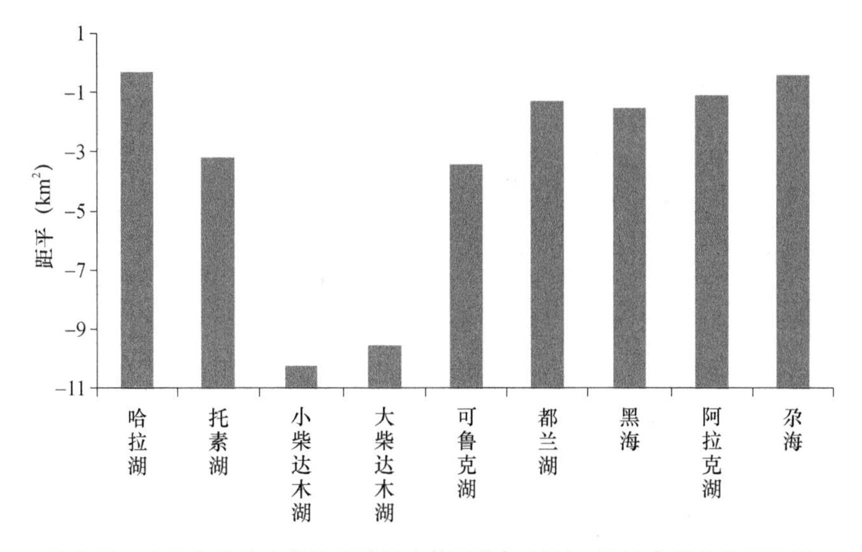

图 5-47　2016 年柴达木盆地湖泊群水体面积与 2011—2015 年平均值距平图

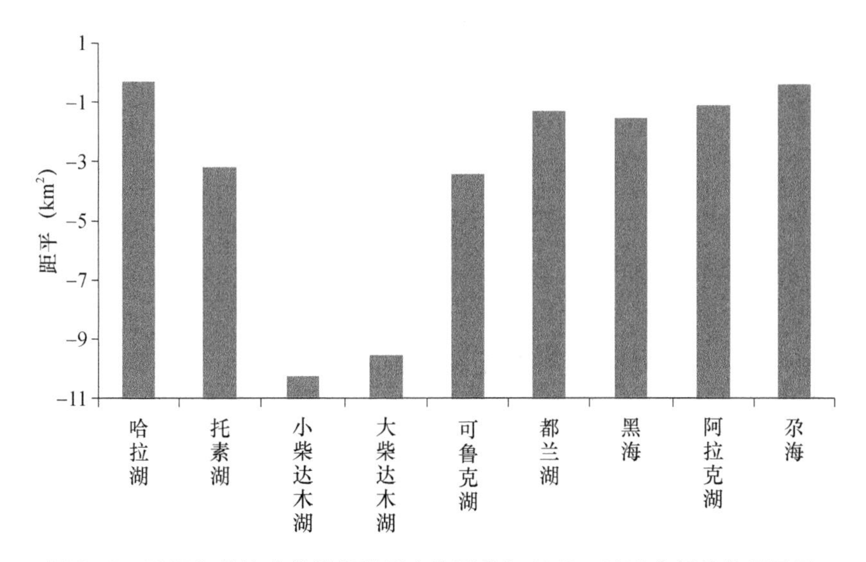

图 5-48　2017 年柴达木盆地湖泊群水体面积与 2012—2016 年平均值距平图

5.2.3　三江源区水体动态变化

根据 2007—2017 年 5 月份 EOS/MODIS 卫星遥感监测，三江源区的 9 个主要湖泊面积从小到大依次为卓乃湖、冬给措纳湖、勒斜武担湖、库赛湖、赤布张错、可可西里湖、扎陵湖、乌兰乌拉湖和鄂陵湖（图 5-49），分别为 212.09 km^2、236.52 km^2、262.65 km^2、303.32 km^2、313.12 km^2、344.01 km^2、539.88 km^2、603.85 km^2 和 645.88 km^2。2007—2017 年期间，除卓乃湖出现异常面积减少以外，其余湖泊均呈现显著增大趋势。特别是鄂陵湖、扎陵湖、可可西里湖、赤布张错、库赛湖、勒斜武担湖和冬给措纳湖的增大趋势极显著，通过 0.01 显著性水平检验。从变化幅度来看，乌兰乌拉湖、库赛湖、赤布张错和可可西里湖增加幅度较大，增加速率分别为 7.770 km^2/a、7.066 km^2/a、6.770 km^2/a 和 5.171 km^2/a；其余湖泊增加速率介于 2.065～2.612 km^2/a（表 5-2）。

图 5-49 5 月三江源湖泊群面积 EOS/MODIS 遥感监测图

表 5-2 2007—2017 年三江源区主要湖泊面积年变化

湖泊	鄂陵湖	乌兰乌拉湖	扎陵湖	可可西里湖	赤布张错	库赛湖	勒斜武担湖	冬给措纳湖
变化趋势	正	正	正	正	正	正	正	正
变化幅度(km^2/a)	2.4045	7.7698	2.6119	5.1705	6.7697	7.066	2.4565	2.065
决定系数	0.5496	0.3522	0.6492	0.8988	0.8376	0.878	0.7871	0.7279

根据 2012 年 5 月卫星遥感监测，三江源地区≥200 km^2 的大型湖泊有 9 个，9 大湖泊面积与 2007—2011 年平均值相比，湖泊面积除卓乃湖较减小 34.83 km^2 外，其余均增大，其中乌兰乌拉湖增幅最大，达 58.43 km^2，其次库赛湖增加 47.39 km^2，其余湖泊面积增加 8～38.37 km^2；与 2011 年相比，卓乃湖减少 46.82 km^2，其余湖泊面积持平或增大(图 5-50)。

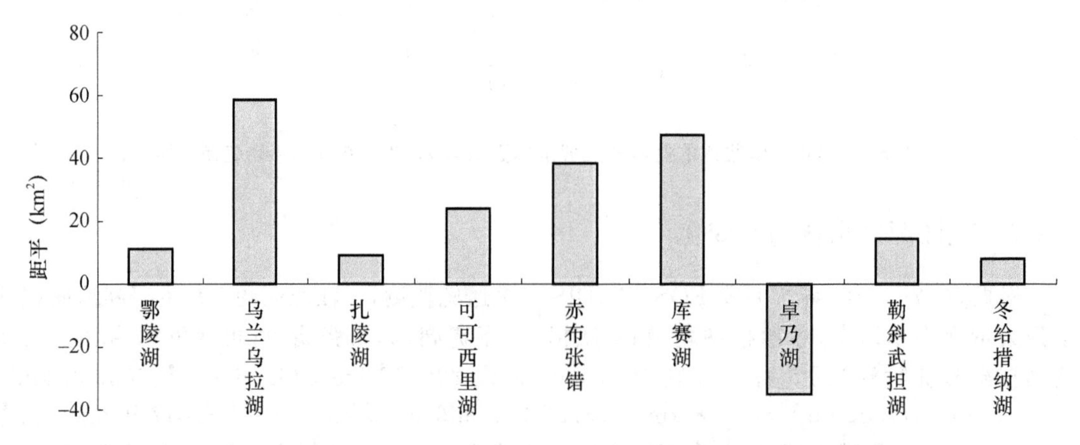

图 5-50 三江源 2012 年湖泊面积与 2006—2011 年平均值比较图

根据 2013 年 5 月卫星遥感监测，三江源地区≥200 km^2 的大型湖泊有 9 个，分析三江源地区 9 大湖泊面积年动态变化结果表明：近 8 年来，除卓乃湖因 2011 年 9 月中旬发生溃堤，而导致面积急剧变小外，其余 8 大湖泊面积总体上均呈现增大趋势，增幅为 0.59～18.76 km^2/a(图 5-51)。

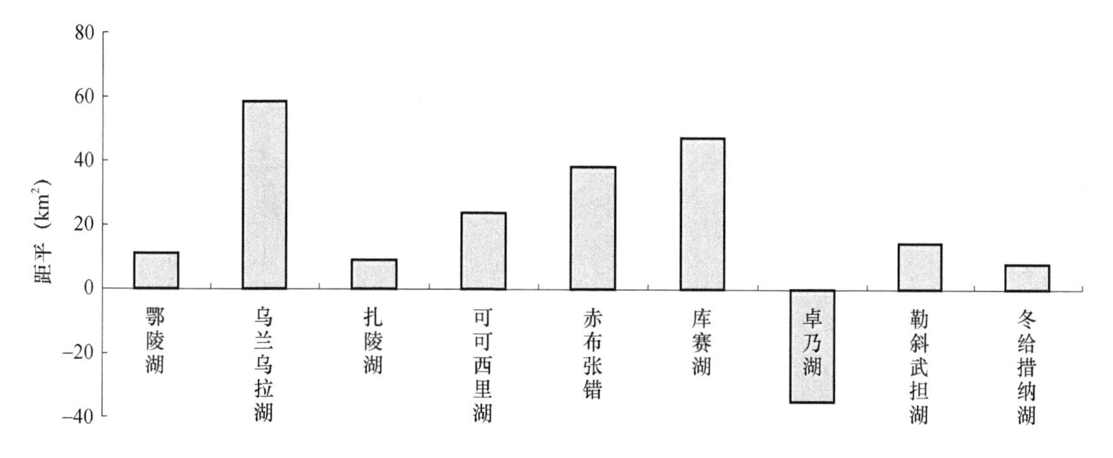

图 5-51　三江源 2013 年湖泊面积与 2006—2012 年平均值比较图

根据 2014 年 5 月卫星遥感监测，三江源地区≥200 km² 的大型湖泊有 9 个，与 2006—2013 年平均值相比，湖泊面积除卓乃湖减小 82.62 km² 外，其余均增大，其中乌兰乌拉湖增幅最大，达 55.06 km²，其次赤布张错湖增加 40.64 km²，其余湖泊面积增加 4.12～38.22 km²；与 2013 年相比，勒斜武担湖和冬给措纳湖分别减少 2.65 km² 和 8.75 km²，卓乃湖面积基本持平，其余湖泊增大 1.01～17.76 km²（图 5-52）。

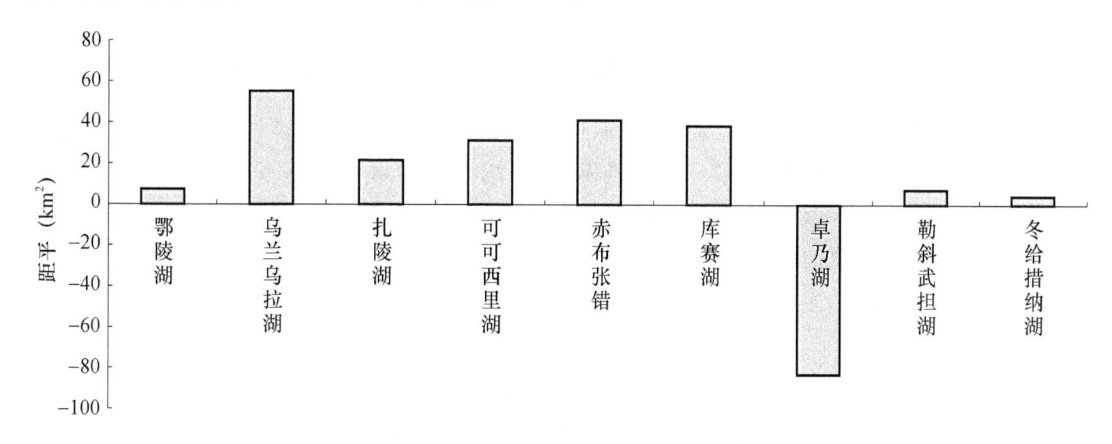

图 5-52　三江源 2014 年湖泊面积与 2006—2013 年平均值比较图

根据 2015 年 5 月卫星遥感监测，三江源地区≥200 km² 的大型湖泊有 9 个，与 2006—2014 年平均值相比，湖泊面积除乌兰乌拉湖和卓乃湖较 2006—2014 年平均值减小外，其余均增大，其中库赛湖增幅最大，达 39.46 km²，其次赤布张错湖，增加了 25.27 km²，其余湖泊面积增加 2.23～16.70 km²；与 2014 年相比，鄂陵湖、勒斜武担湖、库赛湖和冬给措纳湖增加 1.34～13.04 km²，卓乃湖面积基本持平，其余湖泊减小 0.56～67.85 km²（图 5-53）。

2016 年 5 月三江源地区≥200 km² 的 9 个大型湖泊水体面积遥感监测结果显示（西金乌兰湖因多云无法提取水体面积，未做比较）：与历年（2006—2015 年）同期相比，除卓乃湖面积减小外，其余湖泊面积均增大，其中乌兰乌拉湖增幅最大（47.34 km²），其次为库赛湖（29.71 km²），其余湖泊面积增幅在 3.89～26.10 km²（图 5-54）。

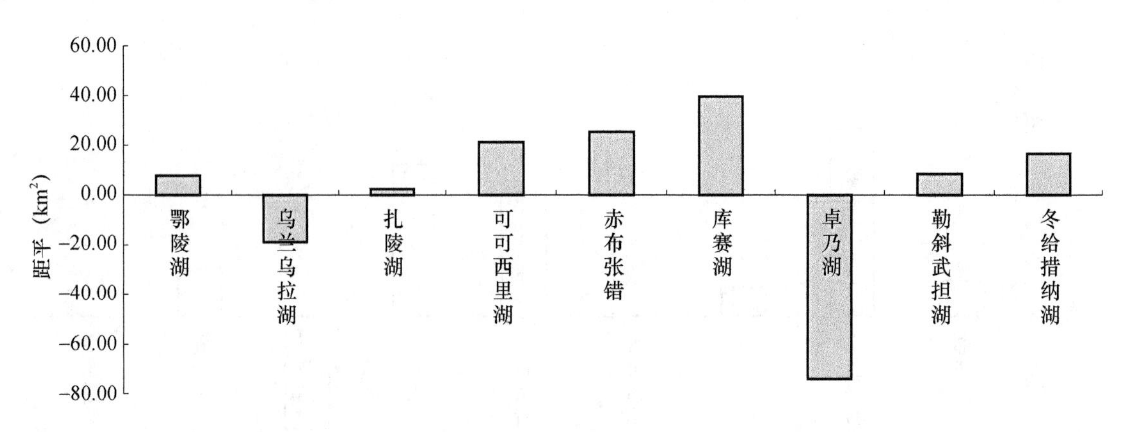

图 5-53　三江源 2015 年湖泊面积与 2006—2014 年平均值比较图

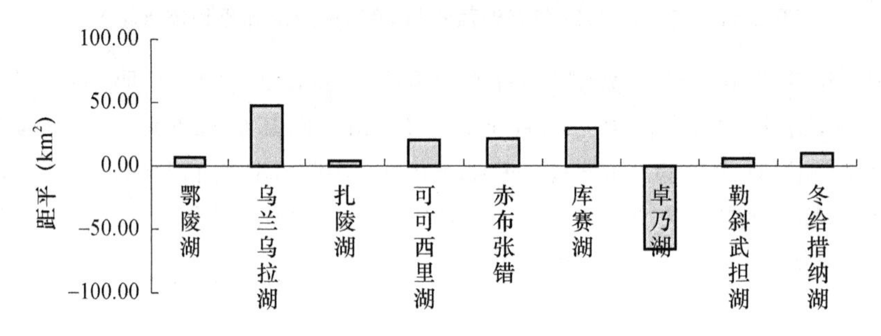

图 5-54　2016 年 5 月三江源地区湖泊群水体面积与历年同期距平图

根据 2017 年 5 月卫星遥感监测，三江源地区≥200 km²的 9 个大型湖泊水体面积遥感监测结果显示，与近 5 年(2012—2016)平均值相比，湖泊面积除卓乃湖基本持平，冬给错那湖和乌兰乌拉湖减小外，其余均增大，其中扎陵湖增幅最大，达 20.92 km²，其次为勒斜武担湖，增加了 17.27 km²，其余湖泊面积增加 5.41～11.42 km²(图 5-55)。

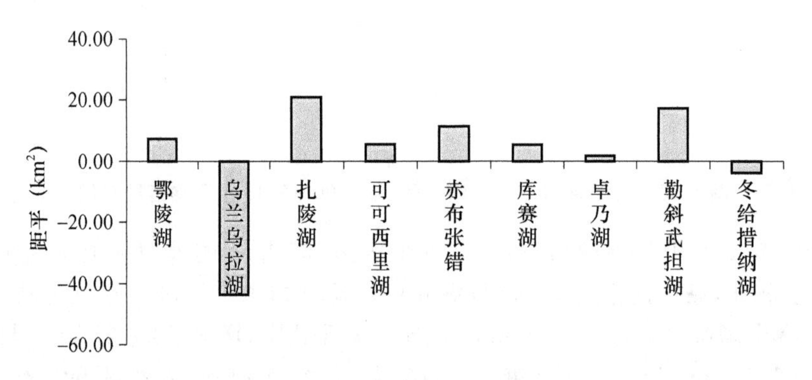

图 5-55　2017 年 5 月三江源地区湖泊群水体面积与近 5 年同期距平图

5.3　荒漠化动态变化

5.3.1　沙丘移动动态变化

青海省生态监测站网分别在环青海湖区设置沙丘观测点 3 个，分别为共和、兴海和海晏。

监测数据从 2004 年开始，不过共和由于观测点问题，2016 年更换了监测点，所以共和的数据截至 2015 年。其余两个站点的数据截至 2017 年。近 15 年的沙丘监测数据表明，共和和兴海的沙丘高度分别为 2.1 m 和 2.8 m，海晏沙丘高度为 5.6 m。而就沙丘水平移动距离来讲，共和最大，为 25.43 m，兴海次之，为 20.07 m，海晏在一年中平均只移动 6.99 m；共和、兴海的沙丘属于快速型沙丘，海晏的沙丘属于中速型沙丘（表 5-3）。

表 5-3 青海省沙丘监测点信息表

站名	沙丘经度（E）	沙丘纬度（N）	沙丘海拔高度（m）	沙丘高度均值（m）	沙丘水平移动均值（m）
共和	100°32′	36°12′	2919	2.1	25.43
兴海	100°19′	36°02′	3018	2.8	20.07
海晏	100°39′	36°52′	3219	5.6	6.99

注：慢速型沙丘，每年向前移动不到 5 m；中速型沙丘，每年向前移动 5～10 m；快速型沙丘，每年向前移动 10 m 以上。

2004—2015 年，共和沙丘高度介于 1.5～2.7 m，平均值为 2.1 m，中位数为 2.05 m，标准差为 0.35 m；沙丘水平移动距离介于 5.3～45.8 m，平均值为 25.43 m，中位数为 27.85 m，标准差为 12.57 m。由图 5-56 可知，共和沙丘高度呈现下降趋势，并通过 0.1 显著性水平检验。沙丘高度下降倾向率为 0.53 m/10 a。沙丘水平移动距离呈显著增加的趋势，通过 0.05 显著性水平检验，沙丘水平移动距离增加倾向率为 23.8 m/10 a。

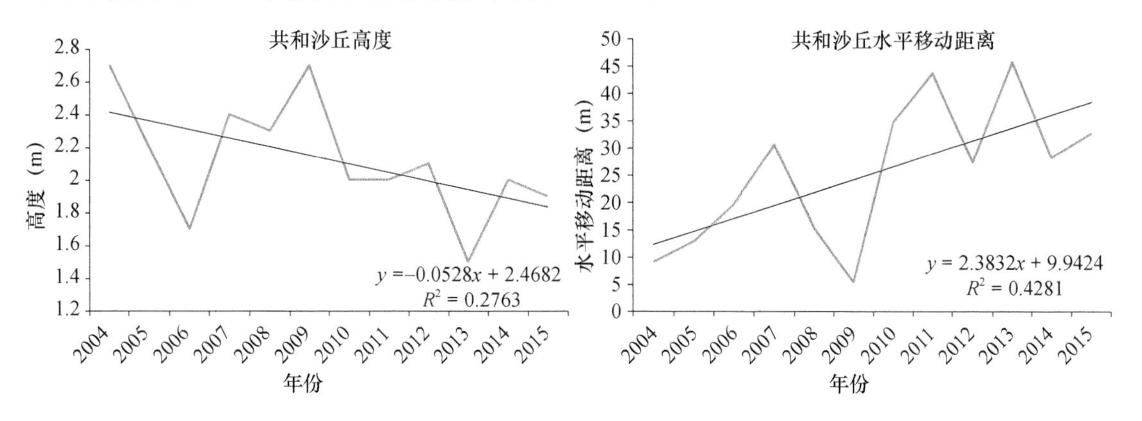

图 5-56 2004—2015 年共和监测点沙丘变化图（左为沙丘高度，右为沙丘水平移动）

2004—2017 年，海晏沙丘高度介于 4～8 m，平均值为 5.6 m，中位数为 5 m，标准差为 1.35 m；沙丘水平移动距离介于 2～14 m，平均值为 6.99 m，中位数为 7.65 m，标准差为 3.69 m。由图 5-57 可知，海晏沙丘高度呈现增加趋势，但未通过 0.1 显著性水平检验。沙丘高度增加倾向率为 1.36 m/10 a。沙丘水平移动距离呈显著增加的趋势，通过 0.05 显著性水平检验，沙丘水平移动距离增加倾向率为 5.5 m/10 a。

2004—2017 年，兴海沙丘高度介于 2.1～3.6 m，平均值为 2.8 m，中位数为 2.8 m，标准差为 0.42 m；沙丘水平移动距离介于 7.9～38.9 m，平均值为 20.1 m，中位数为 20.255 m，标准差为 7.99 m。由图 5-58 可知，兴海沙丘高度呈极显著增加趋势，通过 0.01 显著性水平检验。沙丘高度增加倾向率为 0.97 m/10 a。沙丘水平移动距离呈增加的趋势，但未通过 0.1 显著性水平检验，沙丘水平移动距离增加倾向率为 7.7 m/10 a。

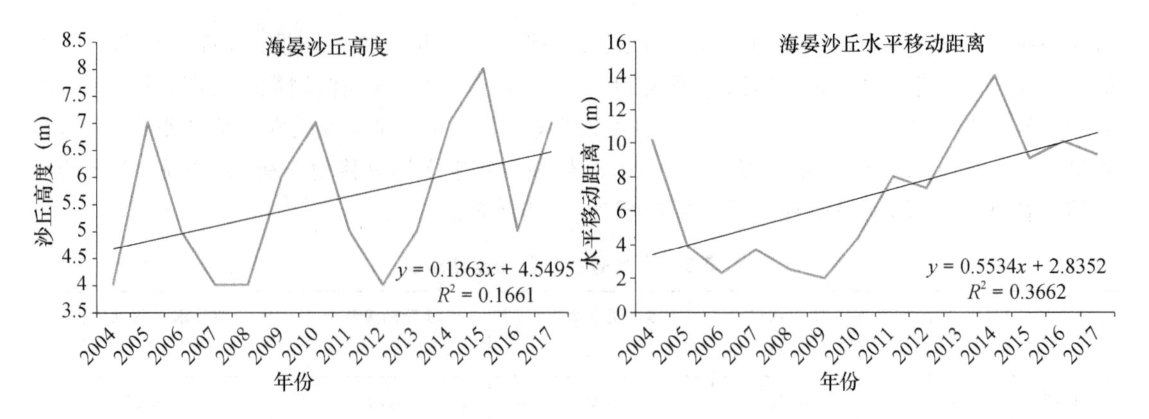

图 5-57　2004—2017 年海晏监测点沙丘变化图(左为沙丘高度,右为沙丘水平移动)

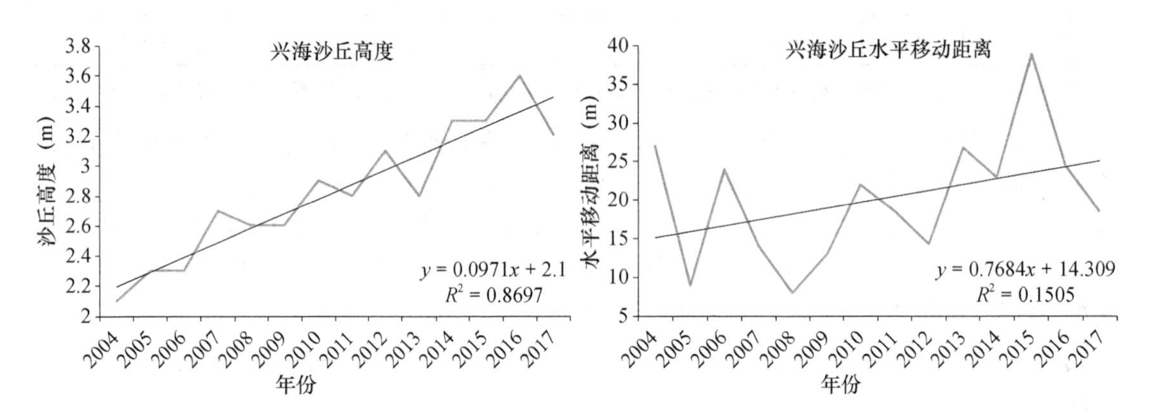

图 5-58　2004—2017 年兴海监测点沙丘变化图(左为沙丘高度,右为沙丘水平移动)

5.3.2　土壤风蚀风积动态变化

2012 年青海全省 9 个观测站点风积累计厚度为 2.5～10.2 cm,风蚀累计厚度为 2.9～15.1 cm。冷湖和沱沱河 2 个站点属于中度风蚀、风积,茫崖、小灶火、大柴旦、格尔木、乌兰和共和 6 个站点属于严重风蚀、风积,五道梁 1 个站点属于极重风蚀、风积。

与 2011 年相比,茫崖、冷湖、小灶火、大柴旦、格尔木、共和和五道梁 7 个站点的风积增加,风积累计厚度增加量 0.4～3.2 cm;乌兰和沱沱河 2 个站点的风积减少,风积累计厚度分别减少 1.5 cm 和 3.8 cm。与 2011 年相比,冷湖、大柴旦、格尔木、共和和五道梁 5 个站点的风蚀增加,风蚀累计厚度增加量 0.4～8.7 cm;茫崖、小灶火、乌兰和沱沱河 4 个站点的风蚀减少,风蚀累计厚度减少 0.6～1.3 cm。

与 2003—2011 年平均值相比,共和、五道梁和大柴旦 3 站风积累计厚度增加,增加量 0.4～1.9 cm;茫崖、冷湖、小灶火、格尔木、乌兰和沱沱河 6 站减少,减少量 0.5～3.5 cm。与 2003—2011 年平均值相比,乌兰、共和、五道梁和大柴旦 4 站风蚀累计厚度增加,增加量 0.1～4.3 cm;茫崖、冷湖、小灶火、格尔木和沱沱河 5 站减少,减少量 0.8～3.3 cm(图 5-59)。

2013 年青海全省 9 个观测站点风积累计厚度为 3.5～9 cm,风蚀累计厚度为 4.1～14.2 cm。格尔木、冷湖、共和、茫崖、大柴旦、托托河、小灶火和乌兰 8 个站点属于严重风蚀、风积,五道梁 1 个站点属于极重风蚀、风积。

与 2012 年相比,沱沱河、小灶火、冷湖、大柴旦和共和 5 站的风积增加,风积累计厚度增加

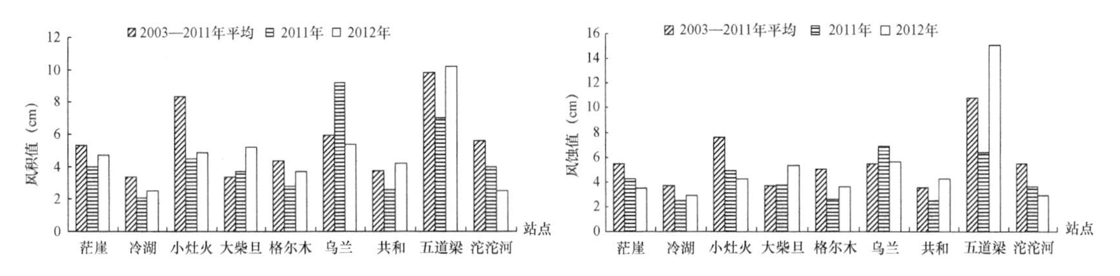

图 5-59　青海省 2012 年度土壤风蚀风积累计值与 2011 年及 2003—2011 年平均值对比

量介于 0.9～2.0 cm；乌兰的风积与 2012 年持平；格尔木、茫崖和五道梁 3 站的风积减少，风积累计厚度减少量介于 0.2～1.2 cm。与 2012 年相比，沱沱河、小灶火、茫崖、冷湖、乌兰、格尔木和共和 7 站的风蚀增加，风蚀累计厚度增加量介于 0.3～2.2 cm；大柴旦和五道梁 2 站的风蚀减少，风蚀累计厚度减少量分别为 0.2 cm 和 0.9 cm。

与 2003—2012 年平均值相比，大柴旦、共和及冷湖 3 站的风积增加，风积累计厚度增加量介于 0.5～2.6 cm；乌兰、格尔木、沱沱河、五道梁、茫崖和小灶火 6 站的风积减少，风积累计厚度减少量介于 0.5～1.5 cm。与 2003—2012 年平均值相比，五道梁、大柴旦、共和、乌兰和冷湖 5 站的风蚀增加，风蚀累计厚度增加量介于 0.6～3.0 cm；沱沱河、茫崖、格尔木和小灶火 4 站的风蚀减少，风蚀累计厚度减少量介于 0.1～1.2 cm（图 5-60）。

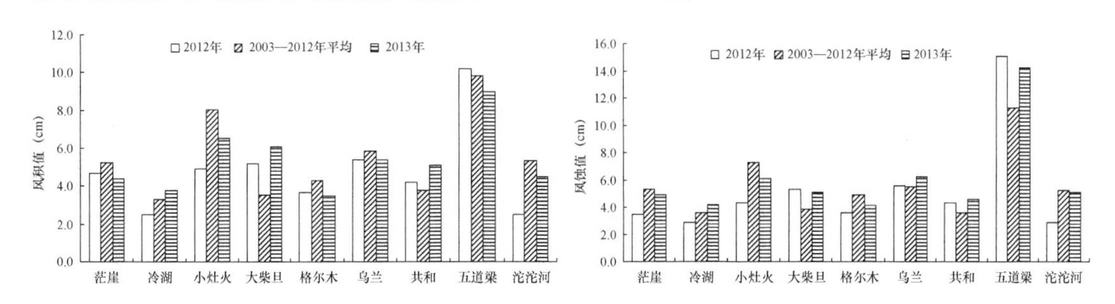

图 5-60　青海省 2013 年度土壤风蚀风积累计值与 2012 年及 2003—2012 年平均值对比

2014 年青海全省 9 个观测站风积累计厚度为 4.1～6.6 cm，风蚀累计厚度为 4.2～7.4 cm。青海全省 9 个站点均属于严重风蚀、风积。

与 2013 年相比，茫崖、冷湖、格尔木、共和、沱沱河 5 个站点的风积增加，风积累计厚度增加量 0.1～1.5 cm；小灶火、乌兰、五道梁 3 个站点的风积减少，风积累计厚度减少量 0.1～2.4 cm；大柴旦与 2013 年持平。与 2013 年相比，茫崖、大柴旦、格尔木、共和 4 个站点的风蚀增加，风蚀累计厚度增加量 0.4～2.3 cm；小灶火、乌兰、五道梁、沱沱河 4 个站点的风蚀减少，风蚀累计厚度减少量 0.1～7.4 cm；冷湖与 2013 年持平。

与 2003—2013 年平均值相比，茫崖、冷湖、大柴旦、格尔木、共和 5 个站点的风积累计厚度增加，增加量 0.3～2.3 cm；小灶火、乌兰、五道梁、沱沱河 4 个站点的风积累计厚度减少，减少量 0.6～3.2 cm。与 2003—2013 年平均值相比，茫崖、冷湖、大柴旦、共和 4 个站点的风蚀累计厚度增加，增加量 0.3～3.4 cm；小灶火、格尔木、五道梁、沱沱河 4 个站点的风蚀累计厚度减少，减少量 0.4～4.7 cm；乌兰与历年持平（图 5-61）。

2015 年青海全省 9 个观测站风积累计厚度为 4.7～10.4 cm，风蚀累计厚度为 4.6～10.3 cm，五道梁为极重风积、风蚀，其余属于严重风积、风蚀。与 2014 年相比，茫崖、冷湖、大柴旦、格尔木、乌兰、五道梁、沱沱河 7 个站点风积增加，增加量 0.1～1.8 cm；小灶火、共和两

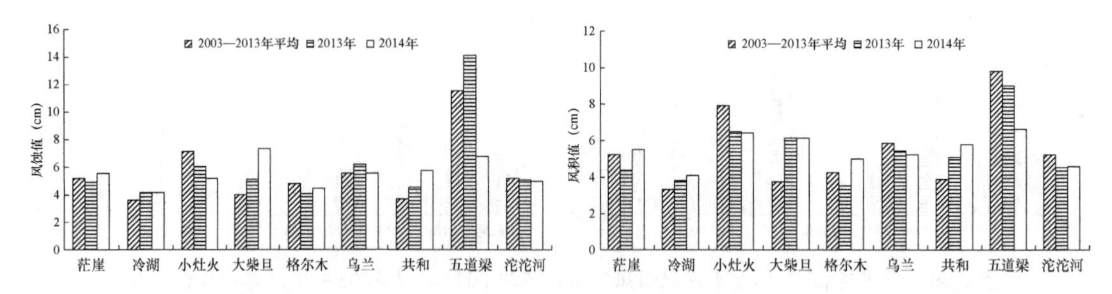

图 5-61 青海省 2014 年度土壤风蚀风积累计值与 2013 年、2003—2013 年平均值对比

个站点风积减少，减少量分别为 0.7 cm 和 1.0 cm。与 2014 年相比，冷湖、小灶火、格尔木、乌兰、五道梁 5 个站点风蚀增加，风蚀累计厚度增加量 0.5～3.5 cm；茫崖、大柴旦、共和及沱沱河 4 个站点风蚀减少，风蚀累计厚度减少量 0.2～1.2 cm。

与 2003—2014 年平均值相比，茫崖、冷湖、大柴旦、格尔木、乌兰、共和、五道梁 7 个站点风积累计厚度增加，增加量 0.2～2.6 cm；小灶火、沱沱河 2 个站点风积累计厚度减少，减少量分别为 1.5 cm 和 0.2 cm。与 2003—2014 年平均值相比，冷湖、小灶火、大柴旦、格尔木、乌兰、五道梁 6 个站点风蚀累计厚度增加，增加量 0.3～1.1 cm；茫崖、共和、沱沱河 3 个站点风蚀累计厚度减少，减少量 0.2～0.4 cm(图 5-62)。

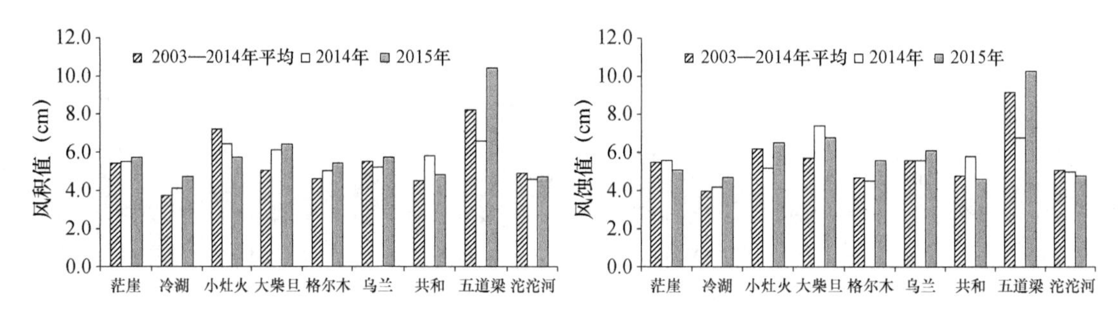

图 5-62 青海省 2015 年度土壤风蚀风积累计值与 2014 年、2003—2014 年平均值对比

2016 年青海全省 9 个观测站风积累计厚度为 3.8～6.6 cm，冷湖最小，五道梁最大；风蚀累计厚度为 4.5～6.9 cm，冷湖最小，大柴旦最大。各站点属于严重风积、风蚀。

与 2015 年相比，风积累计厚度共和和沱沱河分别增加 0.1 cm、0.5 cm，其余站点减少 0.2～3.8 cm，茫崖减少最少，五道梁减少最多；风蚀累计厚度大柴旦、共和和茫崖增加 0.1～1 cm，沱沱河持平，其余站点减少 0.2～3.7 cm，冷湖减少最少，五道梁减少最多。

与 2003—2015 年相比，风积累计厚度乌兰、五道梁和小灶火减少 0.6～2.3 cm，冷湖和格尔木持平，其余站点增加 0.1～0.6，茫崖增加最少，大柴旦增加最多；风蚀累计厚度沱沱河、乌兰、小灶火和五道梁减少 0.3～2.7 cm，其余站点增加 0.1～1.1 cm，共和增加最少，大柴达增加最多(图 5-63)。

2017 年青海全省 9 个观测站风积累计厚度为 3.5～6.2 cm，风蚀累计厚度为 3.2～5.9 cm，9 个观测站点均属于严重风积、风蚀。

与 2016 年相比，小灶火、共和风积累计厚度分别增加 0.5 cm、0.6 cm，其余站点减少 0.2～5.1 cm；茫崖、共和风蚀累计厚度分别增加 0.1 cm、0.3 cm，其余 7 个站点减少 0.5～5.3 cm。

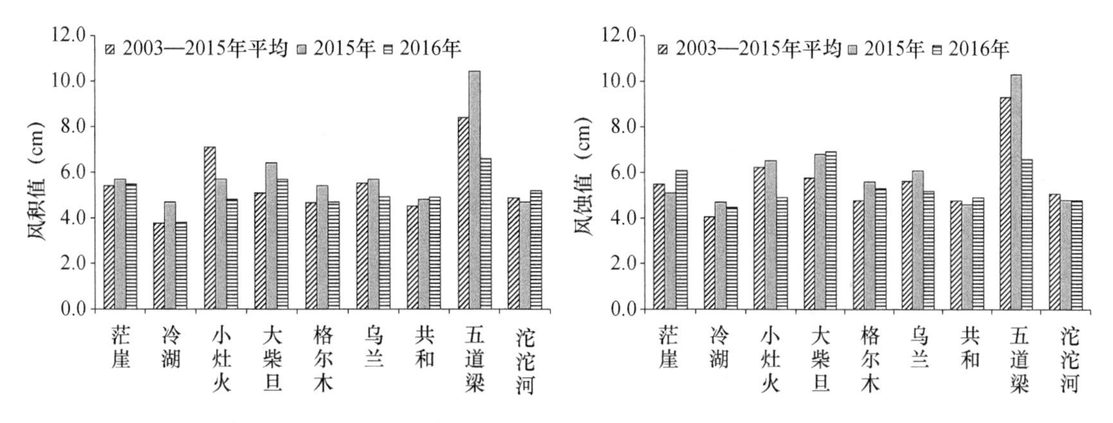

图 5-63　青海省 2016 年度土壤风蚀风积累计值与 2015 年、2003—2015 年平均值对比

与 2003—2016 年平均相比，茫崖、冷湖、大柴旦和共和 4 个站点风积累计厚度增加 0.1～0.8 cm，其余站点减少 0.7～2.9 cm；冷湖和共和 2 个站点风蚀累计厚度均增加 0.1 cm，大柴旦站持平，其余站点减少 0.3～4.1 cm（图 5-64）。

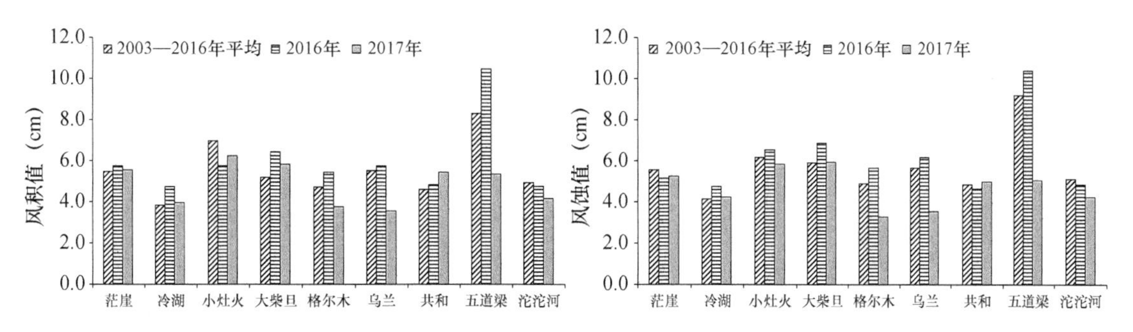

图 5-64　青海省 2017 年度土壤风蚀风积累计值与 2016 年、2003—2016 年平均值对比

5.3.3　大气降尘量动态变化

青海省开展大气降尘监测的站点为 7 个，分别为玛多、同仁、平安、瓦里关、共和、格尔木和德令哈。从近 15 年的平均值来看，瓦里关站的大气降尘量最小，仅有 61.4 g/(m^2 · a)，同仁和共和的大气降尘量介于 150～200 g/(m^2 · a)，德令哈、格尔木和平安的大气降尘量介于 150～200 g/(m^2 · a)，玛多的大气降尘量超过 300 g/(m^2 · a)。从多年的变化趋势来看，随着青海省各类生态保护工程与措施的实施，除同仁呈现极显著增加的趋势，平安基本保持不变外，其余各站均呈现减少的趋势，特别是玛多、德令哈和共和减少趋势极显著（图 5-65）。各站具体分析结果如下。

玛多站年降尘量为 332.5 g/m^2，近 13 年呈现出极显著的下降趋势，年降尘量的变化倾向率为每 10 年下降 34.4 g/m^2。一年中春季和夏季的降尘量较高，超过 90 g/(m^2 · 季)，冬季次之，最低为秋季，为 70 g/(m^2 · 季)左右。各季也均表现出显著下降的趋势，其中春季和夏季的下降倾向率较高，每年减少量超过 10 g/m^2，而秋季和冬季的下降倾向率较低，每年减少量不超过 5 g/m^2。降尘量最高的春季中，又以 4 月份的降尘量最高，超过 35 g/m^2，夏季以 6 月份降尘量最高，秋季和冬季降尘量最高的月份分别出现在 9 月和 2 月。全年降尘量最低的月份，基本出现在 10 月、11 月和 12 月，月降尘量基本维持在 21 g/m^2 左右（图 5-66）。

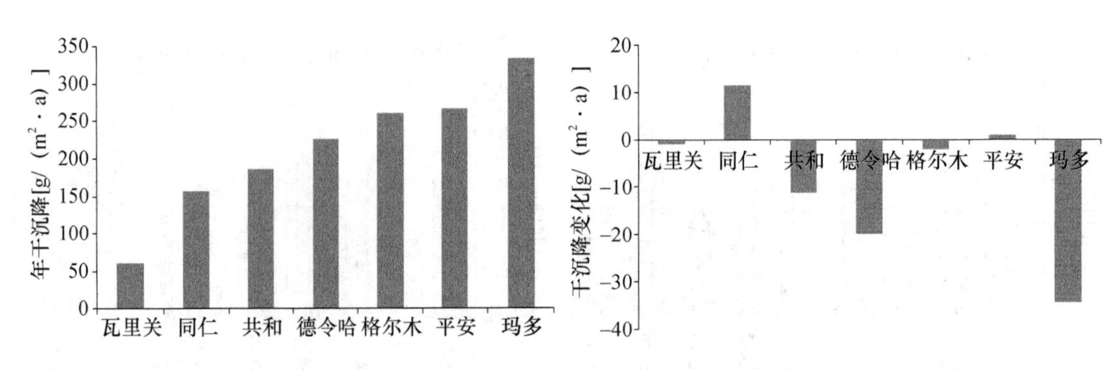

图 5-65 青海省各站年降尘量及其变化趋势图

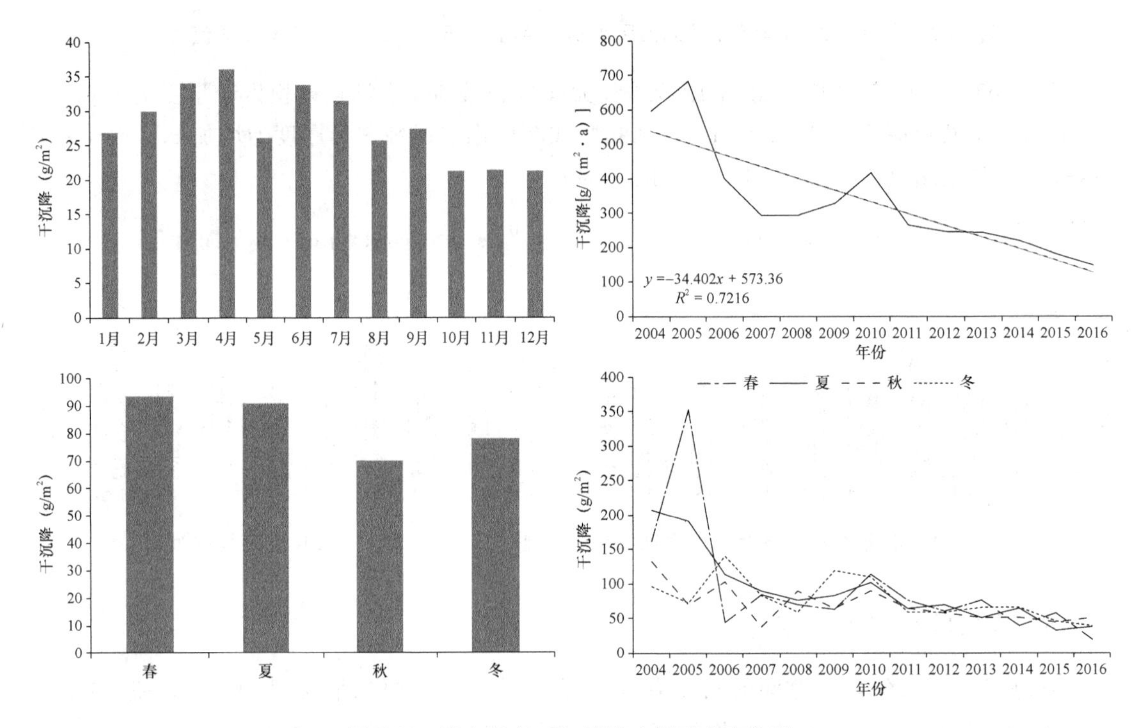

图 5-66 玛多县年、季、月降尘量动态变化图

同仁站年降尘量为 157.1 g/m²,近 13 年呈现出极显著的增加趋势,年降尘量的变化倾向率为每 10 年增加 11.5 g/m²。一年中春季和夏季的降尘量较高,超过 40 g/(m²·季),冬季次之,最低为秋季,为 30 g/(m²·季)左右。除春季外,其他三季均表现出显著增加的趋势,其中冬季和夏季降尘量的增加倾向率较高,每年增加量超过 3.5 g/m²,而秋季和春季的增加倾向率较低,每年增加量基本为 2 g/m²。降尘量最高的春季中,又以 3 月份的降尘量最高,超过 20 g/m²,夏季以 7 月份降尘量最高,秋季和冬季降尘量最高的月份分别出现在 9 月和 2 月。全年降尘量最低的月份基本出现在 10 月,月降尘量基本维持在 8 g/m² 左右(图 5-67)。

平安站年降尘量为 266.2 g/m²,近 13 年呈现出微弱的增加趋势,未通过 0.1 显著性水平检验,年降尘量的变化倾向率为每 10 年增加 9 g/m²。一年中夏季的降尘量最高,超过 90 g/(m²·季),春季次之,但也接近 80 g/(m²·季),秋季再次之,最低为冬季,为 40 g/(m²·季)左右。各季降尘量的变化表现不一样,其中春季和冬季呈微弱的下降趋势,每年减少量分别为

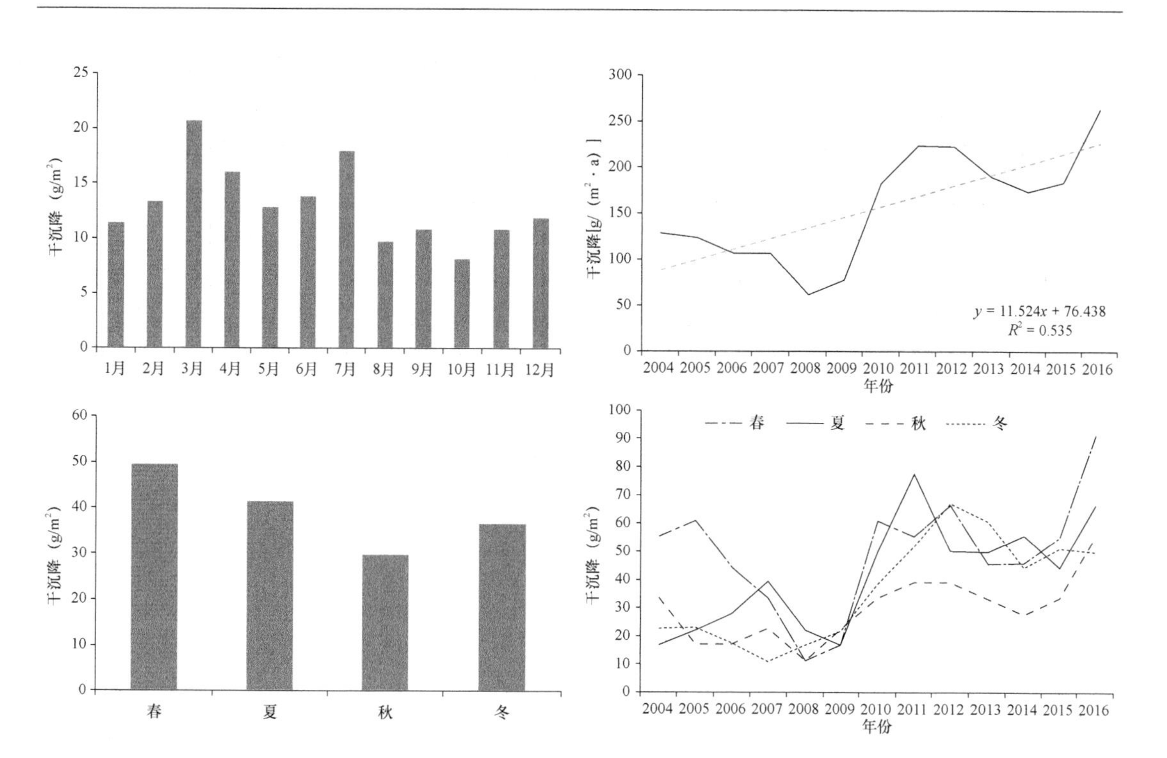

图 5-67 同仁县年、季、月降尘量动态变化图

0.04 g/m² 和 0.4 g/m²，而夏季和秋季呈微弱的增加趋势，每年增加量分别为 0.14 g/m² 和 1.2 g/m²。降尘量最高的夏季中，又以 8 月份的降尘量最高，超过 35 g/m²，春季以 5 月份降尘量最高，秋季和冬季降尘量最高的月份分别出现在 9 月和 1 月。全年降尘量最低的月份，基本出现在 2 月，月降尘量基本维持在 12 g/m² 左右(图 5-68)。

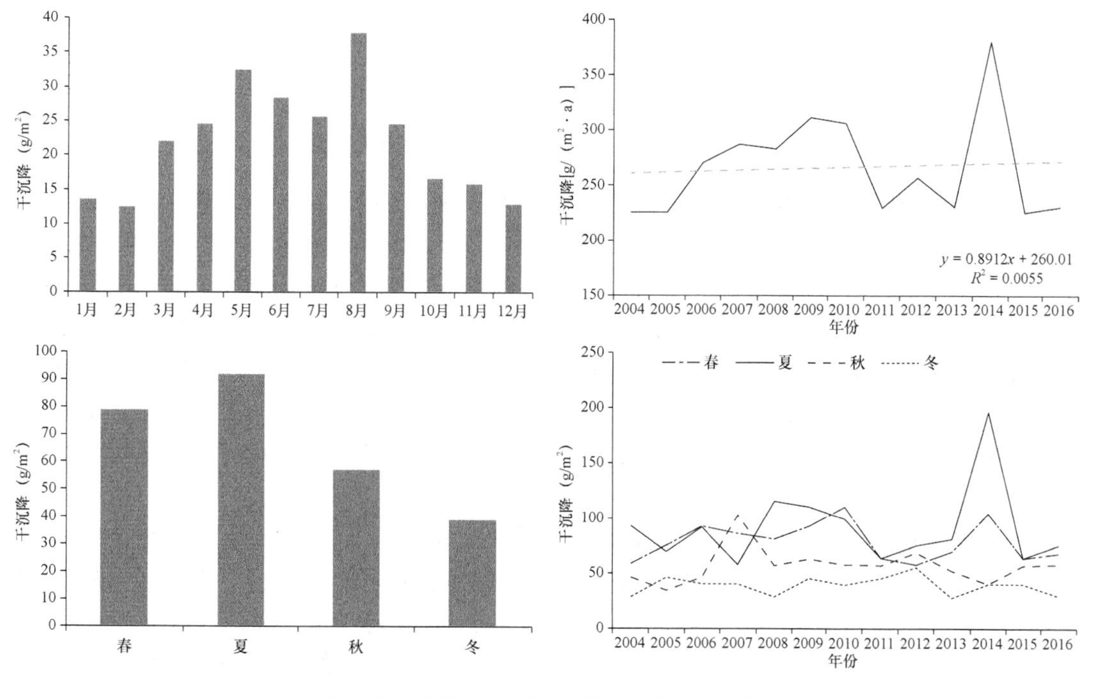

图 5-68 平安县年、季、月降尘量动态变化图

瓦里关站年降尘量为 61.4 g/m²，近 13 年呈现出微弱的下降趋势，年降尘量的变化倾向率为每 10 年下降 9 g/m²。一年中春季的降尘量较高，超过 20 g/(m²·季)，夏季次之，秋季再次之，最低为冬季，为 10 g/(m²·季)左右。春季和夏季表现出下降的趋势，但是春季未通过 0.1 显著性水平检验，每年减少量为 0.7 g/m²，而夏季则通过 0.05 显著性水平检验，每年减少量为 1.3 g/m²。而秋季和冬季则呈现微弱的增加趋势，但均未通过 0.1 显著性水平检验，每年增加量分别为 0.7 g/m² 和 0.4 g/m²。降尘量最高的春季中，又以 4 月份的降尘量最高，接近 10 g/m²，夏季以 6 月份降尘量最高，秋季和冬季降尘量最高的月份分别出现在 10 月和 1 月。全年降尘量最低的月份，基本出现在 9 月和 12 月，月降尘量基本维持在 2.3 g/m² 左右(图 5-69)。

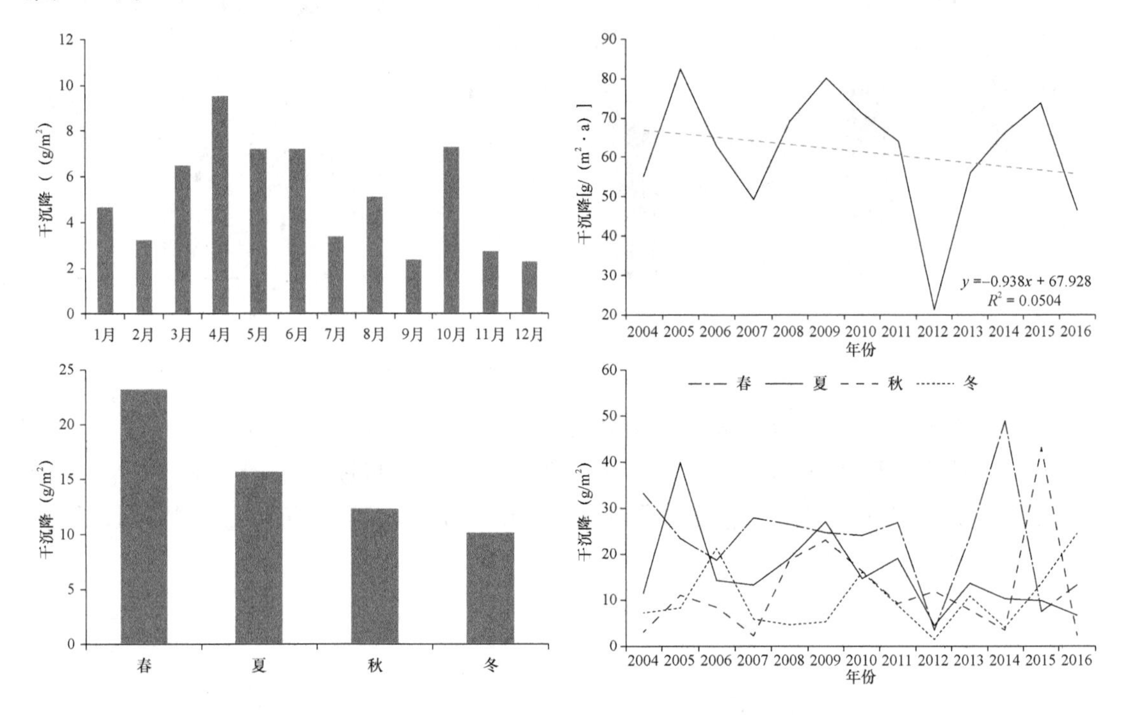

图 5-69 瓦里关站年、季、月降尘量动态变化图

共和站年降尘量为 186.7 g/m²，近 13 年呈现出极显著的下降趋势，年降尘量的变化倾向率为每 10 年下降 112 g/m²。一年中春季的降尘量较高，超过 65 g/(m²·季)，冬季次之，夏季再次之，最低为秋季，为 34 g/(m²·季)左右。各季也均表现出下降的趋势，其中春季和夏季的下降趋势通过 0.05 显著性水平检验，每年减少量超过 3.5 g/m²，而秋季和冬季的下降趋势未通过 0.1 显著性水平检验，每年减少量分别为 0.07 g/m² 和 2.3 g/m²。降尘量最高的春季中，又以 3 月份的降尘量最高，超过 25 g/m²，夏季以 6 月份降尘量最高，秋季和冬季降尘量最高的月份分别出现在 9 月和 1 月。全年降尘量最低的月份出现在 10 月，月降尘量基本维持在 8 g/m² 左右(图 5-70)。

格尔木站年降尘量为 206.8 g/m²，近 13 年呈现出微弱的下降趋势，年降尘量的变化倾向率为每 10 年下降 21.3 g/m²。一年中春季的降尘量较高，超过 80 g/(m²·季)，夏季和冬季次之，最低为秋季，为 50 g/(m²·季)左右。春季和冬季表现出微弱下降的趋势，每年减少量分别为 2.3 g/m² 和 1.1 g/m²，而夏季和秋季则表现出微弱增加的趋势，每年增加量分别为 0.2 g/m² 和 1.0 g/m²。降尘量最高的春季中，又以 4 月份的降尘量最高，超过 30 g/m²，夏季

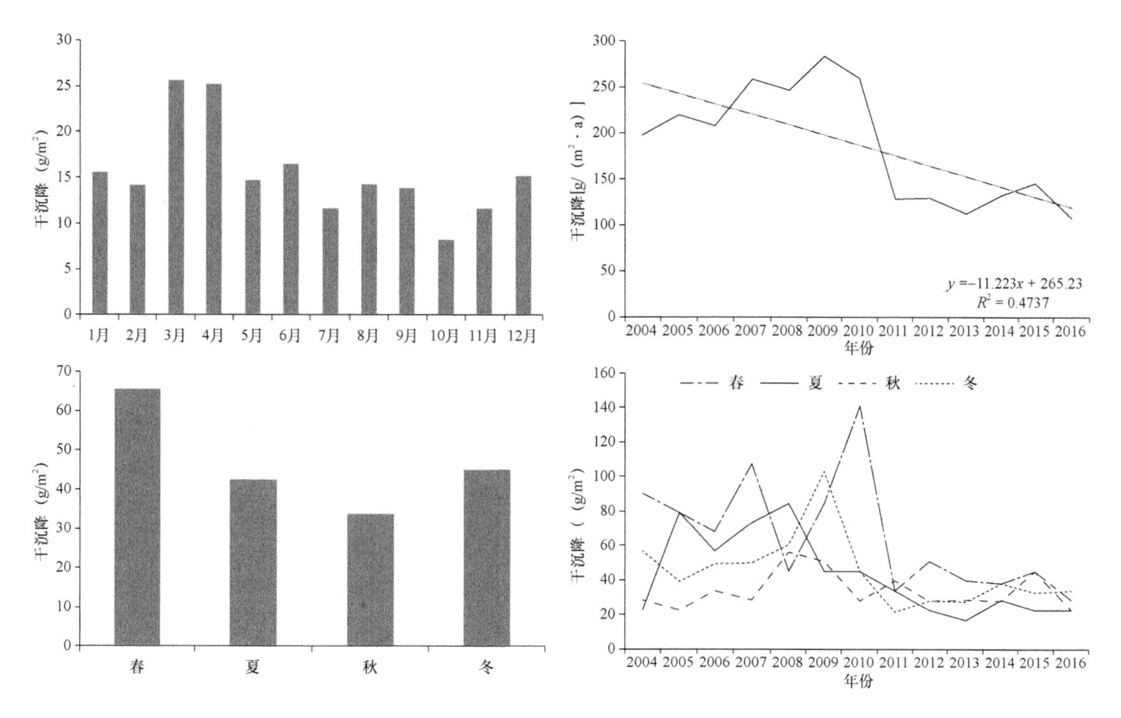

图 5-70　共和县年、季、月降尘量动态变化图

以 6 月份降尘量最高，秋季和冬季降尘量最高的月份分别出现在 10 月和 2 月。全年降尘量最低的月份，基本出现在 9 月，月降尘量基本维持在 16 g/m² 左右（图 5-71）。

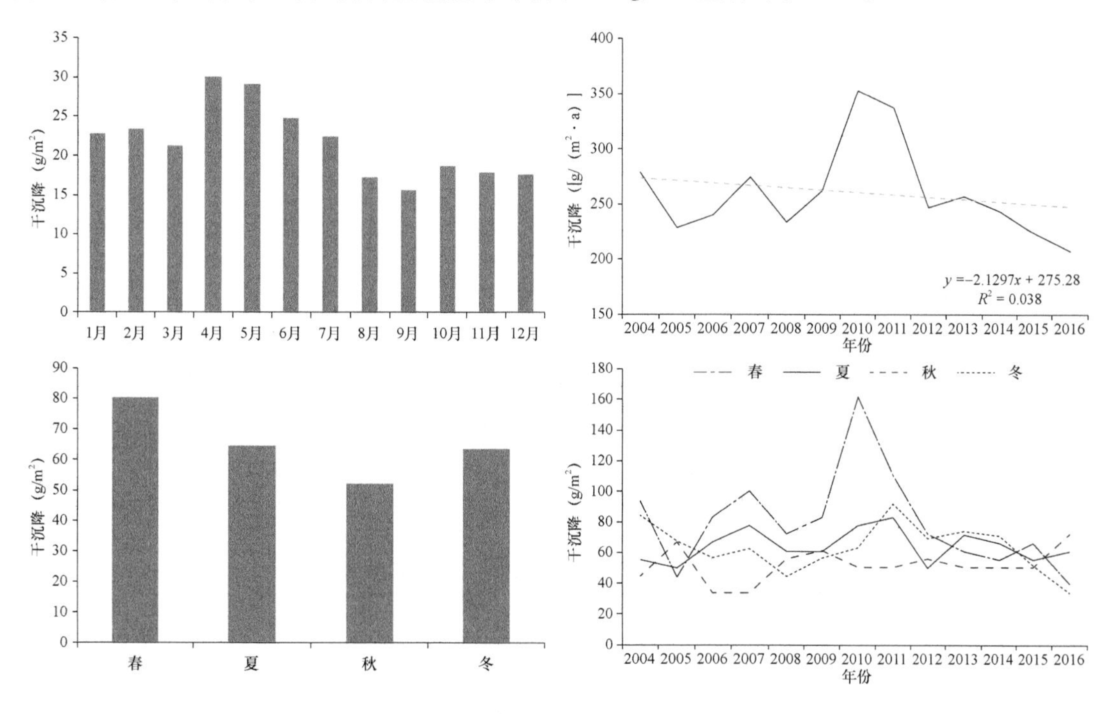

图 5-71　格尔木市年、季、月降尘量动态变化图

德令哈站年降尘量为 225.8 g/m²，近 13 年呈现出极显著的下降趋势，年降尘量的变化倾向率为每 10 年下降 199 g/m²。一年中春季的降尘量最高，超过 75 g/(m²·季)，夏季次之，秋

季再次之,最低为冬季,为 40 g/(m²・季)左右。各季也均表现出显著下降的趋势,其中春季和冬季的下降趋势只通过 0.1 显著性水平检验,每年减少量分别为 9.9 g/m² 和 1.6 g/m²,而夏季和秋季的下降趋势只通过 0.05 显著性水平检验,每年减少量分别为 6.4 g/m² 和 2.1 g/m²。降尘量最高的春季中,又以 3 月份的降尘量最高,接近 30 g/m²,夏季以 6 月份降尘量最高,秋季和冬季降尘量最高的月份分别出现在 9 月、10 月和 2 月。全年降尘量最低的月份出现在 1 月,月降尘量基本维持在 12 g/m² 左右(图 5-72)。

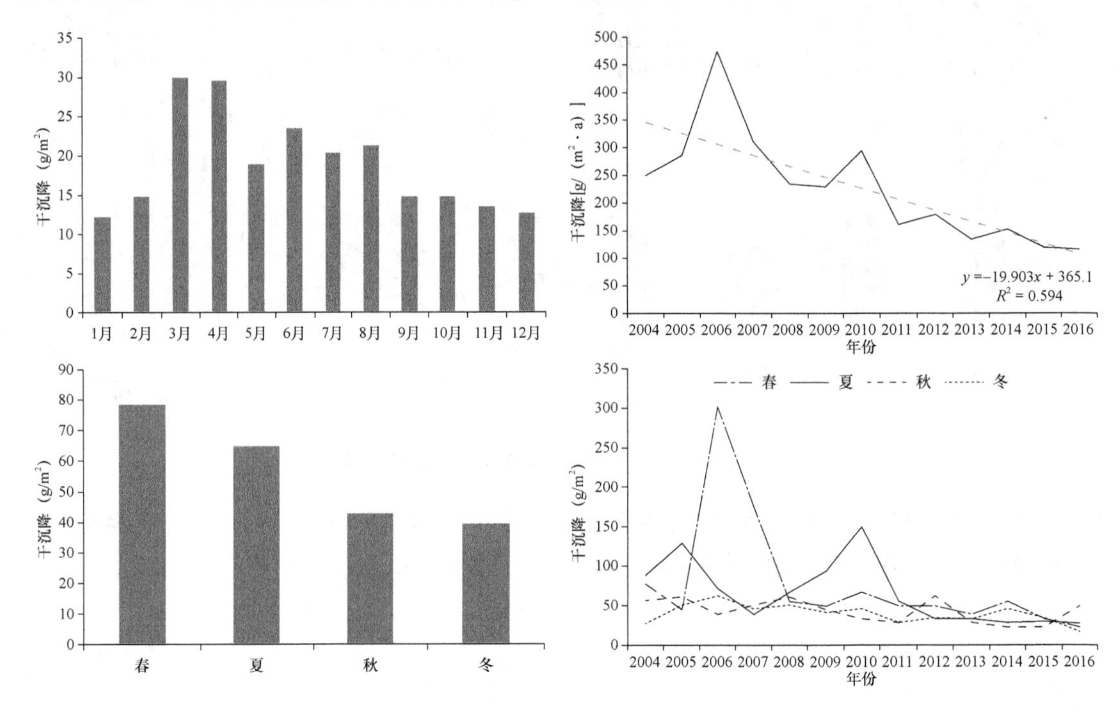

图 5-72 德令哈市年、季、月降尘量动态变化图

5.3.4 柴达木荒漠化动态变化

根据遥感监测,柴达木盆地荒漠化面积 21.0 万 km²,占整个盆地的 88.72%。按照柴达木盆地植被 NDVI 及地理景观特征表现(表 5-4),在荒漠化的区域中,以重度荒漠化面积最大,为 9.54 万 km²,占盆地面积的 40.31%;其次是中度荒漠化面积,为 6.83 万 km²,占比 28.88%;轻度荒漠化面积 4.62 万 km²,占比 19.54%。重度荒漠化位于柴达木盆地中部、西北部,中度荒漠化位于盆地边缘的过渡区域,轻度荒漠化分布在中度荒漠化外围区域,如此,便形成了自西北向东南,自内向外荒漠化不断缓解的分布特征(图 5-73)。

表 5-4 柴达木盆地植被 NDVI 及地理景观特征表现

分级	荒漠化程度	植被 NDVI	地理景观特征表现
Ⅰ	轻度	0.13～0.30	沙丘迎风坡出现风蚀坑,背风坡有流沙堆积,流沙呈斑点状分布,草地生态功能退化
Ⅱ	中度	0.08～0.12	沙丘明显的风蚀坡和落沙坡的分异;灌丛有叶期仍不能覆盖整个沙滩,灌丛沙堆迎风坡出现流沙
Ⅲ	重度	0～0.08	荒漠化地区整个呈现流动、半流动状态;砾质化地区呈现为戈壁

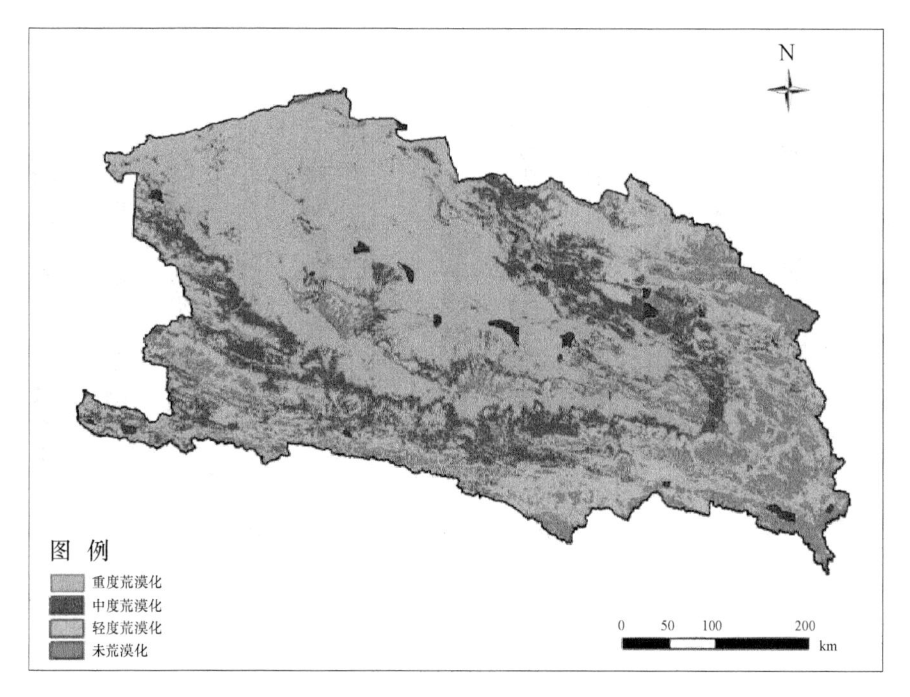

图 5-73　柴达木盆地荒漠化程度变化特征

2004—2015 年柴达木盆地荒漠化面积呈波动性下降趋势。其中柴达木盆地东北部的沙漠化过渡带外缘有改善趋势，但仅有零星的小部分地区变化趋势显著，南缘大部地区荒漠化趋势有所改善（图 5-74）。退化趋势明显的地区主要分布在沙漠化过渡带的内缘，该地区生态环境脆弱敏感，年际变化趋势显著。其中，2010 年荒漠化面积最小，为 19.86 万 km^2，之前荒漠化面积呈下降趋势，减速为 0.15 万 km^2/a，自 2011 年起，荒漠化面积增加，增速为 0.13 万 km^2/a（图 5-75）。

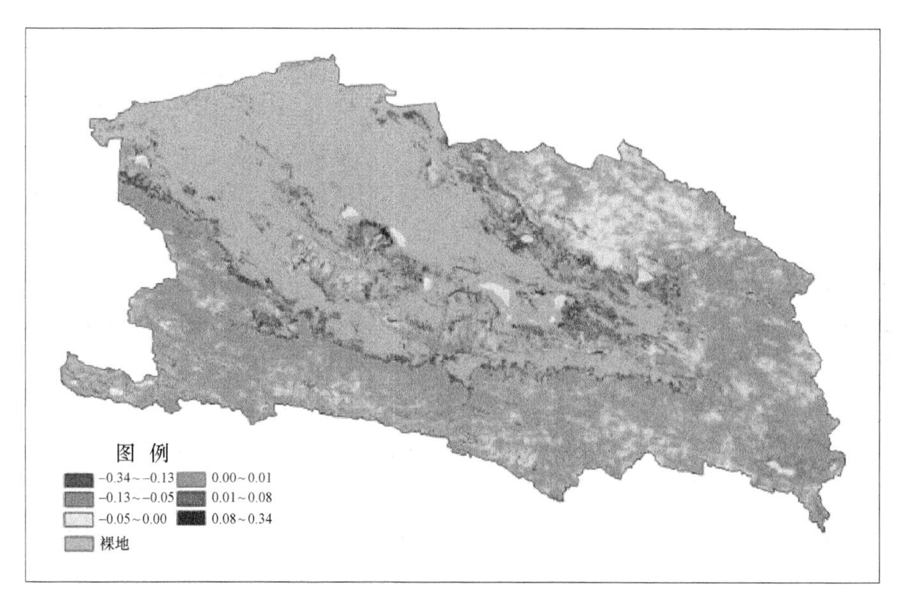

图 5-74　柴达木地区 NDVI 变化趋势

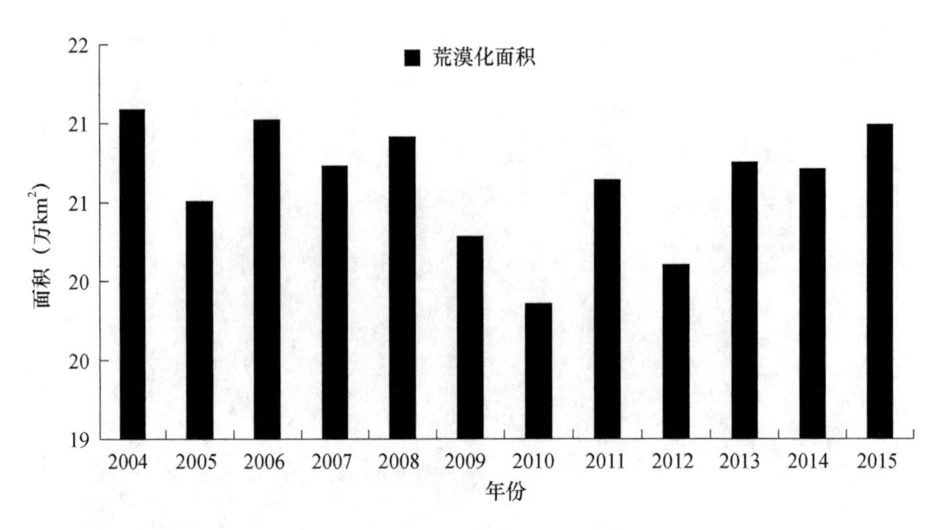

图 5-75　柴达木盆地荒漠化面积变化特征

5.4　土壤水分动态变化

5.4.1　解冻期动态变化

为了进一步了解不同下垫面类型的土壤封解冻情况，将土壤水分监测点分为东部农业区、环青海湖区和三江源区三个区域来分析。

5.4.1.1　东部农业区

2012 年 0～10 cm 土壤解冻期最早为循化、湟中(2 月下旬)，乐都、民和、化隆、尖扎次之(3 月上旬)，互助、贵德、平安、同仁在 3 月中旬，湟源、大通最晚(3 月下旬)。2013 年 0～10 cm 土壤解冻期最早为尖扎、平安、循化(2 月下旬)，互助、化隆、乐都、民和次之(3 月上旬)，大通、贵德、湟源、湟中、同仁最晚(3 月中旬)。2014 年 0～10 cm 土壤解冻期最早为尖扎(2 月中旬)，平安、循化次之(2 月下旬)，乐都、互助、化隆、同仁为 3 月上旬，民和、大通、湟源为 3 月中旬，湟中、贵德、贵南最晚(3 月下旬)。2015 年 0～10 cm 土壤解冻期，尖扎、贵德和民和解冻最早(2 月中旬)，其余解冻站点依次为，乐都、循化为 2 月下旬，湟源、同仁、互助、平安、大通为 3 月上旬，化隆为 3 月中旬，湟中解冻最晚为 4 月上旬。2016 年 0～10 cm 土壤解冻期，尖扎、乐都、民和、贵德、同仁和循化均于 3 月上旬解冻，其余站解冻时间依次为 3 月中旬的化隆、3 月下旬的互助以及 4 月上旬的大通、湟源、湟中和平安。2017 年 0～10 cm 土壤解冻期，尖扎、民和、平安均于 2 月下旬解冻，乐都、循化于 3 月上旬解冻，大通、化隆、湟源和同仁于 3 月中旬解冻，互助和贵德于 3 月下旬解冻，其余地区解冻时间为 4 月上旬。

从近 5 年的土壤解冻时间可以看出，东部农业区土壤表层解冻时间介于 2 月中旬至 4 月上旬，特别是近三年来最迟解冻时间均出现在 4 月上旬。但是最早解冻时间大多出现在 2 月下旬，一般尖扎、循化、平安、贵德和民和等地，解冻时间最早。而大通、湟源和湟中解冻时间偏晚。

5.4.1.2 环青海湖区

2012 年 0～10 cm 土壤解冻期最早的共和为 3 月中旬，门源、贵南次之为 3 月下旬，祁连、刚察在 4 月中旬，海晏在 4 月下旬，野牛沟、天峻最晚为 5 月上旬。2013 年 0～10 cm 土壤解冻期最早为共和(3 月中旬)，门源、刚察、贵南、祁连次之(3 月下旬)，海晏、野牛沟在 4 月中旬，天峻最晚为 4 月下旬。2014 年 0～10 cm 土壤解冻期最早为共和(3 月中旬)，门源、海晏、祁连次之(3 月下旬)，刚察、天峻、托勒在 4 月中旬，野牛沟最晚为 5 月中旬。2015 年 0～10 cm 土壤解冻期门源、共和、贵南解冻最早(3 月上旬)，其次是海晏(3 月中旬)，刚察、祁连、托勒于 3 月下旬解冻，野牛沟和天峻解冻最晚(4 月上旬)。2016 年 0～10 cm 土壤解冻期共和、祁连、天峻和门源 4 月上旬解冻，其次海晏为 4 月下旬解冻，托勒解冻最晚为 5 月上旬。2017 年 0～10 cm 土壤解冻期在 4 月中下旬。

从近 5 年的土壤解冻时间可以看出，环青海湖区土壤表层解冻时间介于 3 月上旬至 5 月中旬，最迟解冻时间均出现在 4 月下旬至 5 月上旬。但是最早解冻时间大多出现在 3 月中旬，一般门源和共和等地，解冻时间最早。而天峻、野牛沟和托勒解冻时间偏晚。

5.4.1.3 三江源区

2012 年 0～10 cm 土壤解冻期最早为兴海在 3 月下旬，玉树、曲麻莱、甘德次之(4 月上旬)，泽库在 4 月中旬，沱沱河、河南在 4 月下旬。2013 年 0～10 cm 土壤解冻期最早为玉树(3 月中旬)，兴海次之(3 月下旬)，甘德、泽库在 4 月上旬，沱沱河、曲麻莱、河南最晚(4 月中旬)。2014 年 0～10 cm 土壤解冻期最早为玉树(3 月中旬)，兴海次之(3 月下旬)，甘德、曲麻莱在 4 月上旬，沱沱河、河南在 4 月中旬，泽库最晚(5 月上旬)。2015 年 0～10 cm 土壤解冻期玉树解冻最早(3 月上旬)，兴海于 3 月中旬解冻，曲麻莱、甘德、河南 4 月上旬解冻，沱沱河、泽库解冻最晚(4 月中旬)。2016 年 0～10 cm 土壤解冻期，玉树、泽库、甘德和兴海 4 月上旬解冻，曲麻莱和河南 4 月中旬解冻。2017 年 0～10 cm 土壤解冻期，玉树、甘德、河南、沱沱河和兴海于 4 月中旬解冻，曲麻莱和泽库于 4 月下旬解冻。

从近 5 年的土壤解冻时间可以看出，三江源区土壤表层解冻时间介于 3 月上旬至 5 月上旬，最迟解冻时间均出现在 4 月中旬至 4 月下旬。但是最早解冻时间大多出现在 3 月上中旬，一般兴海和玉树等地解冻时间最早。而沱沱河、河南、泽库和曲麻莱解冻时间偏晚。

5.4.2 封冻前土壤水分动态变化

青海省布设土壤水分野外观测站点 28 个，分别为青南地区的玉树、兴海、曲麻莱、甘德、河南、沱沱河和泽库；东部地区的尖扎、平安、循化、乐都、互助、化隆、同仁、大通、湟源、民和、贵德、湟中和贵南；环青海湖地区的共和、门源、海晏、祁连、刚察、天峻、托勒和野牛沟。土壤封冻期间停止观测，土壤重量含水量采用人工烘干法测量。由于青海省春季降水普遍较少，封冻前土壤水分对次年牧草还有农作物的返青、出苗意义重大，所以本节通过收集整理土壤封冻前最后一次的数据，对青海省以及部分重点生态分区的土壤重量含水量进行了分析研究。

图 5-76 中颜色从绿至蓝代表土壤墒情增加，从 0～30 cm 平均土壤墒情来看，东部农业区和青南地区西部土壤墒情一般，土壤重量含水率介于 11%～18%。而祁连山区和青南地区东部则土壤墒情较好，处在 21%以上。从 10 cm、20 cm 和 30 cm 各层的土壤重量含水率来看，基本与三层平均土壤墒情分布基本一致，只是随着土壤深度的增加，青南地区东部的土壤墒情还是呈现出减少的趋势，而祁连山区则是高于 25%的区域随着土壤深度的增加而减少。从变

化趋势来看，海晏、互助、尖扎、平安、祁连、曲麻莱、同仁和泽库等地土壤封冻前墒情呈现微弱下降的趋势，但未通过0.1显著性水平检验。其他监测点封冻前土壤墒情呈现增加趋势，其中民和、贵德、甘德和大通4站的增加趋势通过0.05显著性水平的检验。具体各站情况介绍如下。

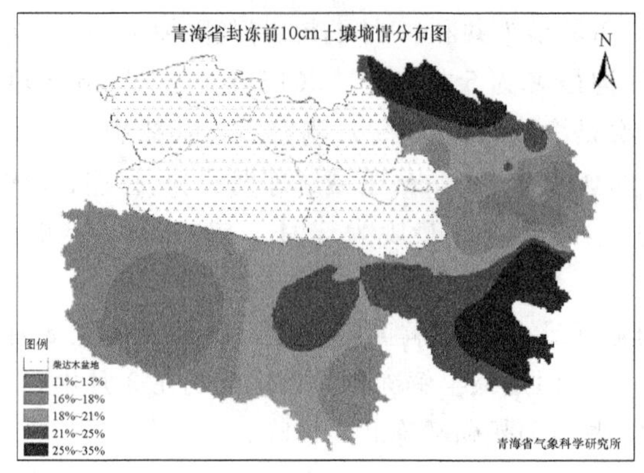

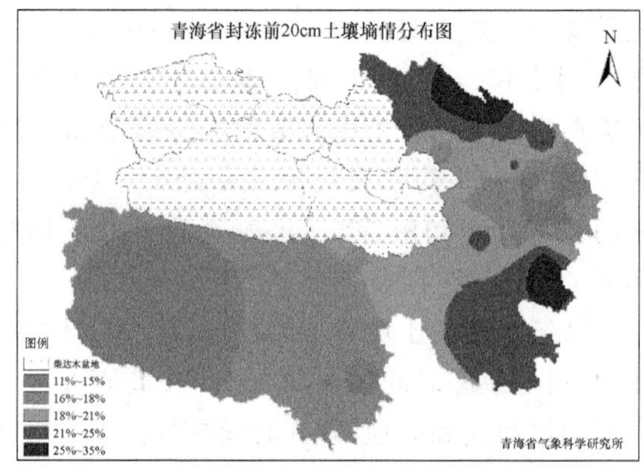

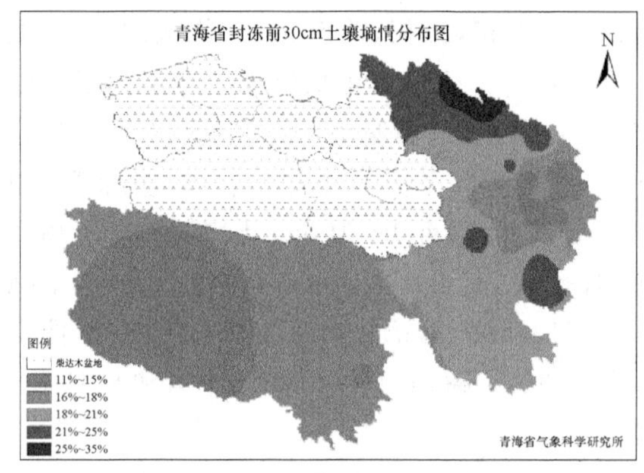

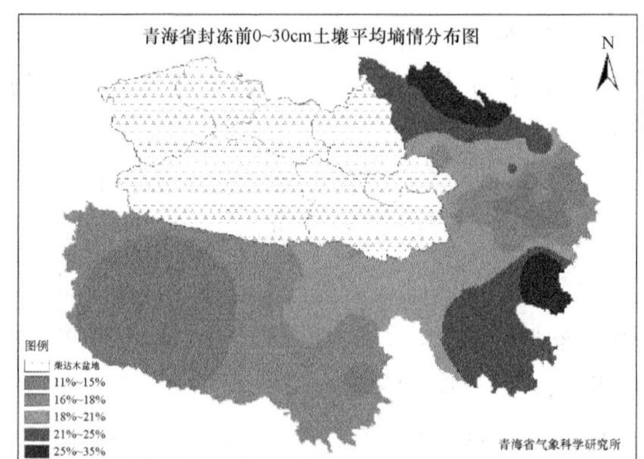

图5-76　青海省土壤封冻前不同深度土壤墒情分布图

青南地区各站封冻前的土壤墒情差异较大，最小值出现在沱沱河，土壤重量含水率仅为12%左右，而河南和泽库封冻前的土壤墒情明显较好，土壤重量含水率均在30%以上。特别是泽库的封冻前土壤重量含水率最大，接近35%。其他四站封冻前土壤重量含水率介于15%～23%。还有一点，随着土壤深度增加，各站土壤重量含水率变化也不一样，其中玉树和兴海的土壤重量含水率随着土壤深度增加而增加，沱沱河三层的土壤重量含水率变化不大，而曲麻莱、甘德、河南和泽库四站的土壤重量含水率随着土壤深度增加而减少。从变化趋势看，曲麻莱和泽库呈现减少趋势，而其余站点则呈现出增加的趋势，但是只有甘德站的变化趋势通过0.05显著性水平检验，甘德土壤重量含水率年变化倾向率为6.7%/10a（图5-77）。

东部农业区各站封冻前的土壤墒情明显没有青南地区的差异那么大，最小值出现在湟源，土壤重量含水率仅为12%左右，而湟中封冻前的土壤墒情最好，土壤重量含水率接近19%。尖扎、平安、乐都、贵德、互助、民和、贵南、循化、大通、化隆和同仁11站土壤封冻前土壤重量含水率基本介于12.3%～18.2%。从各站的平均值来看，东部农业区10 cm的土壤墒情较20 cm和30 cm的偏差，但20 cm和30 cm的土壤墒情基本没有明显差异。从单站的变化来

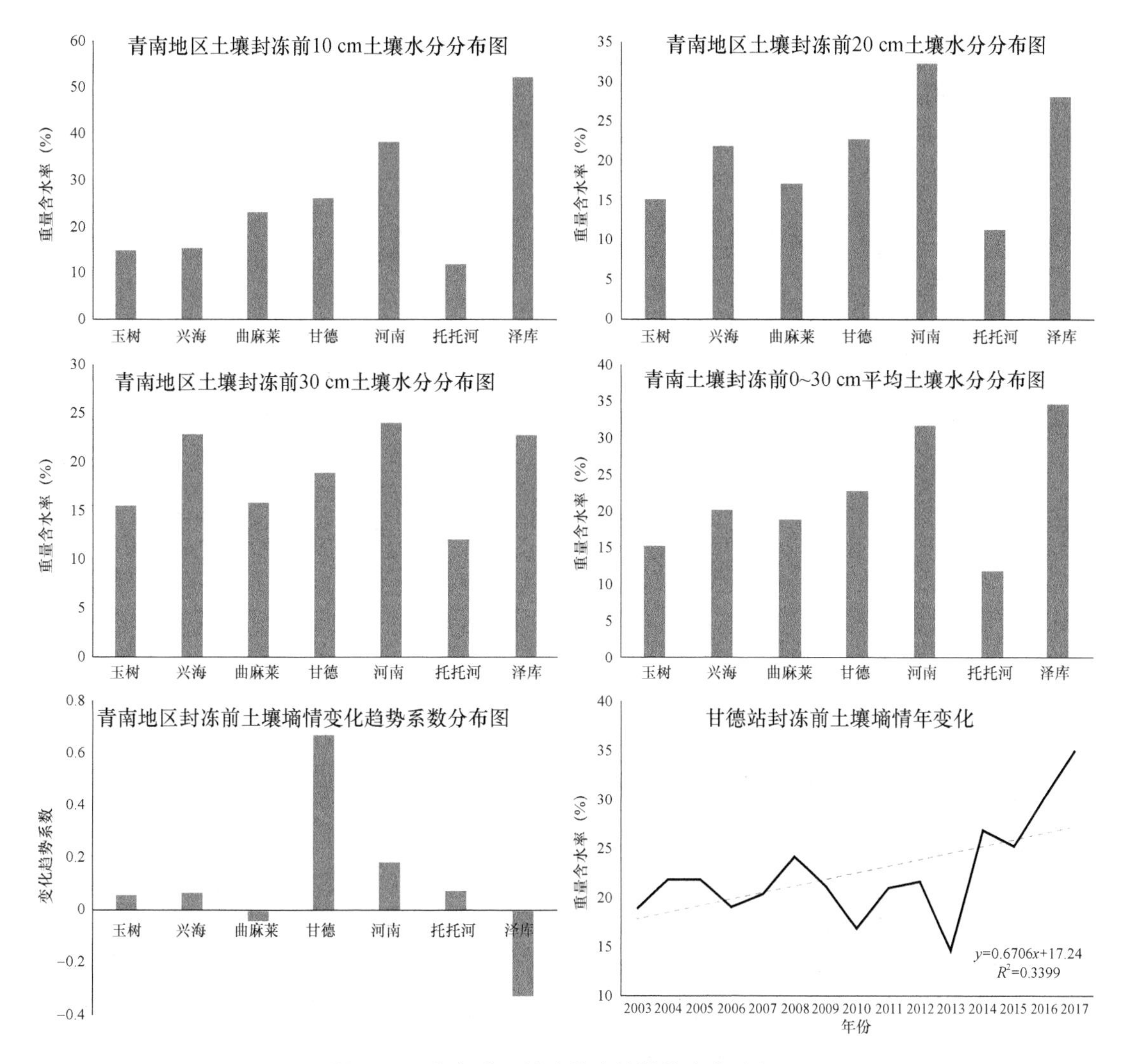

图 5-77　青南地区封冻前土壤墒情变化分析图

看，尖扎、乐都、化隆、同仁和贵德的土壤重量含水率随着土壤深度增加而增加，湟中的土壤重量含水率随着土壤深度增加而减少，平安、循化、互助、大通、湟源、贵南和民和等 7 站基本 20 cm 层土壤重量含水率偏大。从变化趋势看，尖扎、平安、互助、同仁等 4 站呈现减少趋势，而其余站点则呈现出增加的趋势，但是只有大通站、贵德和民和的变化趋势明显，其中大通站通过 0.01 显著性水平检验，而其余两站通过 0.05 显著性水平检验。大通土壤重量含水率年变化倾向率为 3.7%/10a(图 5-78)。

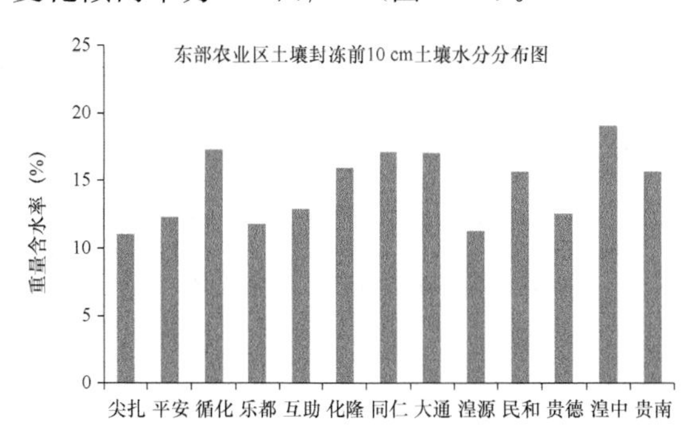

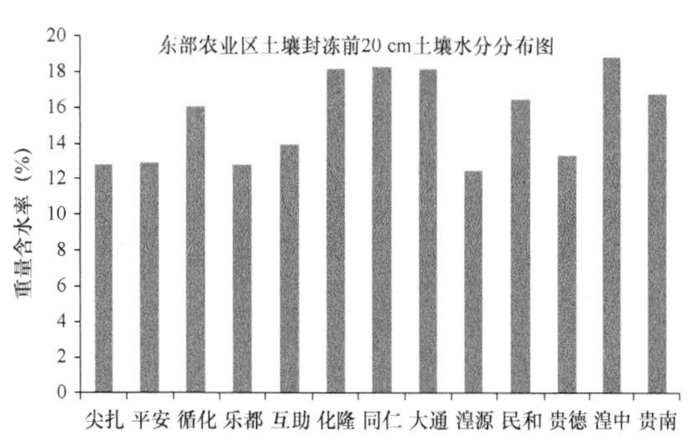

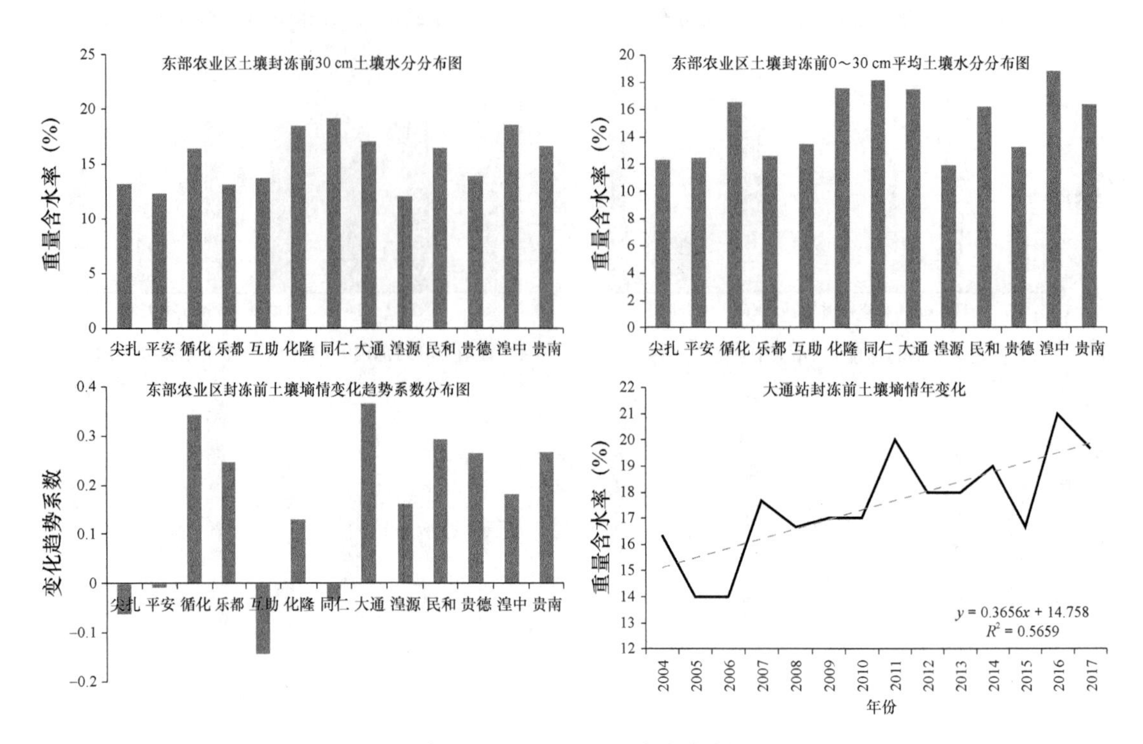

图 5-78　东部农业区封冻前土壤墒情变化分析图

环青海湖地区各站封冻前的土壤墒情差异较大，最小值出现在共和，土壤重量含水率仅为15%左右，而野牛沟和祁连封冻前的土壤墒情明显较好，土壤重量含水率基本在30%以上。特别是祁连的封冻前土壤重量含水率最大，接近33%。天峻、刚察、海晏、门源和托勒等五站土壤封冻前土壤重量含水率基本介于17%～26%。从各站的平均值来看，环青海湖地区的土壤墒情随土壤深度的增加而减少，但实际上，三层土壤重量含水率的差异较小，介于23.1%～23.7%。从单站的变化来看，共和、海晏、刚察和天峻的土壤重量含水率随着土壤深度增加而增加，野牛沟和祁连的土壤重量含水率随着土壤深度增加而减少，门源20 cm层土壤重量含水率偏大，而托勒20 cm层土壤重量含水率偏小。从变化趋势看，海晏和祁连呈现减少趋势，而其余站点则呈现出增加的趋势，但均未通过0.05显著性水平检验（图5-79）。

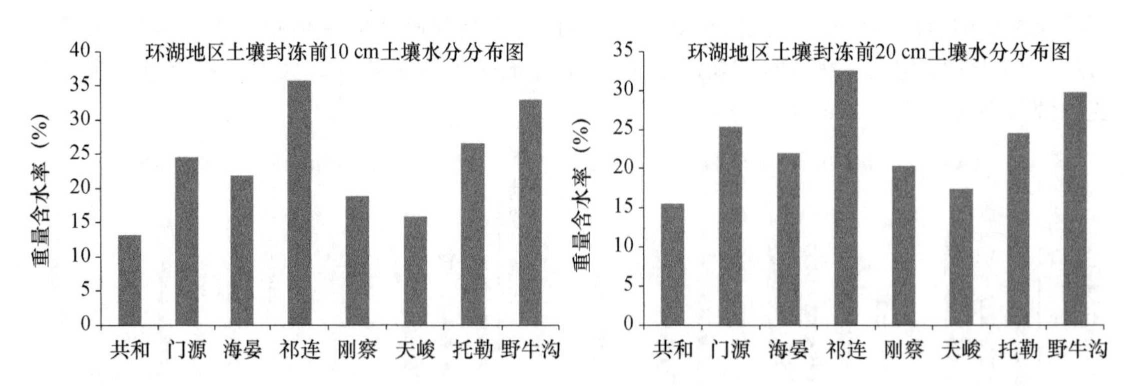

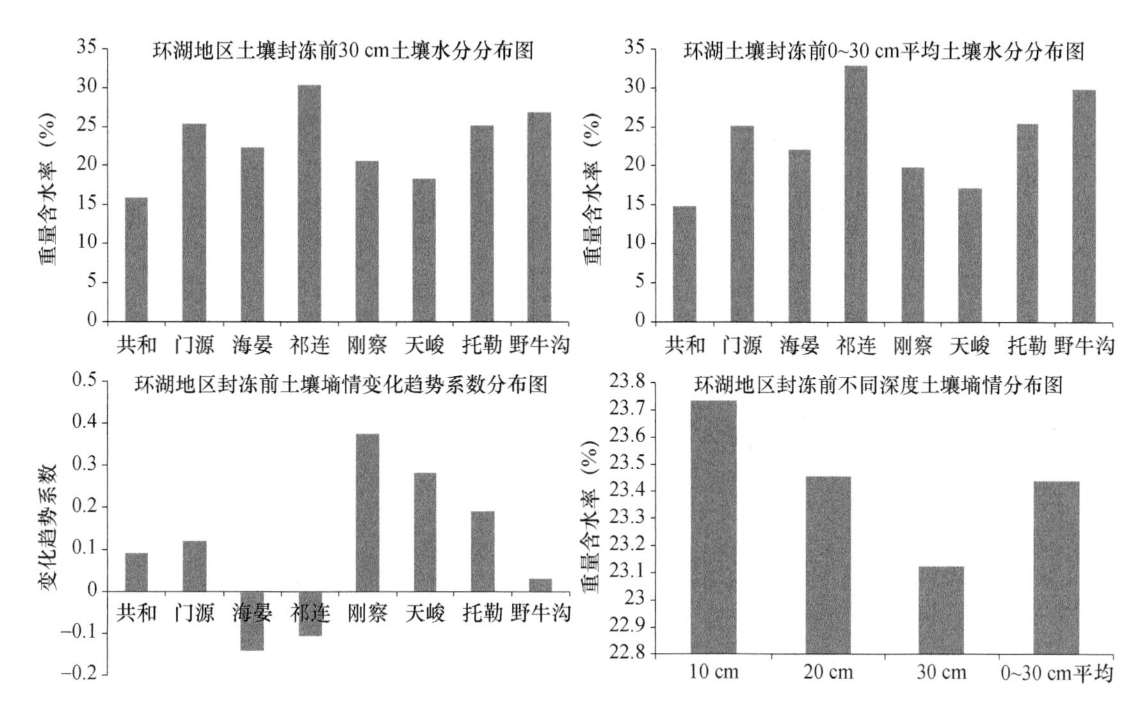

图 5-79　环湖地区封冻前土壤墒情变化分析图

5.5　冰川动态变化

5.5.1　各拉丹东冰川面积变化

利用青海省气象科学研究所构建 TM 卫星和 GF1 号卫星冰川监测模型，收集 1973—2013 年 6—9 月卫星遥感影像，对其质量进行严格检视，受云量或降雪影响明显的图像视为无效并舍弃。最终选用近 40 年中 7 个时相数据，经影像预处理和冰川模式判别获取各年份各拉丹东冰川面积信息，建立 7 个时相的冰川时间序列。

图 5-80 为各拉丹东 2013 年 8 月 13 日 GF 卫星遥感及所提取的冰川线，从图中可以看出，遥感影像冰川线纹理清晰、判识结果准确。为便于分析将图中冰川三处面积较大的冰川主体自西至东分别编号为 1 号、2 号和 3 号冰川。从 2013 年提取得到的 3 个冰川主体总面积达 805.34 km^2，其中 1 号冰川面积为 180.73 km^2，2 号为 557.60 km^2，是各拉丹东区域冰川面积最大的一个区域，3 号冰川面积最小为 67.01 km^2。

同理，采用以上方法对 1986 年、1999 年、2006 年、2008 年、2009 年、2018 年夏季 TM 影像分别进行冰川信息判识，并得到各年冰川识别矢量线，7 个时相冰川面积判识结果见图 5-81。

由以上步骤逐一提取并建立的 1973—2013 年面积时间序列可知，近 40 年来，各主体冰川面积均出现了显著退缩趋势，总面积也呈一致的变化特征。其中面积最大的 2 号冰川退缩趋势最为显著。由面积最大时的 1973 年的 668.55 km^2 至面积最小的 2013 年时，共缩减了 110.95 km^2，占总面积的 16.59%。1 号冰川面积与 1973 年相比减少了 17.34 km^2，占总面积的 8.0%；而面积最小的 3 号冰川，其缩减量达到 14.75 km^2，占总面积达到 18%。

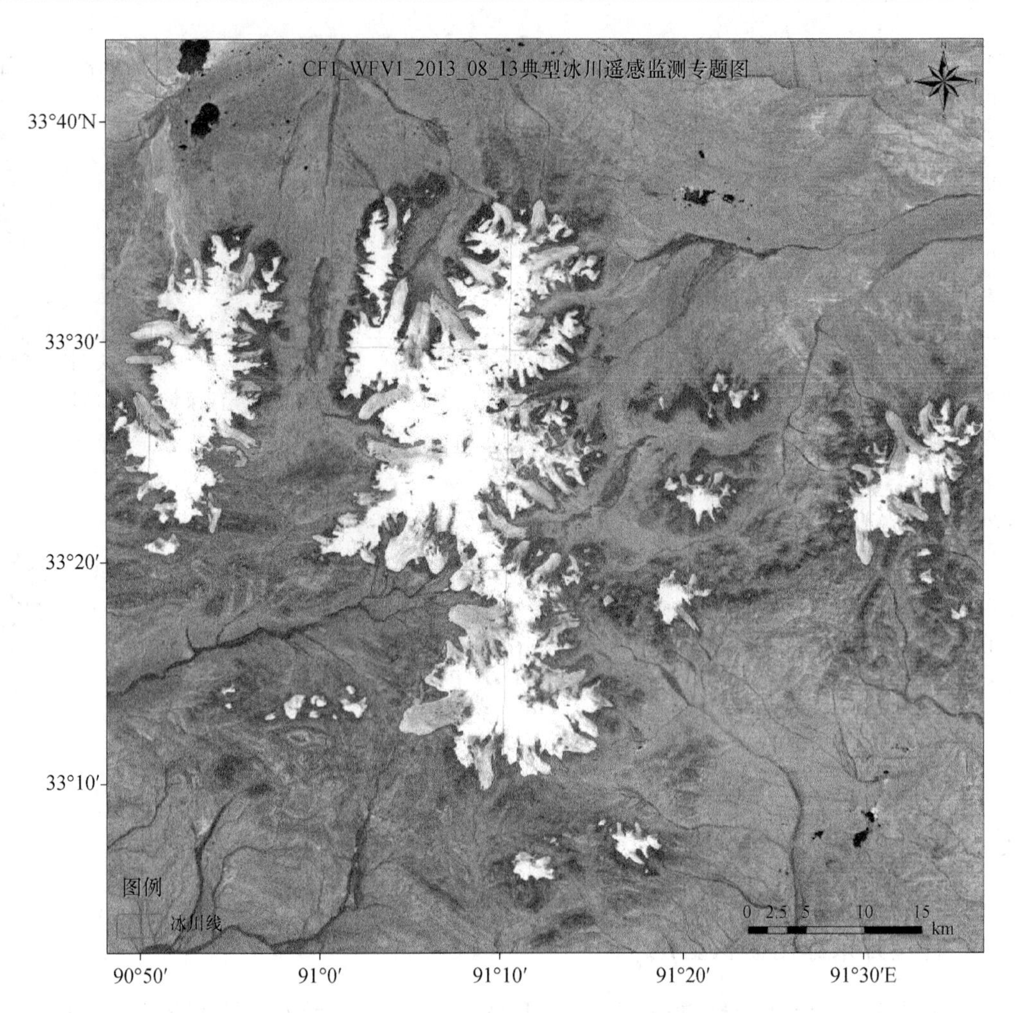

图 5-80　2013 年 8 月 13 日 GF1 WFV 冰川遥感监测叠加分析图

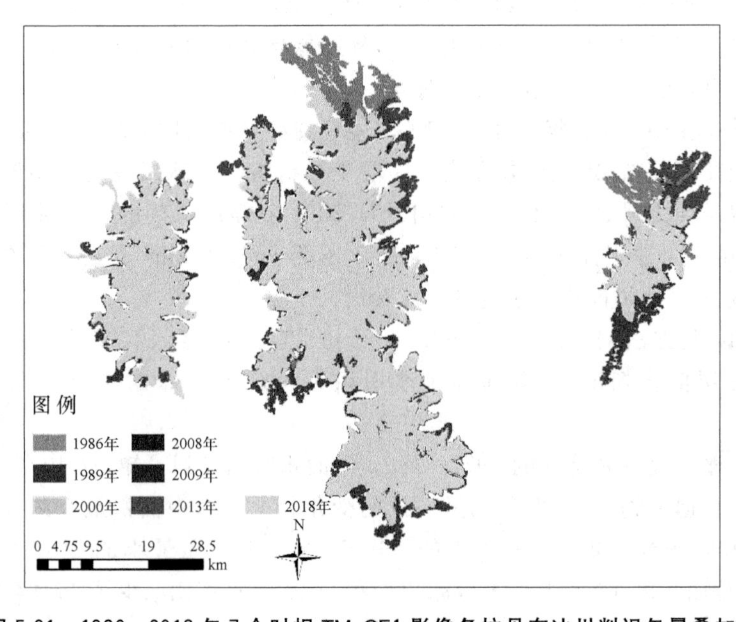

图 5-81　1986—2018 年 7 个时相 TM、GF1 影像各拉丹东冰川判识矢量叠加图

2008 年时冰川面积出现了明显的增加，这与总体变化趋势不相一致，为了验证这一年冰川面积的代表性和客观性，将由 TM 得到的冰川序列与高时间分辨 MODIS 所建立的逐年时间序列进行对比，两类来源数据序列见图 5-82。MODIS 逐年冰川面积是由各年热月（7—8 月）逐日数据提取而来，在对 7—8 月共同 62 天冰川面积的比较之后，得出当年面积最小值作为该年冰川面积。因此，可以从 MODIS 数据的动态变化过程中判断各年面积在整个序列中所处水平的高低。从图 5-82 中可以看出 TM 所建时间序列与 2001—2011 年 MODIS 时间序列基本保持一致的变化趋势，总体呈较明显的退缩趋势。而 2008 年则为进入 21 世纪后面积相对偏高的一年。这证实了 TM 影像判别的准确性，说明冰川的变化是总体下降趋势中存在明显的年际波动特征。

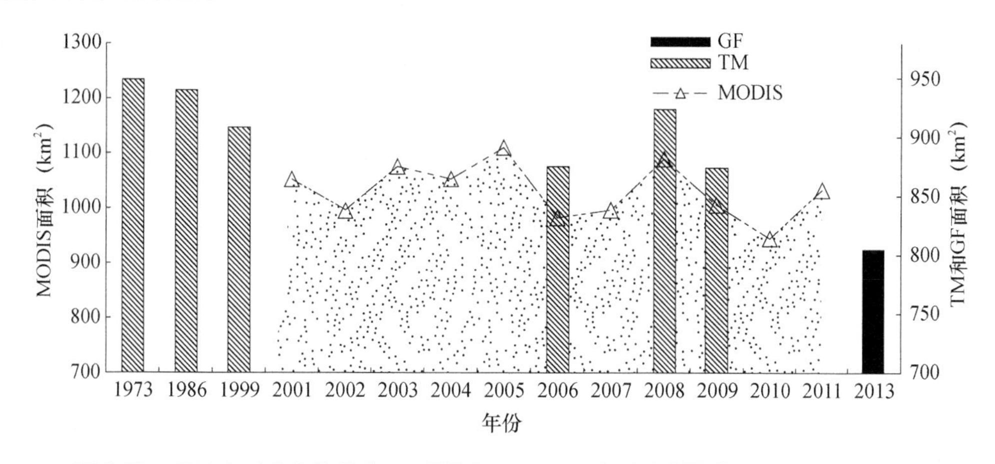

图 5-82　1973 年以来各拉丹东 TM 影像与 MODIS 逐年动态提取的冰川面积时间序列

5.5.2　祁连山冰川发育区（Ⅲ区）岗纲楼冰川面积变化

由 1986 年、1990 年、1995 年、2000 年、2004 年、2014 年、2017 年 TM 影像提取的岗纲楼冰川面积显示，冰川面积呈先减小后增大的趋势（图 5-83）。

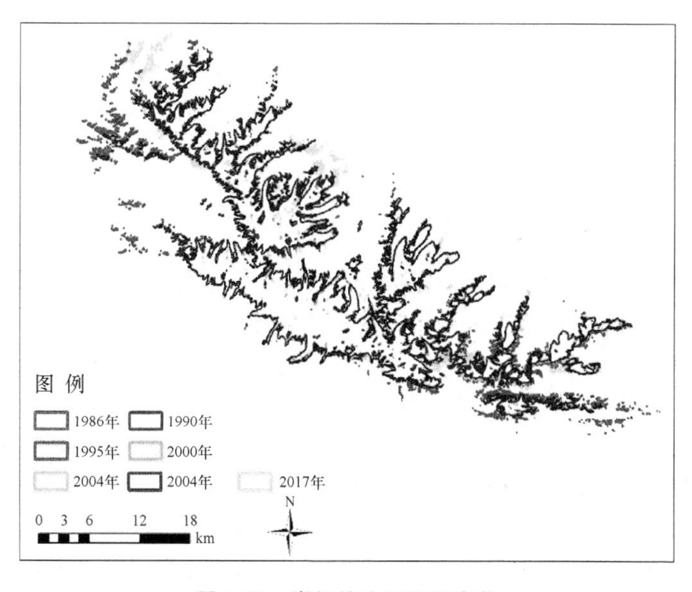

图 5-83　岗纲楼冰川面积变化

利用提取的冰川面积和当年夏季的气温、降水数据进行分析可以看出，岗纲楼冰川面积变化与夏季平均气温和降水量均未呈现显著的一致性变化。从年际变化来看，除 2017 年以外，年平均气温显著升高，冰川面积持续萎缩，而 2017 年降水较多，可能是冰川面积增加的主因。总的来看，气温升高对祁连山区冰川面积变化具有显著影响，降水的变化也有影响(图 5-84)。

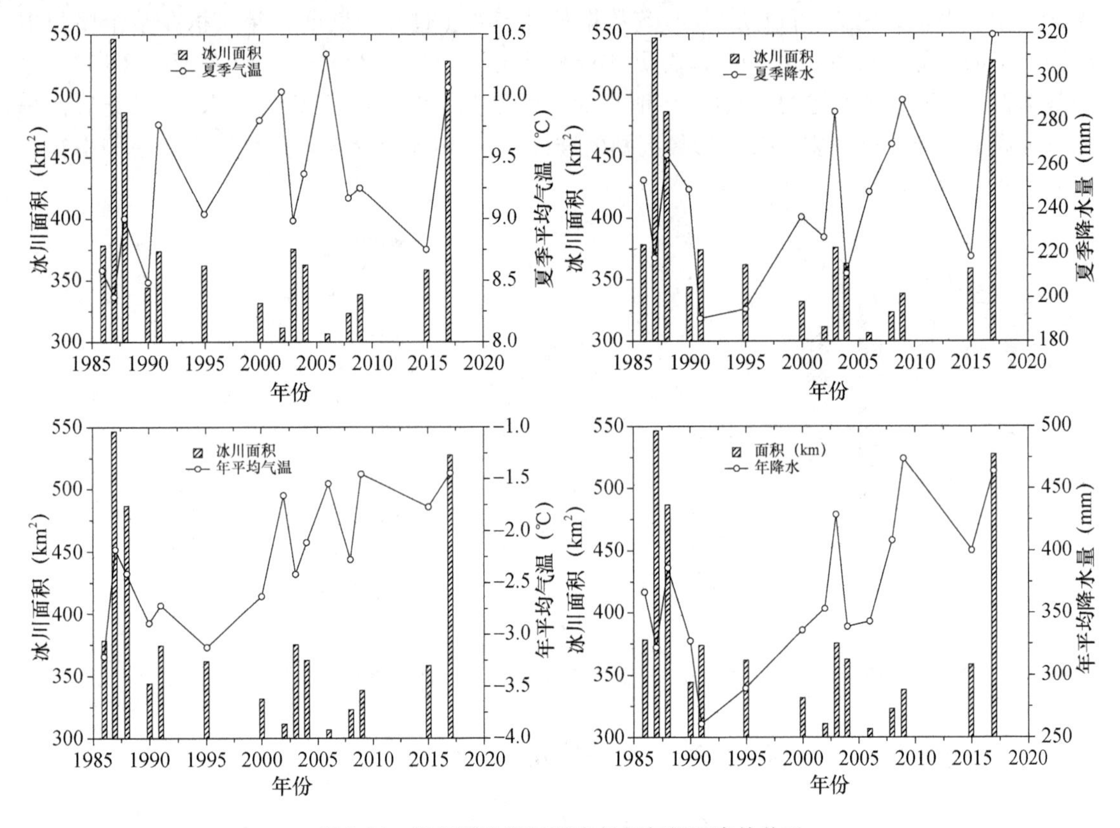

图 5-84 岗纲楼冰川面积变化与气候因素的关系

5.6 生态安全事件

5.6.1 三江源生态安全事件

5.6.1.1 草地荒漠化趋缓

2004—2015 年三江源国家公园荒漠化面积呈波动性下降趋势，生态趋于好转。其中，黄河源园区在 2010 年前荒漠化面积缓慢减少随后逐渐增加，除极重度荒漠化面积略有增加，其余等级荒漠化面积均减少，且以轻度荒漠化面积减幅最大；澜沧江源园区荒漠化面积呈缓慢减少趋势，2006—2009 年减少最明显，随后减幅趋缓，除轻度荒漠化面积有所增加外，其余等级的荒漠化面积减少；长江源园区荒漠化面积呈减少趋势，2006—2009 年减少趋势最明显，随后略微增加，除中度荒漠化面积略微增加外，其余等级的荒漠化面积均减少(图 5-85)。

截至 2015 年，黄河源园区荒漠化面积 0.39 万 km²，占三江源国家公园荒漠化面积的 5.87%，以轻度荒漠化为主，其余程度的面积相对较少；澜沧江源园区荒漠化面积 0.15 万 km²，占三江源国家公园荒漠化土地面积的 2.22%，以轻度荒漠化面积分布最广，中度、重度、极重

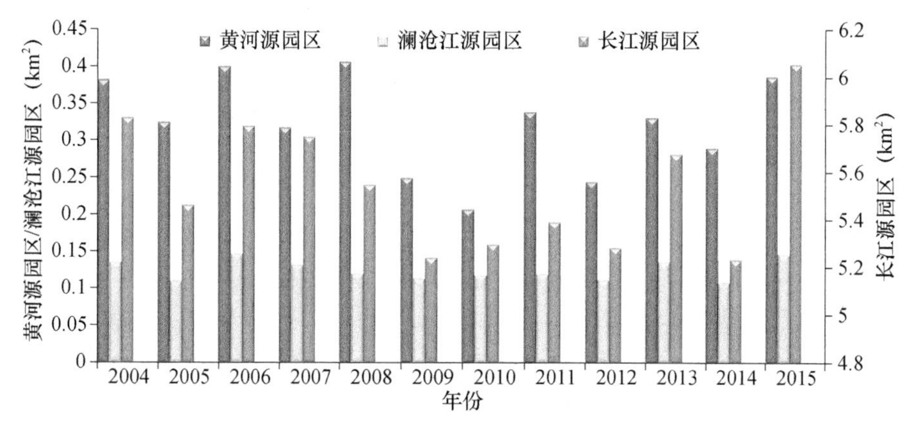

图 5-85　2004—2015 年三江源国家公园荒漠化面积变化

度荒漠化面积依次减少；长江源园区荒漠化面积 6.05km²，占三江源国家公园荒漠化土地面积的 91.91%，荒漠化程度以轻度为主，其次是中度荒漠化(表 5-5)。

表 5-5　三江源国家公园荒漠化面积统计表　　单位：万 km²

荒漠化程度	三江源国家公园	长江源园区	黄河源园区	澜沧江源园区
轻度荒漠化	3.498	3.034	0.347	0.118
中度荒漠化	1.576	1.533	0.021	0.021
重度荒漠化	0.780	0.766	0.009	0.005
极重荒漠化	0.733	0.719	0.011	0.003
合计	6.586	6.052	0.388	0.147

5.6.1.2　冻土退化

(1)冻土温度上升

2004—2015 年三江源国家公园冻土温度总体呈上升趋势，其中长江源园区变化最为明显，增幅达每 0.8 ℃/10 a，2011 年之前冻土温度主要以 0 ℃以上为主，2011 年以后主要以 0 ℃以下为主，期间平均地温最高达到了 1.3 ℃，最低为−0.8 ℃；黄河源园区呈增加趋势，增幅为每 0.4 ℃/10 a，其中 2013 年以来地温略有下降；澜沧江源园区冻土温变化趋势不明显，基本处于 5 ℃左右，变化幅度未超过 1 ℃(图 5-86)。

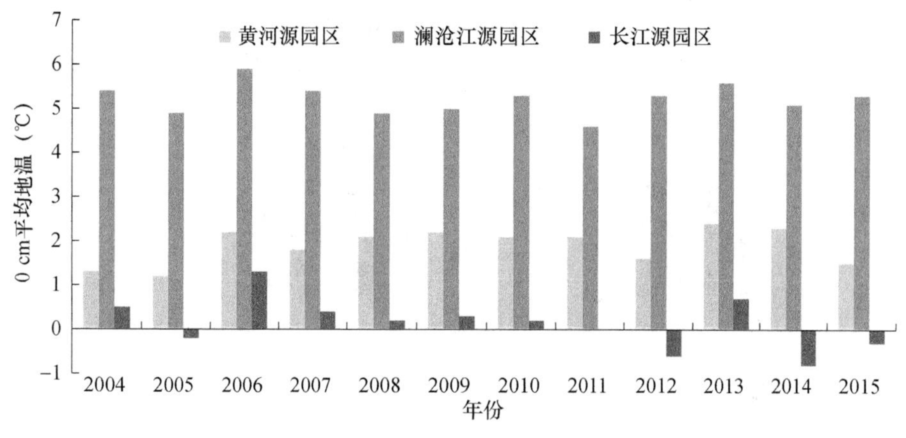

图 5-86　2004—2015 年三江源国家公园冻土温度(0 cm 地温)变化

(2)最大冻土深度变化不显著

2004—2015 年三江源国家公园最大冻土深度的变化趋势不十分显著。黄河源园区最大冻土深度 2010 年达最低值,相对于平均值低 32 cm,其后呈逐年增加趋势,近 6 a 增加了 53 cm;澜沧江源园区最大冻土深度基本接近近 10 a 平均值,其中 2006 和 2009 年相对较低,低于 113 cm(图 5-87)。

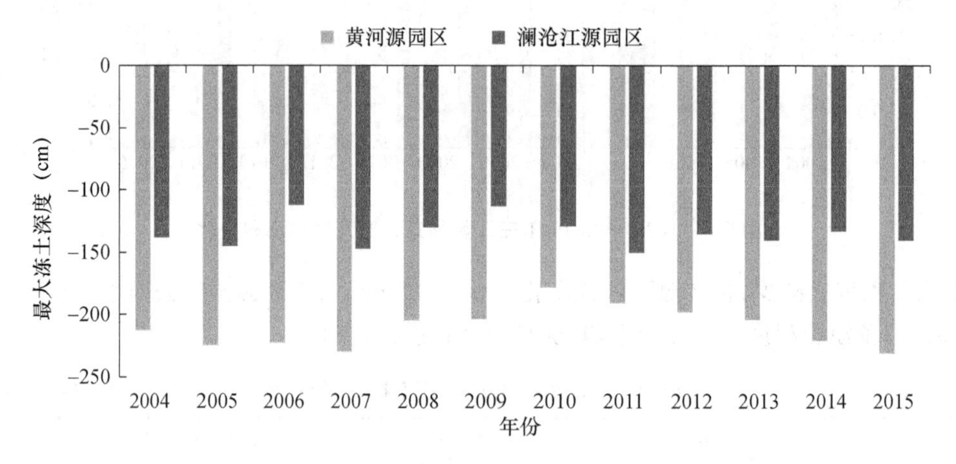

图 5-87　2004—2015 年三江源国家公园最大冻土深度变化

5.6.2　柴达木盆地生态安全事件

5.6.2.1　可鲁克湖溢水事件

可鲁克湖位于德令哈市西南 30 km 处,根据 2012 年 8 月 3 日—9 月 4 日的环境减灾卫星监测,可鲁克湖 8 月 3 日西南部和东南部湖水混浊,东南部开始出现湖水外溢(图 5-88),8 月 19 日,出现洪水大量外泄,8 月 23 日外溢洪水有所减小,至 9 月 4 日,可鲁克湖面积较 8 月 23 日减小 2.11 km²(图 5-89),其东南部已基本无洪水外溢现象。

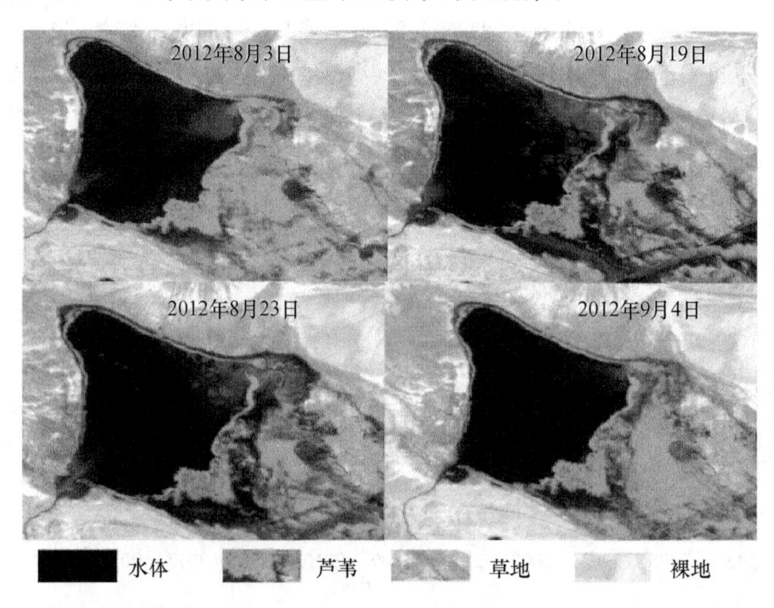

图 5-88　可鲁克湖 2012 年 8 月 3 日、8 月 19 日、8 月 23 日、9 月 4 日卫星遥感影像

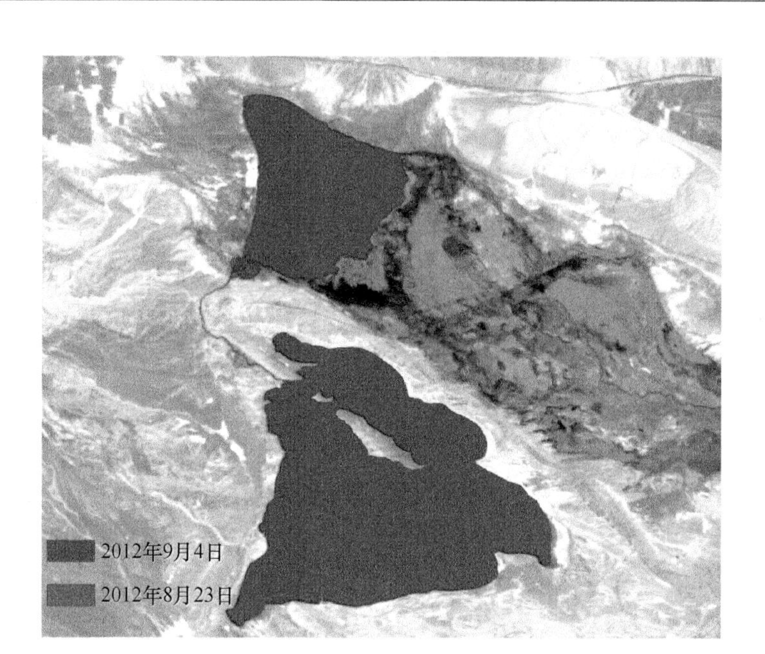

图 5-89　可鲁克湖 2012 年 8 月 23 日、9 月 5 日水体面积叠加比较

2013 年可鲁克湖水漫堤事件曾导致下游牧民的草场和房屋被淹没，造成牧民严重财产损失。近年来，可鲁克湖曾于 2012 年、2013 年、2015 年和 2016 年多次发生湖水外溢漫堤和凌汛险情。

5.6.2.2　温泉水库水患

利用 2010 年 7 月 6 日—8 月 21 日环境减灾卫星 HJ/CCD 资料，对温泉水库水体进行监测，结果显示：温泉水库面积呈先增大后减小的趋势。其中，7 月 6 日至 7 月 11 日面积持续扩大，11 日最大达到 47.94 km^2，7 月 25 日泄洪后水库面积明显减小，8 月 21 日温泉水库面积为 42.27 km^2，较 7 月 25 日进一步减小，水库险情解除(图 5-90)。

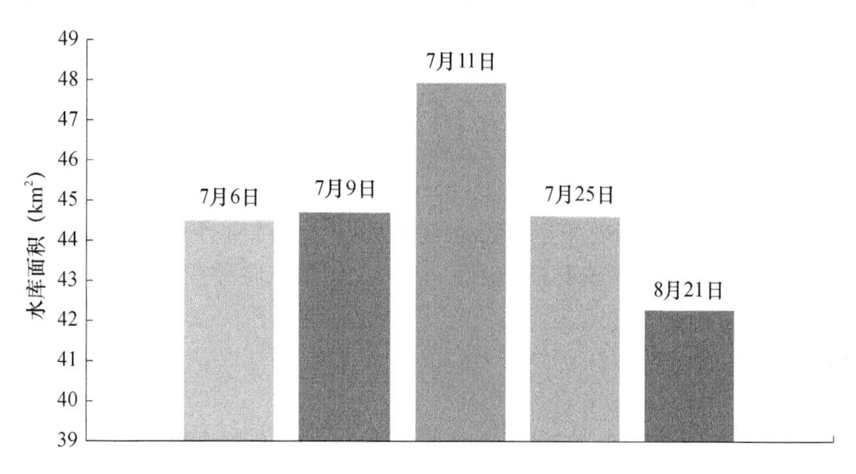

图 5-90　2010 年 7—8 月温泉水库面积动态

气象条件分析表明，2010 年 6 月格尔木周边昆仑山区气温偏高 2～3 ℃，致使昆仑山区冰川积雪大量融化，加之温泉水库周边强降水，致使区内流入温泉水库的来水量急剧增大，入库径流量远远超过出库径流量，导致水库可能发生溃坝险情。若温泉水库发生溃坝，将严重威胁

下游的青藏铁路、青藏公路、格尔木机场及格尔木市区、察尔汗盐湖钾肥工业基地等的安全。

5.6.2.3 黑石山水库汛情

黑石山水库位于青海省海西州德令哈市境内，距德令哈市以北 4 km 处的巴音河黑石山山口，是一座以灌溉防洪为主，兼有发电、旅游、水产养殖等综合效益的中型水利枢纽工程（图 5-91 左）。

根据 2012 年 8 月 15 日环境减灾卫星监测，2012 年 8 月 15 日黑石山水库水体面积为 2.62 km^2，与 2011 年 8 月 25 日、2012 年 8 月 3 日相比，水体面积分别增大了 0.48 km^2 和 0.03 km^2（图 5-91 右、表 5-6）。

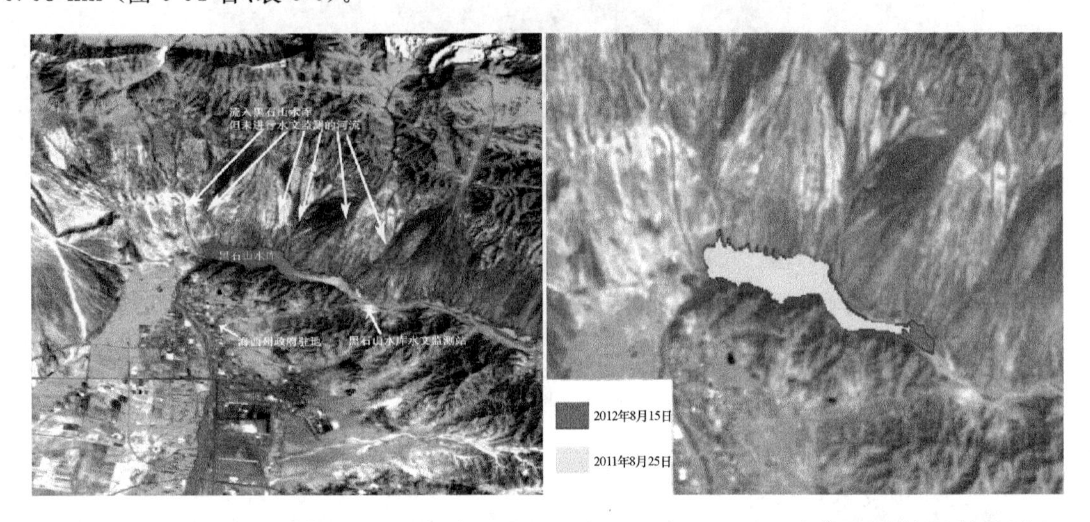

图 5-91 黑石山水库位置图(左)及 2012 年 8 月 15 日与 2011 年 8 月 25 日水体面积叠加比较图(右)

表 5-6 2012 年 8 月 15 日黑石山水库水体面积、水位与去年、近期比较

日期	面积(km^2)	水位(m)
2011 年 8 月 25 日	2.14	3017.6
2012 年 8 月 3 日	2.59	3017.7
2012 年 8 月 15 日	2.62	3020.6

黑石山水库位于德令哈市区上游，德令哈市区正好建立于水库所在河流的扇形冲击面上，一旦黑石山水库溃坝，德令哈市区将严重受灾，可能导致重大人员伤亡、城区设施冲毁，农田淹没等。黑石山水库下游主要为荒漠化草原，农业主要是绿洲农业，一旦溃坝，洪水携带着泥沙将农田及草原淹没，导致脆弱的植被难以短时间修复，农田也将被摧毁。

参考文献

边多，杨志刚，李林，等，2006. 近 30 年来西藏那曲地区湖泊变化对气候波动的响应[J]. 地理学报，61(5)：510-518.

崔庆虎，蒋志刚，刘季科，等，2007. 青藏高原草地退化原因述评[J]. 草业科学，24(5)：20-26.

代子俊，赵霞，李冠稳，等，2018. 2000—2015 年青海省植被覆盖的时空变化特征[J]. 西北农林科技大学学报：自然科学版(7)：54-65.

董斯扬，薛娴，尤全刚，等，2014. 近 40 年青藏高原湖泊面积变化遥感分析[J]. 湖泊科学，26(4)：535-544.

杜玉娥,刘宝康,郭正刚,2011. 基于 MODIS 的青藏高原牧草生长季草地生物量动态[J]. 草业科学(06):243-249.

高晓清,汤懋苍,冯松,等,2000. 冰川变化与气候变化关系的若干探讨[J]. 高原气象,19(1):9-16.

胡忠,贾玉连,张海荣,等,2008. 青藏高原山地湖泊扩涨与山地关系分析[J]. 中国地质,035(001):144-149.

姜加虎,黄群,2004. 青藏高原湖泊分布特征及与全国湖泊比较[J]. 水资源保护,20(6):24-27.

李文娟,马轩龙,陈全功,2009. 青海省海东、海北地区草地资源产量与草畜平衡现状研究[J]. 草业学报,18(5):270-275.

刘栎杉,延军平,李双双,等,2014. 2000—2009 年青海省植被覆盖时空变化特征[J]. 水土保持通报,34(1):263-267.

卢善龙,肖高怀,贾立,等,2016. 2000—2012 年青藏高原湖泊水面时空过程数据集遥感提取[J]. 国土资源遥感,28(3):181-187.

鲁安新,姚檀栋,刘时银,等,2002. 青藏高原各拉丹冬地区冰川变化的遥感监测[J]. 冰川冻土,24(5):559-562.

鲁安新,姚檀栋,王丽红,等,2005. 青藏高原典型冰川和湖泊变化遥感研究[J]. 冰川冻土,27(6):783-792.

鲁安新,王丽红,姚檀栋,等,2006. 青藏高原湖泊现代变化遥感方法研究[J]. 遥感技术与应用,21(3):173-177.

马昊翔,陈长成,宋英强,等,2018. 青海省近 10 年草地植被覆盖动态变化及其驱动因素分析[J]. 水土保持研究,25(06):141-149.

马松江,2007. 青藏高原唐古拉山及可可西里草地资源现状调查研究[J]. 草业科学(09):19-23.

蒲健辰,姚檀栋,王宁练,等,2004. 近百年来青藏高原冰川的进退变化[J]. 冰川冻土,26(5):517-522.

戚知晨,赵琪,2018. 高分一号遥感影像在青藏高原湖泊的提取方法[J]. 测绘与空间地理信息,41(2):124-127,130.

尚拜,2010. 青海省草地资源概况[J]. 养殖与饲料(11):93-95.

沈永平,梁红,2001. 全球冰川消融加剧使人类环境面临威胁[J]. 冰川冻土,23(2):208-211.

苏珍,刘宗香,王文悌,等,1999. 青藏高原冰川对气候变化的响应及趋势预测[J]. 地球科学进展,14(6):607-612.

王莉雯,卫亚星,牛铮,2008. 基于遥感的青海省植被覆盖时空变化定量分析[J]. 环境科学(06):300-306.

王一博,王根绪,沈永平,等,2005. 青藏高原高寒区草地生态环境系统退化研究[J]. 冰川冻土(5):633-640.

王智颖,2017. 青藏高原湖泊环境要素的多源遥感监测及其对气候变化响应[D]. 济南:山东师范大学.

辛玉春,杜铁瑛,辛有俊,2012. 青海天然草地生态系统服务功能价值评价[J]. 中国草地学报,34(5):5-9.

徐新良,刘纪远,邵全琴,等,2008. 30 年来青海三江源生态系统格局和空间结构动态变化[J]. 地理研究,27(4):829-838.

闫立娟,齐文,2012. 青藏高原湖泊遥感信息提取及湖面动态变化趋势研究[J]. 地球学报,33(1):65-74.

杨慧清,李世雄,2010. 青海省海西州天然草地资源现状及动态[J]. 草业科学,27(6):153-157.

于红妍,2012. 青海省草地资源可持续发展的研究[J]. 畜牧与饲料科学(09):93-94.

张明军,王圣杰,李忠勤,等,2011. 近 50 年气候变化背景下中国冰川面积状况分析[J]. 地理学报,66(9):1155-1165.

张堂堂,任贾文,康世昌,等,2004. 近期气候变暖念青唐古拉山拉弄冰川处于退缩状态[J]. 冰川冻土,26(6):736-739.

赵健赟,彭军还,2016. 基于 MODIS NDVI 的青海高原植被覆盖时空变化特征分析[J]. 干旱区资源与环境,212(04):69-75.

赵新全,周华坤,2005. 三江源区生态环境退化、恢复治理及其可持续发展[J]. 中国科学院院刊(06):37-42.

赵雪雁,万文玉,王伟军,2016. 近 50 年气候变化对青藏高原牧草生产潜力及物候期的影响[J]. 中国生态农业学报,138(04):134-145.

周万福,2006. 青海省区域植被覆盖的分类研究[D]. 南京:南京信息工程大学.

Guozhuang S,Jingjuan L,Huadong G,et al,2014. Study on the relationship between the lake area variations of Qinghai-Tibetan Plateau and the corresponding climate change in their basins[J]. IOP Conference Series Earth and Environmental Science,17(1):012144.

Shen G,Guo H,Liao J,et al,2010. Study on the relationship between the variation of lakes in Qinghai-Tibetan Plateau and global climate change. [C]// Geoscience & Remote Sensing Symposium. IEEE, 2010. 4541-4544.

Tang L,Duan X,Kong F,et al,2018. Influences of climate change on area variation of Qinghai Lake on Qinghai-Tibetan Plateau since 1980s[J]. Scientific Reports,8(1):7331.

第6章　气候变化对生态系统的影响预估

6.1　气候变化对草地植被系统影响预估

陆地生物圈不仅是人类赖以生存的物质基础，也是对人类活动和全球气候变化最敏感的生物圈。植被是陆地生态系统的重要组成部分，在区域气候变化和全球碳循环中扮演着重要的角色（曹明奎等，2000；张佳华等，2002；周涛等，2004；侯英雨等，2008）。植被净初级生产力(Net Primary Productivity，简称NPP)是指绿色植物在单位面积、单位时间内所积累的有机物数量，是光合作用所产生的有机质总量减去呼吸消耗后的剩余部分。掌握陆地NPP年际间的定量变化规律，对评价陆地生态系统的环境质量、调节生态过程以及估算陆地碳汇具有十分重要的意义(Cao et al.，1998；Fang et al.，2003；于贵瑞，2003)。近年来，随着全球气候的不断变暖，必将直接或间接影响到植被的生长发育，从而最终影响到植被的NPP。我国诸多学者自20世纪90年代以来，分别采用气候统计模型、过程模型和光能利用率模型对我国的青藏高原、塔里木盆地、西双版纳、山东、福建等部分地区以及全国范围内的植被净第一性生产力的分布格局和动态变化做出了研究（刘文杰，2000；张宏等，2000；陈波，2001；朴世龙等，2001）。

青海高原位于青藏高原东北部，全省平均海拔在3000 m以上，气候以高寒干旱、半干旱为主要特征，是典型的大陆性高原气候，境内地质地貌复杂多样，既是气候变化的敏感区，又是生态系统的脆弱区。近年来在全球气候变化的影响下，青海各地植被净初级生产力发生了明显的变化。利用在干旱、半干旱草原区对NPP模拟效果较好的周广胜模型（林慧龙等，2007），分析青海高原植被净初级生产力未来可能变化趋势，利用综合顺序分类法模拟未来青海植被类型可能演替方向，模拟结果可在一定程度上对今后合理利用天然草场资源，保护和改善青海高原脆弱的生态环境，促进社会经济持续稳定发展和适应全球气候变化采取相应措施提供理论依据。

6.1.1　资料和方法

6.1.1.1　*数据*

未来SRESA1B情景、RCP4.5情景下气温和月降水量数据均来自国家气候中心发布的中国地区气候变化预估数据集中的全球气候模式加权平均集合数据。

6.1.1.2　*方法*

(1)植被净第一性生产力(NPP)模型

利用周广胜、张新时等建立的自然植被净第一性生产力模型（张新时，1993；周广胜等，

1998)：

$$NPP=RDI \cdot \frac{r \cdot R_n(r^2+R_n^2+r \cdot R_n)}{(r+R_n) \cdot (r^2 R_n^2)} \cdot e^{-\sqrt{9.87+6.25RDI}} \quad (6\text{-}1)$$

式中：RDI 为辐射干燥度，R_n 为年辐射量(mm)，r 为年降水量(mm)，NPP 为植被净第一性生产力(t DW/($hm^2 \cdot a$))。

由(6-1)式可得如下形式：

$$NPP=RDI^2 \cdot \frac{r \cdot (1+RDI+RDI^2)}{(1+RDI) \cdot (1+RDI^2)} \cdot e^{-\sqrt{9.87+6.25RDI}} \quad (6\text{-}2)$$

由于计算陆地表面所获得的年辐射时需要的气候变量较多，难以计算，根据张新时的研究有如下关系式：

$$RDI=(0.629+0.237\ PER-0.00313\ PER^2)^2 \quad (6\text{-}3)$$

式中：RDI 为辐射干燥度，PER 为可能蒸散率。

$$PER=PET/r=BT\times 58.93/r \quad (6\text{-}4)$$

$$BT=\sum t/365=\sum T/12 \quad (6\text{-}5)$$

式中：PET 为年可能蒸散量(mm)，BT 为年平均生物温度(℃)，t 和 T 分别为 >0 ℃与 <30 ℃的日平均温度和月平均温度。

(2)植被类型划分方法

植被类型的划分采用综合顺序分类法，利用青海全省 50 个气象台站的日平均气温计算出各站 >0 ℃的年积温 $\sum\theta$，根据湿润度 K 计算公式：

$$K=R/(0.1\times\sum\theta) \quad (6\text{-}6)$$

式中：K 为湿润指数，R 为年降水量，$\sum\theta$ 为 >0 ℃年积温。

计算出各站的 K 值，然后根据草原类型第一级一类的检索图就可以确定各个地区的植被类型。

6.1.2 未来植被 NPP 变化趋势和植被类型演替方向

6.1.2.1 未来植被 NPP 变化趋势

利用国家气候中心 2009 年发布的中国地区气候变化预估数据集中的全球气候模式加权平均集合数据，分析在 SRESA1B 情景下 2001—2100 年青海各地 NPP 变化趋势(图 6-1)。从图中可以看出，未来 100 a NPP 变化趋势系数大致呈由东向西逐渐减小的趋势，青海东部地区 NPP 增加最为明显，为 1.35～1.49 t DW/($hm^2 \cdot 100$ a)，青海西北部尤其是柴达木盆地和三江源区的部分地区 NPP 变化系数较小，为 0.59～0.73 t DW/($hm^2 \cdot 100$ a)。

2020 年、2050 年和 2080 年青海省 NPP 分布趋势大致相同，都是呈由东向西逐渐减小的趋势。在青海的东部农业区和祁连山东段 NPP 值为全省的最大值，这一区域就全省来说热量条件最好，而且未来降水增加量也最大，因此，在未来各个时期其 NPP 值也最大。各个时期 NPP 值都较小的区域分布在柴达木盆地的西北部和三江源区的西南部，这些地区未来气温增幅较大，但降水量增幅相对较小，青海地处干旱、半干旱地区，较小的降水增加量不足以抵消因气温升高而引起的蒸发量增加，因此，和水热条件相对较好的青海东部地区相比，其 NPP 值较小。未来青海省 NPP 值大致范围为，2020 年 NPP 为 2.5～7.0 t DW/($hm^2 \cdot a$)，2050 年 NPP 为 2.7～7.5 t DW/($hm^2 \cdot a$)，2080 年 NPP 为 2.9～7.8 t DW/($hm^2 \cdot a$)。

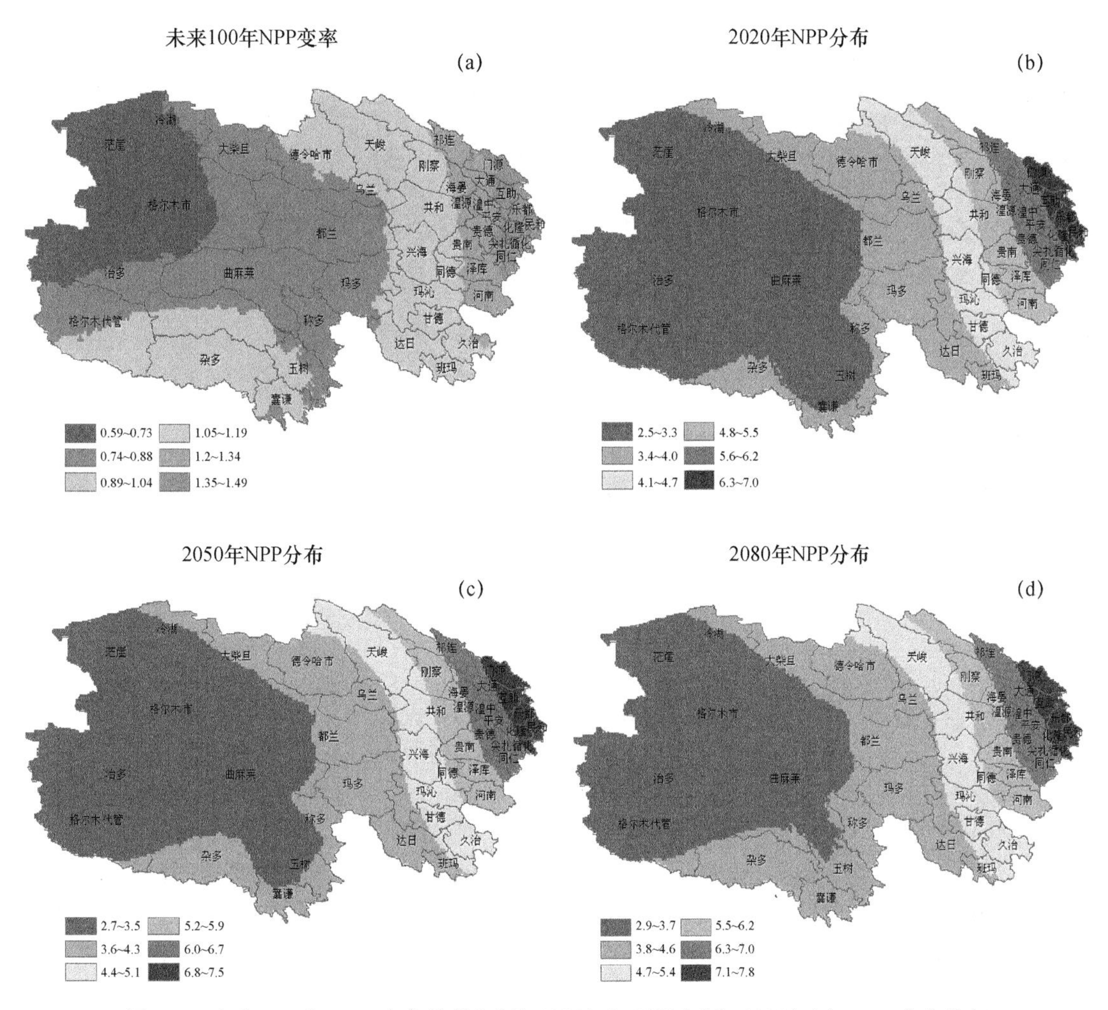

图 6-1　未来 100 年 NPP 变化趋势(a)及 2020(b)、2050(c)和 2080(d)年 NPP 分布特征
(单位:t DW/(hm^2 · 100a)、t DW/(hm^2 · a))

6.1.2.2　三江源未来植被净初级生产力变化趋势分析

未来 SRESA1B 情景下 21 世纪 20 年代三江源区植被 NPP 大致范围为 18.92～118.88 gC/m^2(图 6-2a),21 世纪 50 年代为 20.1～119.96 gC/m^2(图 6-2b),21 世纪 80 年代 NPP 为 20.82～119.88 gC/m^2(图 6-2c)。三江源全区平均植被 NPP 预估值 21 世纪 20 年代、50 年代和 80 年代分别为 74.5 gC/m^2、86.6 gC/m^2、96.3 gC/m^2,整体趋势增加,植被 NPP 年增幅为 0.17 gC/(m^2 · a)。21 世纪 20 年代、50 年代和 80 年代三江源区植被 NPP 分布趋势大致相同,均呈由东向西逐渐减小的趋势。长江源和澜沧江源的玉树地区,植被 NPP 呈一低值区,21 世纪 20 年代表现明显,其值在 18.92～27.54 gC/m^2,远低于周边区域,到 21 世纪 80 年代逐渐增加,其值达到 50.55～60.45 gC/m^2。

未来 60a 间,预估三江源全区范围植被 NPP 将呈现增加的趋势,幅度较快的区域是长江源的沱沱河、曲麻莱、治多东部和玉树等区域;澜沧江源的杂多和囊谦等区域,其增幅在 0.38～0.72 gC/(m^2 · a),增加幅度最大区域是杂多和曲麻莱,分别为 0.68 gC/(m^2 · a)和 0.72 gC/(m^2 · a);黄河源区增幅较小,尤其是兴海、同德、泽库及河南等区域,增幅仅有 0.00～0.04 gC/(m^2 · a)(图 6-2d)。

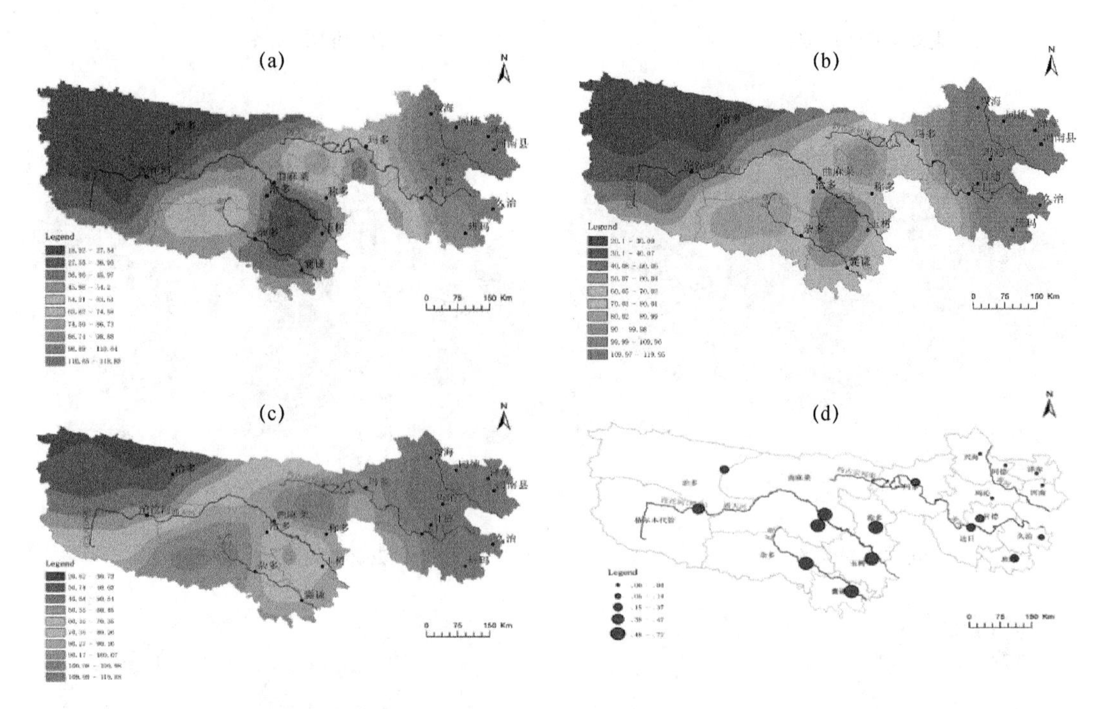

图 6-2　三江源 SRESA1B 情景下 2020 年代(a)、2050 年代(b)、2080 年代(c)平均植被 NPP 分布和未来 60 年植被 NPP 变率(d)预估(单位:gC/m²、gC/(m²・a))

6.1.2.3　柴达木盆地未来归一化植被指数变化趋势分析

RCP4.5 情景下,与 1986—2005 年平均值相比,2016—2100 年低地草甸类、温性荒漠类和高寒草原类植被 NDVI 值有所增加,但增加幅度随时间变化有所降低。其中温性荒漠类植被 NDVI 值下降最为明显,平均每 10 a 下降 1.66%,低地草甸类和高寒草原类植被 NDVI 值下降幅度较小,平均每 10 a 下降 0.29%和 0.33%(图 6-3)。

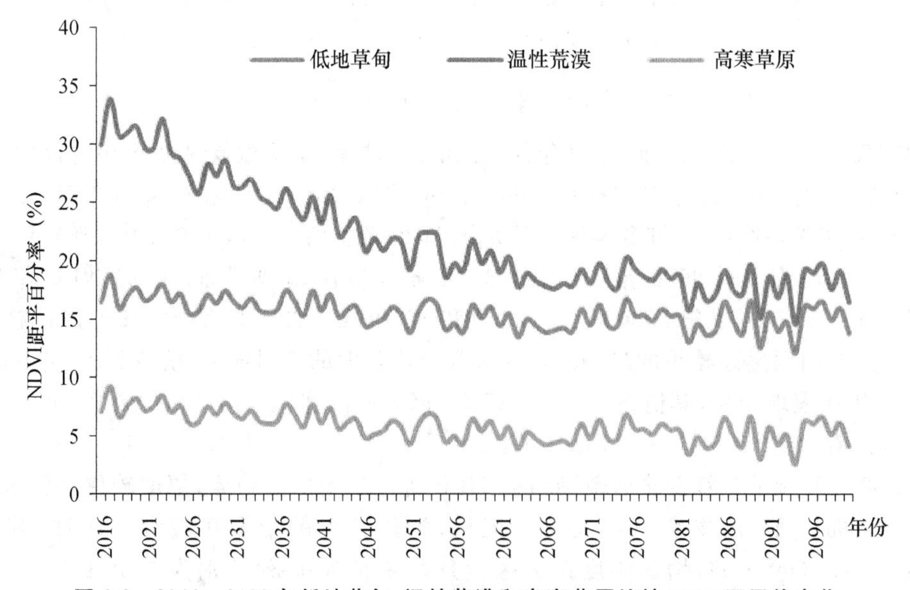

图 6-3　2016—2100 年低地草甸、温性荒漠和高寒草原植被 NDVI 距平值变化

6.1.3　未来植被类型演替方向

6.1.3.1　未来气候条件下，CO_2 倍增时青海省草场类型分布图

以未来大气中 CO_2 浓度加倍时，青海西部年平均气温增加 2.5～2.6 ℃，东部增温 2.8～3.0 ℃，降水量按增幅 20%估算，青海省各地≥0 ℃年积温增加明显(图 6-4a)，全省大部分地区所属热量带都发生明显的改变。而湿润度 K 值比 CO_2 倍增前则有所降低(图 6-4b)，且以青南地区变化最为明显。可以看出，在青海地区降水虽然有所增加，但不能抵消由于气温升高所造成的蒸发加剧现象，而且在青海未来气候条件下，气候状况还会朝着更为暖干化的方向发展。

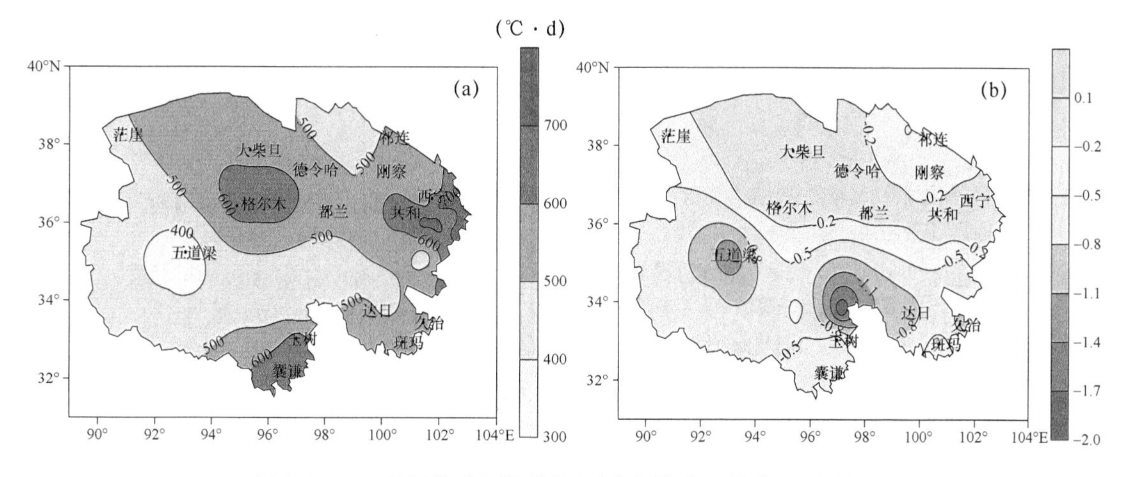

图 6-4　CO_2 倍增前后积温差值(a)和湿润度 K 差值(b)分布图

由于受上述气候条件的影响，未来青海省草场类型的分布发生了一定的变化。与当前分布情况相比，全省各地草场类型将会朝着暖干化的方向发展，CO_2 倍增时青海省草场类型分布图如图 6-5 所示。CO_2 倍增时青海省草场类型主要有：寒冷潮湿多雨冻原、高山草甸类，寒温潮湿寒温性针叶林类，微温干旱暖温带半荒漠类，暖温微干暖温带典型草原类，微温潮湿针叶阔叶混交林类，微温干旱温带半荒漠类，微温极干温带荒漠类，微温湿润森林草原、落叶阔叶林类，微温微润草甸草原类共 9 类。

6.1.3.2　柴达木盆地植被类型演替趋势

≥0 ℃积温和湿润度 K 值是决定植被类型的重要因子。受未来气候变暖影响，与1986—2005 年气候基准年相比，RCP4.5 情景下，2006—2100 年柴达木盆地≥0 ℃积温呈显著上升趋势，平均增加率为 37.91 ℃ · d/10a，从图 6-6a 可以看出，2070 年以前≥0 ℃积温上升速度较快，2070 年以后≥0 ℃积温变化趋于平缓。从空间变化趋势分析可以看出(图 6-6b)，冷湖、茫崖、大柴旦一带≥0 ℃积温变化幅度较大，而柴达木盆地南部一带变率相对较小。

与 1986—2005 年气候基准年相比，RCP4.5 情景下，2006—2100 年柴达木盆地湿润度 K 值总体呈显著下降趋势，平均变化率为 0.19/10a。长期变化趋势与≥0 ℃积温变化基本相似，2070 年以前湿润度 K 值呈急剧下降趋势，而 2070 年以后湿润度 K 值变化趋于平缓(图 6-6c)。从空间变化图可以看出(图 6-6d)，各地湿润度 K 值均呈下降趋势，其中柴达木盆地南部湿润度 K 值下降最为明显。

图 6-5　CO_2 倍增后青海省植被类型情景分布图

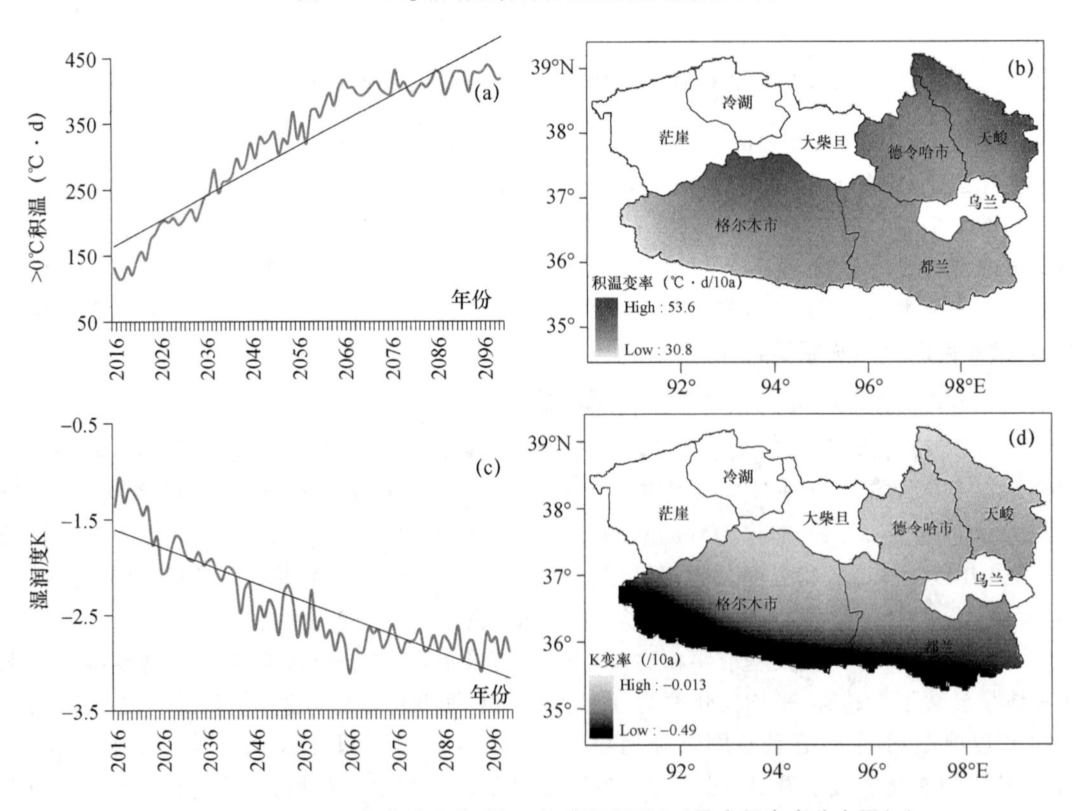

图 6-6　2006—2100 年柴达木盆地≥0 ℃积温距平(a)及空间变率分布图(b)、湿润度 K 距平(c)及空间变率分布图(d)

从以上≥0 ℃积温和湿润度 K 值变化趋势可以看出，未来柴达木盆地植被类型总体朝着暖干化的方向发展，尤其是柴达木盆地南部暖干化较为明显。

6.2 气候变化对水资源影响预估

气候变暖已对全球尺度水循环产生了一定程度的影响，使水循环有所加快(丁一汇，2008)。气候变化对水文水资源的影响研究有着理论和实践双层意义。三江源是青海省重要的水源地，有“中华水塔”之称，此外，柴达木盆地巴音河、格尔木河等对局地生态都有着重要的意义，下面主要针对黄河上游、长江源区及柴达木盆地巴音河、格尔木河典型地区河流做重点分析。

6.2.1 黄河上游流量预估

6.2.1.1 黄河上游流量变化特征

在气候变化等因素的驱动下，同时受人类活动影响，1961—2017 年，黄河上游地区唐乃亥径流量呈减少趋势，平均每 10 a 减少 27.1 m³/s，1961—2017 年黄河上游年平均径流量 637.3 m³/s，其中 1989 年径流量最高，为 1032.3 m³/s；2002 年径流量最低，仅为 326.5 m³/s。黄河上游年平均径流量在 20 世纪 90 年代减少最为明显，1991—2002 年黄河上游年平均径流量仅为 523.3 m³/s，较 1961—1990 年减少 174.7 m³/s，偏少 25%。自 2003 年开始，黄河上游径流量持续增加，2003—2017 年黄河上游年平均径流量达 607.1 m³/s，较 1991—2002 年增加 83.8 m³/s，偏多 16%。2012 年是自 1990 年以来径流量最多的一年，年平均径流量较常年偏多 38.1%，达到 880.1 m³/s(图 6-7)。

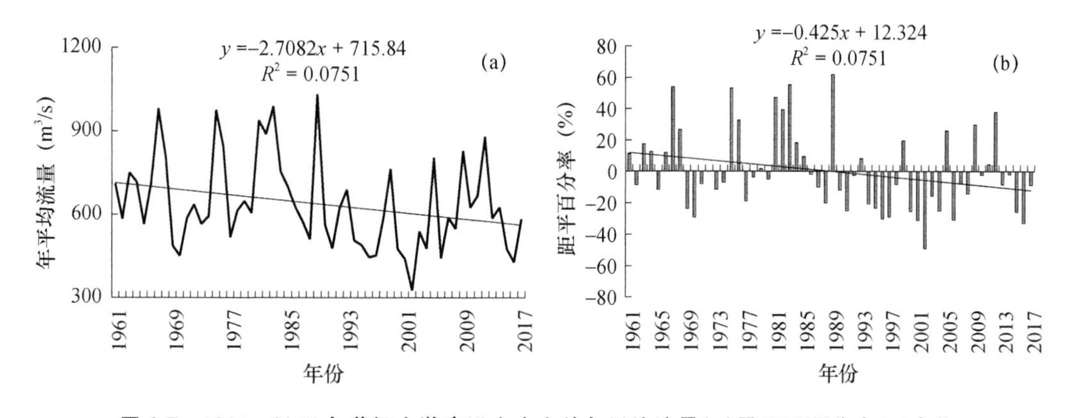

图 6-7 1961—2017 年黄河上游唐乃亥水文站年平均流量(a)及距平百分率(b)变化

6.2.1.2 气候因子对地表水资源的综合影响

影响地表水资源的气候因子可由水量平衡模式来确定：$B = R - E - Q - W$，B 为水量平衡，R 为流域平均降水量，E 为流域蒸发量，Q 为河流径流量，W 为土壤蓄水量，单位均为毫米。根据物质总量收支平衡原理，当流域处于稳定状态时，多年水量平衡 $\sum B$ 应该为零，则径流量可表示为：$Q = R - E - W$。W 可表示为气温和降水量的函数，由此可直观地反映出气温、降水量以及蒸发量是影响流量的主要气候因子。

表 6-1　唐乃亥站流量与黄河上游同期年平均气温(T)相关系数

	年平均温度	春季平均温度	夏季平均温度	秋季平均温度	冬季平均温度
年流量	−0.164	−0.179	−0.120	0.049	−0.160
春季流量	−0.428**	−0.530***	−0.310	−0.169	−0.345*
夏季流量	−0.012	−0.085	−0.025	0.146	−0.029
秋季流量	−0.187	−0.097	−0.110	−0.026	−0.187
冬季流量	−0.014	−0.114	−0.047	−0.116	0.138

最高气温(T_{max})相关系数

	年平均最高气温	春季平均最高气温	夏季平均最高气温	秋季平均最高气温	冬季平均最高气温
年流量	−0.335*	−0.253	−0.360**	−0.193	−0.200
春季流量	−0.530***	−0.588***	−0.312*	−0.214	−0.453***
夏季流量	−0.217	−0.233	−0.299*	0.033	−0.112
秋季流量	−0.258	−0.058	−0.267	−0.352**	−0.137
冬季流量	−0.021	−0.108	−0.104	−0.049	0.063

最低气温(T_{min})相关系数

	年平均最低气温	春季平均最低气温	夏季平均最低气温	秋季平均最低气温	冬季平均最低气温
年流量	0.133	0.095	0.215	0.247	−0.093
春季流量	−0.165	−0.085	−0.205	−0.070	−0.191
夏季流量	0.216	0.180	0.312*	0.202	0.061
秋季流量	0.051	0.008	0.124	0.261	−0.207
冬季流量	0.103	0.030	0.072	−0.102	0.216

注:上标为*、**和***的相关关系分别通过了0.05、0.01和0.001信度的检验。

表6-1列出了黄河上游四季及年平均气温与流量的相关系数。由表6-1可以看出:(1)气温与流量总体上呈较为显著的负相关关系,表明在黄河上游气温升高对于加大流域蒸发量导致流量补给的减少作用要大于其升高致使冰雪融水的补给作用;(2)四季及年平均气温当中春季气温对流量的作用最为显著,说明在干旱半干旱的黄河上游,春季气温的回升导致的蒸发量增大致使流量减少的作用,明显突出于春季微弱的降水量对流量的补给;(3)四季及年平均流量中春季流量对气温的响应最为敏感,从而表明气温升高导致的水分蒸发效用有效地削弱了冰雪融水对春季流量的补给作用;(4)通过分析月平均最高、最低气温与年流量的关系时发现,春季及年最高气温对春季流量的贡献较为突出,而最低气温的影响仅在夏季通过0.05的显著性检验。

为进一步说明流量与降水量的关系,表6-2给出了黄河上游四季及年降水量与流量的相关系数。可分析得出:(1)冬、春季降水量对流量的影响不甚显著,表明冬、春季流量主要依赖于冰雪融水补给,尤其在冬季更为突出。(2)对年流量而言,年降水与夏季降水是对其影响的关键气候因子。(3)四季流量当中以秋季流量与降水量的相关系数相对较高,秋季流量对四季及年降水量的响应最为显著,夏、秋季流量与同期降水的相关系数达到0.63以上,表明夏、秋季流量主要来自于降水的贡献。

表 6-2 唐乃亥站流量与黄河上游同期降水相关系数

	年降水量	春季降水量	夏季降水量	秋季降水量	冬季降水量
年流量	0.770***	0.382**	0.675***	0.414**	0.007
春季流量	0.265	0.373**	0.188	0.001	0.242
夏季流量	0.634***	0.421**	0.676***	0.088	0.088
秋季流量	0.697***	0.167	0.486***	0.696***	−0.146
冬季流量	0.209	0.140	0.315*	−0.053	−0.110

注：上标为*、**和***的相关关系分别通过了0.05、0.01和0.001信度的检验。

表6-3、表6-4给出了黄河上游四季及年蒸发量与流量的相关关系。可以看出：(1)四季及年蒸发量普遍与流量呈负相关关系，表明蒸发量作为地表水分平衡当中重要的支出项，蒸发量的增大必然导致流量的减少，反之亦然，其物理意义是显著的；(2)四季当中夏季蒸发量对流量的作用最为显著，说明了在夏季降水补给不足的情况下，蒸发量增大对流量减少作用的显著性更为突出；(3)年流量对夏季蒸发最为敏感，而四季当中夏季流量与蒸发量的相关性最好。

表 6-3 唐乃亥站流量与黄河上游同期蒸发量(彭曼公式计算)相关系数

	年蒸发量	春季蒸发量	夏季蒸发量	秋季蒸发量	冬季蒸发量
年流量	−0.293*	−0.277*	−0.565***	−0.256	−0.181
春季流量	−0.371**	−0.411**	−0.327*	−0.211	−0.387**
夏季流量	−0.309*	−0.135	−0.573***	−0.019	−0.073
秋季流量	−0.124	−0.264	−0.354**	−0.409**	−0.162
冬季流量	0.034	−0.142	−0.160	−0.040	0.034

注：上标为*、**和***的相关关系分别通过了0.05、0.01和0.001信度的检验。

表 6-4 唐乃亥站流量与黄河上游同期蒸发(高桥浩一郎公式计算)相关系数

	年蒸发量	春季蒸发量	夏季蒸发量	秋季蒸发量	冬季蒸发量
年流量	−0.042	0.102	−0.277*	0.153	0.002
春季流量	0.032	0.201	−0.303*	0.058	0.207
夏季流量	−0.045	0.048	−0.244	0.115	0.087
秋季流量	−0.038	0.093	−0.172	0.142	−0.147
冬季流量	−0.142	−0.037	−0.130	−0.073	−0.108

注：上标为*、**和***的相关关系分别通过了0.05、0.01和0.001信度的检验。

由于预估数据的限制，对于彭曼公式蒸发无法计算，因此，采用高桥浩一郎公式进行黄河上游蒸发量的计算。

为显现以上气温、降水、蒸发等因子对黄河上游流量的综合影响，下面给出了各因子原始数据与流量的回归方程：

$$Q=498.092+2.132R-40.458T_{max2}-2.565EG_2\ (F=34.457, r=0.824) \tag{6-7}$$

$$Q_1=714.322-32.909T_1-27.858T_{max1}+2.331R_1-2.712EG_2\ (F=13.667, r=0.730) \tag{6-8}$$

$$Q_2 = 2313.512 + 0.803R + 3.653R_2 - 194.732T_{max2} + 122.628T_{min2} (F = 16.714, r = 0.763) \tag{6-9}$$

$$Q_3 = -329.613 + 2.732R + 4.516R_3 - 82.565T_{max3} (F = 30.867, r = 0.809) \tag{6-10}$$

$$Q_4 = 200.224 + 0.294R_2 + 4.463T_4 (F = 3.5, r = 0.352) \tag{6-11}$$

式中:Q 为年流量,Q_1、Q_2、Q_3、Q_4 分别为春、夏、秋、冬季流量;R 为年降水量,R_1、R_2、R_3、R_4 分别为春、夏、秋、冬季降水量;T 为年平均气温,T_1、T_2、T_3、T_4 分别为春、夏、秋、冬季平均气温;T_{max}为年平均最高气温,T_{max1}、T_{max2}、T_{max3}、T_{max4}分别为春、夏、秋、冬季平均最高气温;T_{min}为年平均最低气温,T_{min1}、T_{min2}、T_{min3}、T_{min4}分别为春、夏、秋、冬季平均最低气温;EG 为年蒸发量(高桥浩一郎),EG_1、EG_2、EG_3、EG_4 分别为春、夏、秋、冬季蒸发量。

上述式中,除冬季复相关系数为 0.352,其他复相关系数均超过 0.74,达到了 0.001 信度的显著性水平。由拟合方程可以看出:年及春、夏、秋季流量随着年平均气温的升高、降水量的减少、蒸发量的增大和冻土厚度的减小而减少,反之亦然,其物理意义是与客观事实相吻合的。说明回归方程及各因子的方程贡献是显著的。图 6-8a 为年平均流量实测值与方程模拟值的对比曲线,多数年份拟合很好,平均相对误差为 9.7%,春、夏、秋季流量拟合相对误差分别为 12.5%、14.0%、15.4%(图 6-8b～图 6-8d),表明上述方程用于估算黄河上游年及季节流量具有较高的可信度,同时也说明气候变化是黄河上游流量变化的主要驱动力。

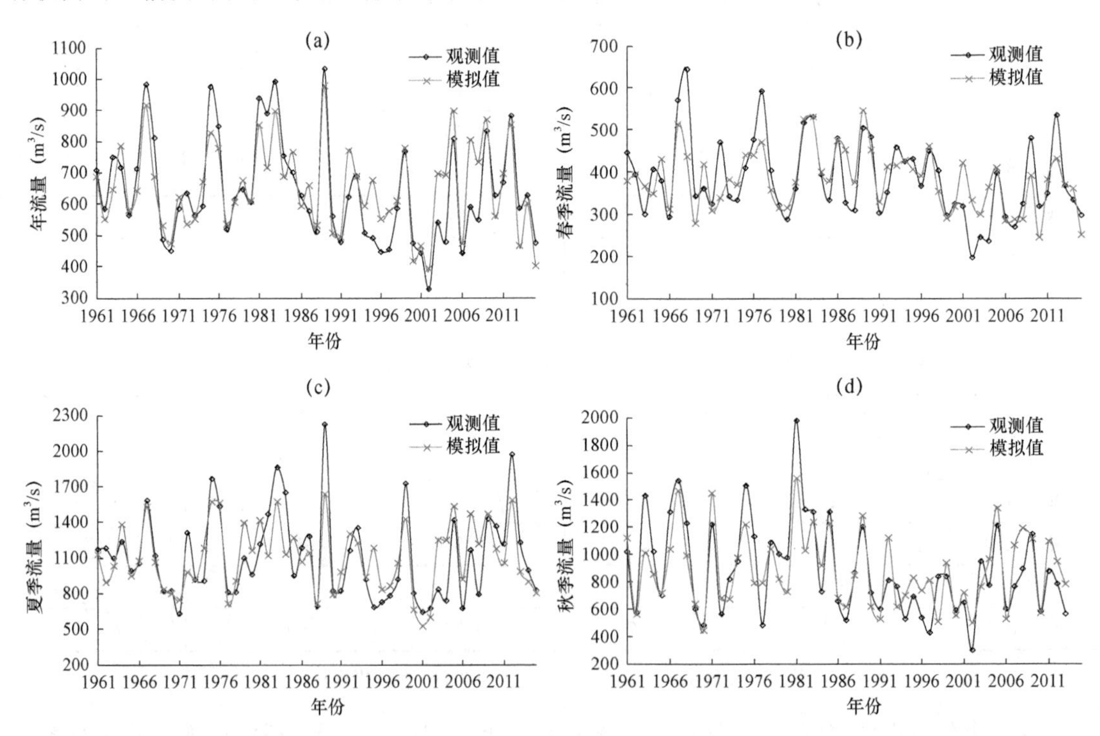

图 6-8 黄河上游年平均流量(a)及春(b)、夏(c)、秋季(d)流量实测值与拟合值变化曲线

6.2.1.3 流量预估

根据上文建立的气候变化对黄河上游地表水资源影响评估模型,利用气候模式系统输出的未来气候变化情景资料,对黄河上游年平均流量可能的变化趋势进行预估。图 6-9 给出的未来 35 年三种不同排放情景下黄河上游流域年及春、夏、秋季流量变化可能的趋势来看,未来 35 年黄河上游流量呈减少趋势,RCP2.6 情景下,2016—2050 年唐乃亥年及春、夏、秋季流量平均分别为662.3 m^3/s、375.1 m^3/s、1088.0 m^3/s和912.2 m^3/s，年及春、夏、秋季流量减少速率分别为每10 a 6.2 m^3/s、10.6 m^3/s、15.2 m^3/s、1.0 m^3/s，以夏季降幅最为明显。与历年(1961—2015年平均值)相比，年及秋季流量分别偏多16.8 m^3/s、23.8 m^3/s，春、夏季流量偏少10.7 m^3/s、27.3 m^3/s。RCP4.5情景下，唐乃亥年及季节流量平均分别为644.1 m^3/s、361.1 m^3/s、1071.4 m^3/s和891.1 m^3/s，流量减少速率分别为每10年5.9 m^3/s、22.4 m^3/s、1.5 m^3/s、1.6 m^3/s，以春季降幅最为明显。与历年(1961—2015年平均值)相比，年流量和秋季流量接近常年水平，春季和夏季流量分别偏少24.7 m^3/s、43.9 m^3/s。RCP8.5情景下，唐乃亥年及季节流量平均分别为643.3 m^3/s(A2)、350.0 m^3/s、1065.5 m^3/s和899.7 m^3/s，流量减少速率分别为每10 a 18.5 m^3/s、41.3 m^3/s、31.7 m^3/s、12.3 m^3/s，以春季降幅最为明显。与历年(1961—2015年平均值)相比，年流量接近常年水平，春季和夏季流量分别偏少35.8 m^3/s、49.8 m^3/s，秋季流量偏多11.3 m^3/s。赵芳芳等(2009)利用SWAT模型预测未来3个时期(21世纪20年代、50年代和80年代)，在统计降尺度(SDS)情景下将分别减少88.61 m^3/s(24.15%)、116.64 m^3/s(31.79%)和151.62 m^3/s(41.33%)。而Delta情景下研究区年平均流量变化相对较小，21世纪20年代、50年代分别减少63.69 m^3/s(17.36%)和1.73 m^3/s(0.47%)，而21世纪80年代将增加46.93 m^3/s(12.79%)。可见，利用不同气候模式和情景资料所预测出的黄河上游水资源未来变化趋势是不同的，蓝永超等(2004)应用不同模式预测的结论同样是不尽一致的，这不仅说明了气候模式的差异性，同时也进一步表明了未来气候变化的不确定性。

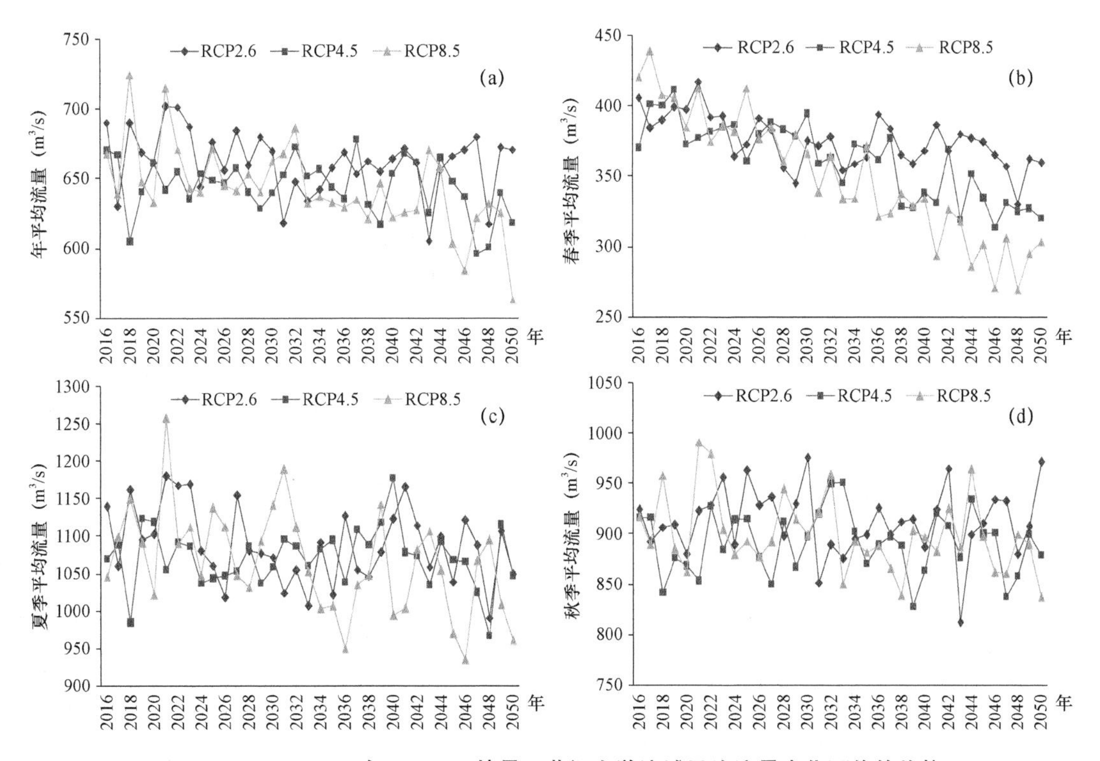

图6-9　2016—2050年RCP4.5情景下黄河上游流域平均流量变化可能的趋势

由于气温上升所引起的蒸散发损耗的增加将在很大程度上抵消降水量的增加，而且社会经济的发展对于水资源需求的不断增长，未来黄河上游水资源供需情势将可能更加严峻。同时，黄河上游流量的波动变化对区域内生态环境有显著的影响，近50年来流量减少趋势使与河流水体相连并进行水量交换的湖泊、沼泽湿地疏干退化，生态环境明显恶化。未来流域流量可能持续减少，将会使黄河上游水文水资源情势和生态环境面临更大的挑战，对于以水电为主的青海电力生产也将可能带来不利影响，但这种趋势仍具有一定的不确定性。

6.2.2 长江源区流量预估

6.2.2.1 长江源区流量变化特征

1961—2017年，长江上游地区直门达径流量呈增加趋势，平均每10 a增加13.7 m^3/s，1961—2017年长江上游年平均径流量419.2 m^3/s，其中2009年径流量最高，为775.0 m^3/s；1979年径流量最低，仅为221.1 m^3/s。进入21世纪，长江上游径流量持续增加，2000—2017年长江上游年平均径流量达474.6 m^3/s，较1961—1999年增加80.9 m^3/s，偏多21%；较20世纪90年代增加130.3 m^3/s，偏多38%（图6-10）。

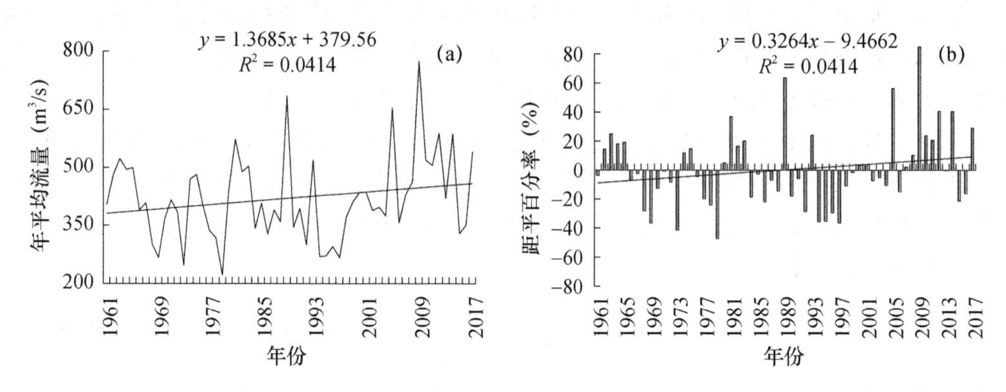

图6-10 1961—2017年长江上游直门达水文站年平均流量(a)及距平百分率(b)变化

6.2.2.2 关键气候因子分析

分析长江源区四季及年平均气温与流量的相关系数（表略）可见：(1)总体而言，年、季流量对平均最低气温的敏感程度要高于平均气温和平均最高气温的敏感程度，除春季流量外，年及夏、秋、冬季流量呈显著的正相关关系，年流量与夏季、秋季平均最低气温相关系数达到0.56以上，通过0.001的显著性检验，表明平均气温越高，越有利于冰川消融，使河川径流增加；(2)对于季节而言，冬季气温对冬季流量的作用最为突出。(3)平均最高气温对流量的影响仅在春季响应较好，且为负相关关系，相关系数达到−0.381，通过0.05的信度检验。

降水量作为地表水资源的主要补给来源，对于作为以雨水补给为主的长江源流量的变化起着最为显著的影响。进一步的相关分析表明（表略），降水量与流量还存在如下关系：(1)年降水量与年平均流量相关性极高，两者的相关系数为0.87，达到了99.9%信度的置信水平；(2)夏季降水量对于流量的影响最为显著，且具有一定的持续性，其与年、夏、秋季平均流量的相关系数分别为0.748、0.709、0.653，均达到了99.9%信度的置信水平；(3)秋季流量对于降水量的响应最为敏感，且具有一定的滞后性，其与春、夏、秋季和年降水量的相关系数分别为0.299、0.653、0.605和0.794，均达到了95%和99.9%信度的置信水平。可见，近年来长江源区降水量的增多尤其是2004年以来降水量显著增多，有效地增加了长江源区地表水资源的补给，从而使流域流量增大。

长江源区四季及年蒸发量与流量也可以看出（表略），夏季蒸发是年流量减少的主要因素之一，同时对夏季流量及秋季流量的作用十分明显。

以上分析表明，受全球变暖、降水量显著增多的影响，长江源区冰川迅速退缩，致使流域径流量出现明显增多趋势。但是以上分析主要是从单一因子对地表水资源的影响逐一进行分析的，而事实上长江源区地表水资源的变化，是上述因子综合作用的结果，同时还应包括蒸发量对流量的负贡献。为此，我们依据年、季流量与主要气候因子的相关关系（表略），建立如下气候变化对长江源区流域地表水资源影响的评估模型：

$$Q=-316.545+3.113T_{min2}+1.893R-0.0957EG_1(F=51.757,r=0.872) \quad (6\text{-}12)$$

$$Q_1=96.684-7.02T_{max1}+0.004R_1+3.329EG_1(F=10.996,r=0.634) \quad (6\text{-}13)$$

$$Q_2=-472.257-50.752T_{min2}+56.027T_{min3}+2.512R+2.75R_2+5.404EG_1(F=24.924,r=0.852) \quad (6\text{-}14)$$

$$Q_3=-172.072+28.739T_{min3}+2.221R+0.237EG_3(F=37.734,r=0.835) \quad (6\text{-}15)$$

$$Q_4=156.297+3.116T_{min4}+1.674T_4(F=7.08,r=0.47) \quad (6\text{-}16)$$

式中：Q 为年流量，Q_1、Q_2、Q_3、Q_4 分别为春、夏、秋、冬季流量；R 为年降水量，R_1、R_2、R_3、R_4 分别为春、夏、秋、冬季降水量；T 为年平均气温，T_1、T_2、T_3、T_4 分别为春、夏、秋、冬季平均气温；T_{max} 为年平均最高气温，T_{max1}、T_{max2}、T_{max3}、T_{max4} 分别为春、夏、秋、冬季平均最高气温；T_{min} 为年平均最低气温，T_{min1}、T_{min2}、T_{min3}、T_{min4} 分别为春、夏、秋、冬季平均最低气温；EG 为年蒸发量（高桥浩一郎），EG_1、EG_2、EG_3、EG_4 分别为春、夏、秋、冬季蒸发量。

根据上式，可建立 1961—2015 年长江源区年及春、夏、秋季流量的拟合曲线如图 6-11 所示，模拟值与实测值的绝对误差分别为 11.1%、12.1%、14.0%．13.5%，拟合效果较好，其中对于年流量的模拟与实测值相比历年以偏少为主。整体来看，模型对于长江源区流量的模拟比较稳定。在降水量、气温和蒸发量三因子当中，作为地表水资源供给项的降水量对于流量的贡献最为显著，平均最低气温次之，蒸发影响要明显低于前两者。

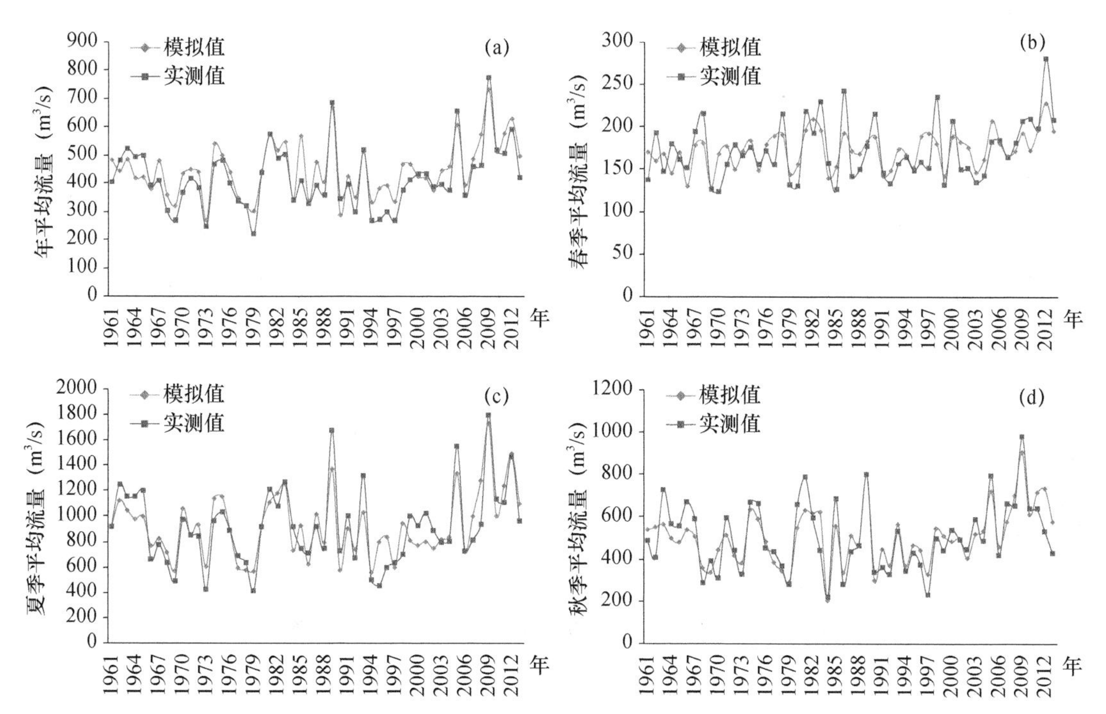

图 6-11　1961—2015 年长江源区年及春、夏、秋季流量模拟值与实测值拟合曲线

6.2.2.3 未来长江源区地表水资源预估

根据上文建立的气候变化对长江源区地表水资源影响评估模型，利用 RCPs 情景下未来 35 年长江源区气候变化资料，对长江源区年平均流量可能的变化趋势进行预估。与基准期(1971—2000 年)相比，未来 35 年长江源区气温上升，降水增加，蒸发有微弱的增加趋势，但不明显。预估 2016—2050 年长江区流量以增加为主(图 6-12)，其中 RCP2.6 情景下年及春、夏、秋季的流量分别为 468.2 m^3/s、186.7 m^3/s、1006.8、529.3 m^3/s，与常年(1961—2015)相比，分别增加了 50.4 m^3/s、14.4 m^3/s、90.0 m^3/s、24.0 m^3/s。RCP4.5 情景下年及春、夏、秋季的流量分别为 461.2 m^3/s、187.3 m^3/s、1111.2 m^3/s、520.4 m^3/s，与常年(1961—2015)相比，分别增加了 43.7 m^3/s、15.0 m^3/s、194.4 m^3/s、15.1 m^3/s。RCP8.5 情景下年及春、夏、秋季的流量分别为 470.9 m^3/s、189.1 m^3/s、1027.0 m^3/s、546.0 m^3/s，与常年(1961—2015)相比，分别增加了 53.4 m^3/s、16.8 m^3/s、110.2 m^3/s、40.7 m^3/s。可见，除了夏季以外，年及春、秋季在高排放情景下增加最多，而夏季在中排放情景下增加最多。齐冬梅等(2015)利用年径流预测的混合回归模型，预计未来到 2050 年，长江源区气温将升高，降水将增加，冰川面积将减少，地表水资源仍有可能以增加为主。这与本节在预测时段上一致并且地表水资源总体变化趋势相吻合。值得说明的是，RCPs 情景下未来 35 年长江源区降水量和蒸发量均呈微弱增加趋势，两者对于流量的作用可基本相互抵消，而流量的增加量可能主要来自冰川融水的增加。如果未来趋势果真如此，这种以冰川消融为代价的流量增加趋势未必真正值得乐观，而气候变暖趋势下冰川消融可能会带来的一系列不利影响更应值得及早关注。

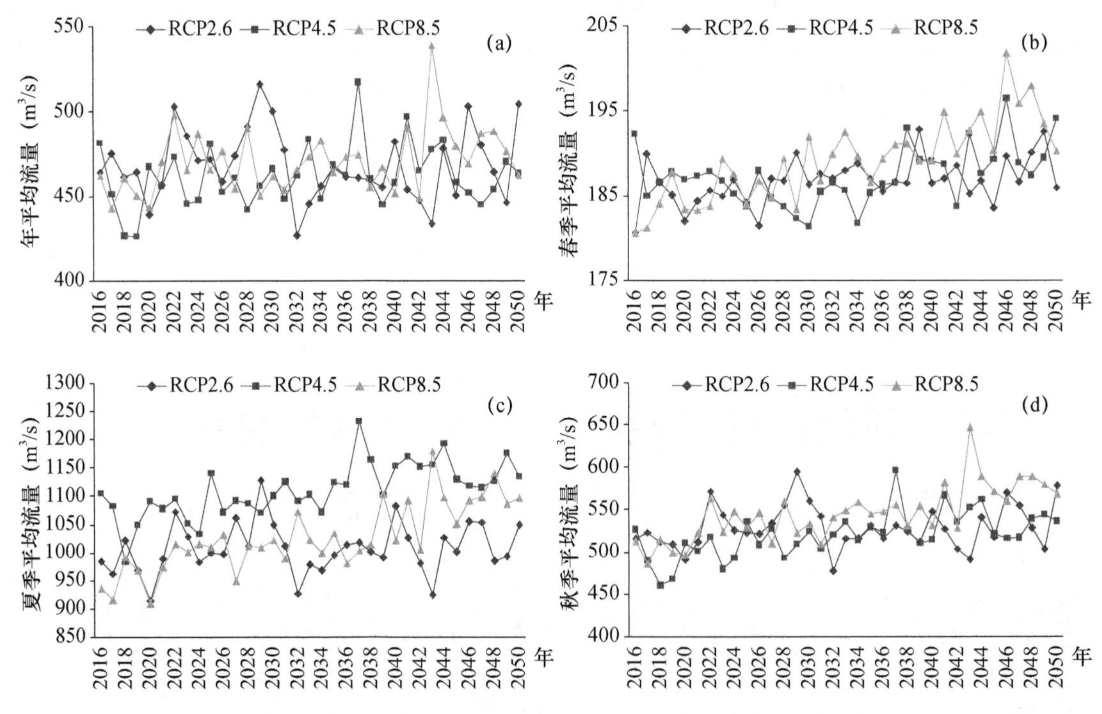

图 6-12 RCPs 情景下未来 35 年长江源区流量变化趋势预估值

6.2.3　柴达木盆地主要河流流量预估

6.2.3.1　流量变化特征

气候变暖背景下，盆地的冰雪融水和降水量均呈增加趋势，对径流的年际和年内分布产生了一定的影响。以格尔木河和巴音河出山口水文控制站格尔木和德令哈为例，实测径流在1961 年以来分别呈现 90%和 99%置信水平的显著增加趋势。1961—2017 年，格尔木河年径流量的增幅为 0.23 亿 m^3/10 a。20 世纪 60 年代和 90 年代为格尔木河的相对枯水期，80 年代和 2000 年以来为丰水期，20 世纪 70 年代径流接近多年平均状况（图 6-13a）；巴音河年径流量的增幅为 0.25 亿 m^3/10a。20 世纪 60—90 年代径流量均低于多年平均水平，90 年代最少，2000 年以来为丰水期（图 6-13b）。

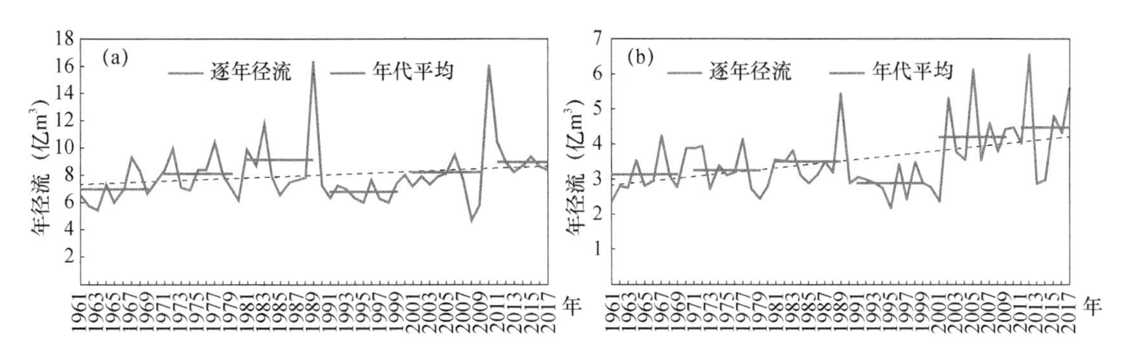

图 6-13　柴达木盆地格尔木河格尔木站(a)，巴音河德令哈站(b)年径流变化(1961—2017 年)

径流补给形式对柴达木盆地河流年径流变差系数的影响较大。降水补给河流变差系数较大，为 0.3～0.5；地下水和冰雪融水补给河流的径流年际变动相对较小，变差系数低于 0.3。1961—2017 年，格尔木河和巴音河年径流的变差系数在 0.26～0.27，最高值比最低值分别高出 2.5 倍（1989 年的 16.3 亿 m^3 比 2008 年的 4.7 亿 m^3）和 2.0 倍（2012 年的 6.5 亿 m^3 比 1995 年的 2.2 亿 m^3）。

6.2.3.2　流量预估

根据气温、降水以及蒸发等因子对巴音河和格尔木河流量的综合影响，式(6-17)至式(6-20)给出了各因子原始数据及其标准化数据径流量的回归方程：

巴音河：

$$Q_1 = 23.684 - 0.104T_1 + 0.028R - 0.012E \tag{6-17}$$

$$Q_2 = 22.94 - 0.193T_2 + 0.03R - 0.012E \tag{6-18}$$

式中：Q_1 和 Q_2 为巴音河年平均流量(m^3/s)，T_1 为冬季平均气温(℃)，R 为夏季降水量(mm)，E 为夏季蒸发量(mm)，T_2 为 12 月气温。式(6-17)、(6-18)相关系数分别为 0.705 和 0.712，达到了 0.001 信度的显著性水平。

格尔木河：

$$Q_3 = 65.178 - 1.738T_3 + 0.177R_3 - 0.022E_3 \tag{6-19}$$

$$Q_4 = 61.54 - 1.672T_4 + 0.328R_4 - 0.017E_3 \tag{6-20}$$

式中：Q_3 和 Q_4 为格尔木河年平均流量(m^3/s)，T_3 为春季平均气温(℃)，T_4 为 4 月气温。R_3 为夏季降水量(mm)，R_4 为 6 月降水量(mm)，E_3 为 6 月蒸发量(mm)，式(6-19)、(6-20)相关系

数分别为 0.636 和 0.641,达到了 0.001 信度的显著性水平。

由上可以看出:年平均流量随着年平均气温的升高、降水量的减少和蒸发量的增大而减少,反之亦然,其物理意义是与客观事实相吻合的。

根据上文建立的气候变化对柴达木河流影响评估模型,利用 RCPs 情景下气候模式系统输出情景资料,对巴音河和格尔木河年平均流量可能的变化趋势进行预估。由图 6-14 给出巴音河未来三种不同排放情景下年平均流量变化可能的趋势来看,未来 85 年巴音河年平均流量总体有微弱的增加趋势,在 RCP2.6 情景下变化相对平稳,而在 RCP4.5、RCP8.5 情景下随着时间的推移因蒸发量的增大流量有减少的趋势,与气候基准年(1971—2000 年)相比,三种排放情景下平均流量距平百分率分别为 6.8%、6.0%、4.6%。

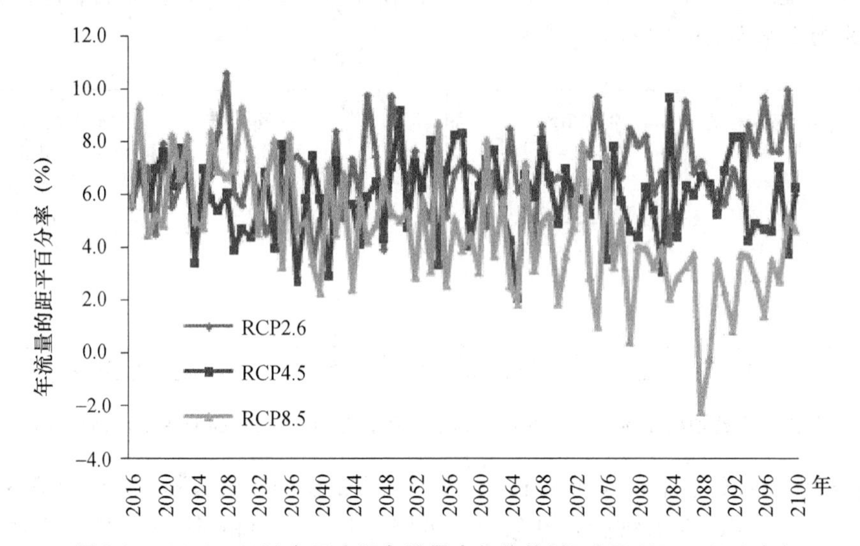

图 6-14　2016—2100 年巴音河年流量变化趋势(相对于 1971—2000 年)

格尔木河年流量在三种排放情景下均呈显著的减少趋势(图 6-15),尤其在 RCP8.5 情景下表现得尤为显著,平均减少量达 19%。RCP2.6、RCP4.5 情景下减少量在 −1.2%～20.0%。可见,未来几十年由于蒸发的显著增大,格尔木河流量减少显著,未来水资源形势不容乐观。

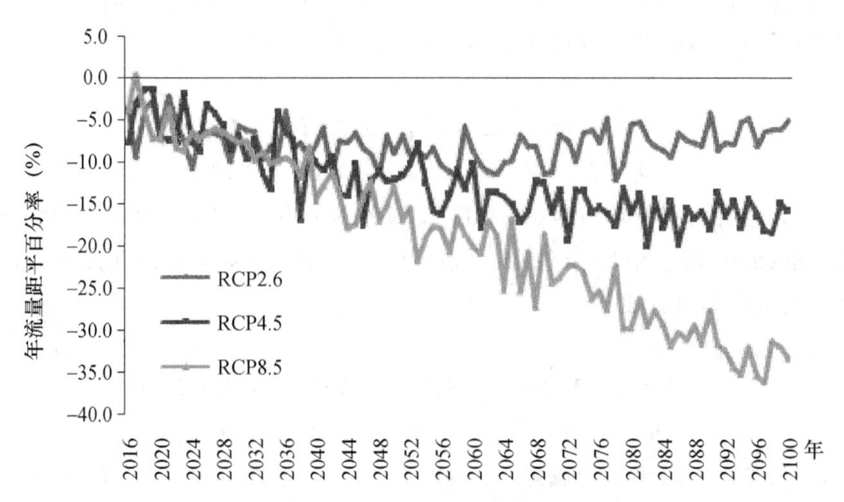

图 6-15　2016—2100 年格尔木河年流量变化趋势(相对于 1971—2000 年)

6.3　气候变化对冰川冻土的影响预估

6.3.1　对冰川的预估

6.3.1.1　冰川现状

根据中国科学院寒区旱区环境与工程研究所 2014 年 12 月发布的《中国第二次冰川编目数据集》，在我国，冰川主要分布在青藏高原。有数据显示，青藏高原冰川覆盖面积约 5 万 km^2，占全国冰川总面积八成以上。青藏高原的冰川是多条大江大河的源头，是众多江河和内陆湖泊重要的补给来源，冰川退化应引起注意。冰川消融短期内会造成江河流水量增加，但长此以往，一旦部分冰川消亡或冰川面积减小，其下游径流就会逐渐减少，影响社会经济可持续发展。全球区域有很多冰川退缩后形成冰碛湖，也是冰川退缩的证据。编目结果同样显示，西部冰川呈现萎缩态势，面积缩小 18%，年均缩小 243.7 km^2。阿尔泰山和冈底斯山的冰川退缩最显著，冰川面积分别缩小 37.2%和 32.7%。20 世纪以来，青藏高原的冰川开始退缩。而从 20 世纪 90 年代至今，冰川退缩幅度在增加。青海境内冰川的分布见图 6-16，主要集中分布在祁连山区、昆仑山、唐古拉山。

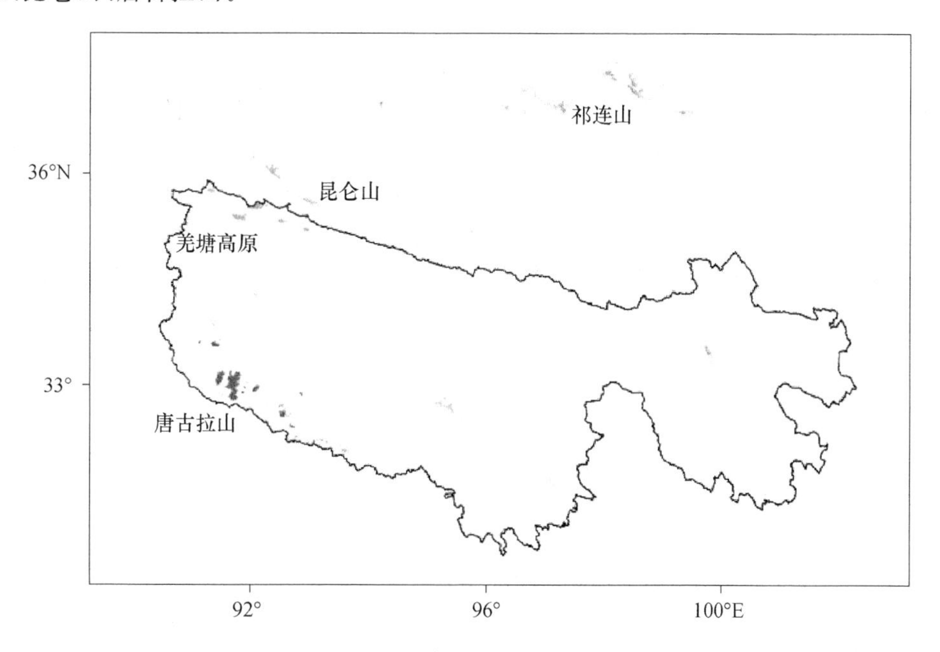

图 6-16　青海省的冰川分布

(1)三江源区冰川现状

三江源区山脉绵延、地势高耸，是青海省现代冰川发育最好的地区。据第二次中国冰川编目数据统计显示，三江源地区共发育冰川 1732 条，面积 2499.736 km^2，分别占青海省冰川总量的 45.5%和 65.5%。其中三江源区东部海南州仅有冰川 6 条，且规模小，面积最大的查子岗日冰川仅为 0.21 km^2；果洛州现有 94 条冰川，主要分布于昆仑山系支脉阿尼玛卿山的主峰玛卿岗日(表 6-5)。而其余冰川位于三江源区西部的玉树州和唐古拉山镇(属格尔木市)，分别属于东昆仑山系、唐古拉山和羌塘高原，且冰川发育规模相对较大，冰川面积约 1.5 km^2，其中位于东昆仑山布喀达坂峰南坡的莫诺马哈冰川面积达到 83.94 km²，也是青海境内面积最大的冰川（刘时银等，2015）。

表 6-5 三江源地区冰川分布统计表

行政区	冰川数量（条）	冰川面积（km²）	冰川所属山系分布（条）		
			唐古拉山	昆仑山	羌塘高原
海南州	6	0.67		6	
果洛州	94	106.09		94	
玉树州	1089	1112.99	258	790	41
海西州（唐古拉山镇）	543	1279.97	524		19
合计	1732	2499.73	782	890	60

近 50 a，三江源地区呈明显的暖湿化趋势，且气候极端性突出，极端天气气候事件频次增多。受区域升温的影响，三江源区冰川面积表现为一致性的退缩趋势，且其东南部地区冰川退缩明显快于西北部高原腹地极大陆型冰川作用区。

冰川物质平衡是表征冰川积累和消融的重要指标，主要受控于能量收支状况，对气候变化响应敏感（中国气象局气候变化中心，2018）。该指标为负时，表明冰川物质发生亏损；反之则冰川物质发生盈余。小冬克玛底冰川（33.5°N，92.4°E）位于唐古拉山中段山区，属于典型极大陆型冰川，面积约为 1.76 km²，长度约 2.8 km，末端海拔 5420 m，最高点海拔 5926 m，冰川集中分布在海拔 5550～5790 m。该冰川长期观测和物质平衡模拟重建结果显示（李忠勤等，2018），1955 年以来，小冬克玛底冰川总体上处于消融亏损的状态（图 6-17）。降水增加带来的物质积累量小于气温升高导致的冰川消融量，从而造成了冰川的物质亏损趋势。尤其 1998 年以来，冰川物质平衡以负平衡为主导，其中 2000 年达到－996 mm，冰川消融最为强烈。1989 年至 2015 年，小冬克玛底冰川累积物质平衡量为－7615 mm，即假定冰川面积不变的条件下，冰川厚度平均减薄 7.615 m 水当量。

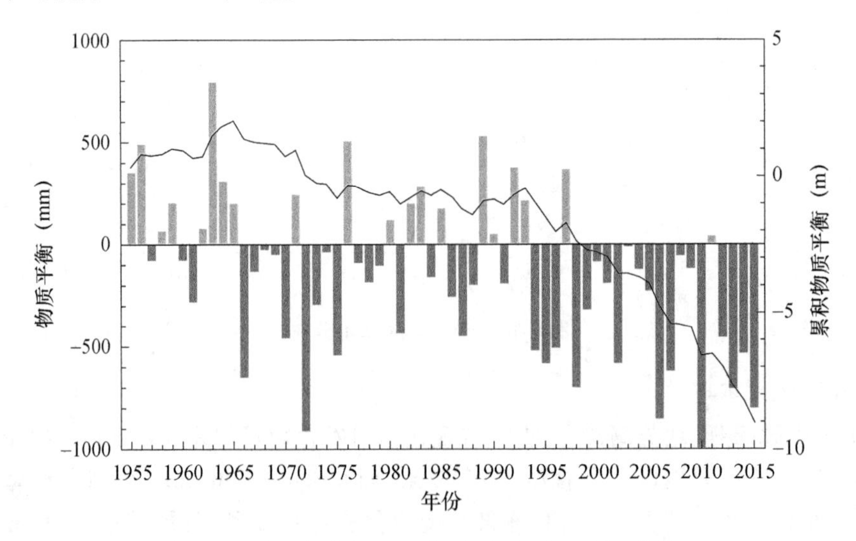

图 6-17 小冬克玛底冰川 1955—2015 年物质平衡变化

（2）祁连山区冰川现状

祁连山区地处青海省东北部，由一系列西北—东南走向的平行山脉与谷地组成，南靠柴达木盆地、北临河西走廊，是青藏高原东北部冰川集中发育地区之一。据第二次中国冰川编目数据统计显示（图6-18），青海省祁连山区共发育冰川1192条，面积836.86 km²，冰储量46.54 km³。该区冰川的一个显著特点是冰川规模较小，其中面积小于1 km²冰川997条，占总数量的83.64%；面积大于10 km²冰川的冰川仅有7条，其中面积最大的是位于祁连山西段土尔根达坂山东端的敦德冰帽（章新平等，1993；姚檀栋，2002），该平顶冰川群（38°06′N，96°27′E）顶部海拔5355.7 m，冰舌末端海拔4608.4 m。

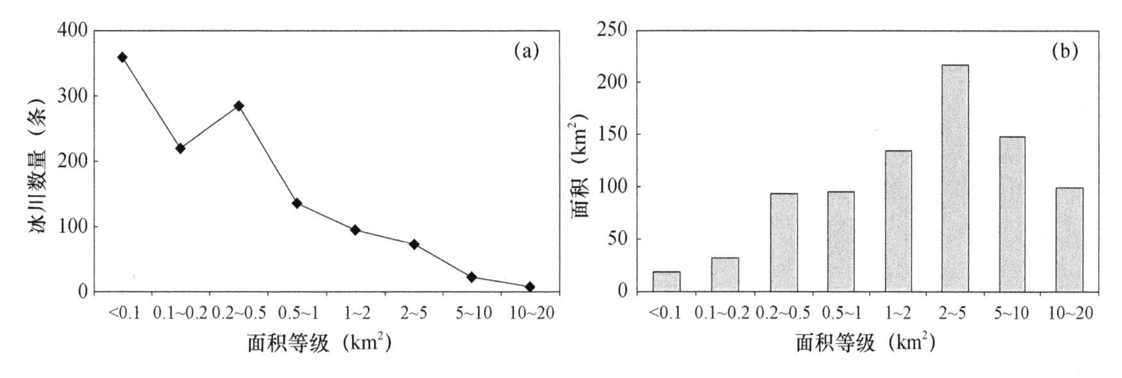

图6-18 青海省祁连山区不同面积等级冰川数量(a)与面积(b)

在气候变暖背景下，祁连山冰川作用区呈暖湿化趋势，且冬季升温速率大于夏季，冬季降水增加幅度小于夏季，气候要素变化的组合特征不利于冰川积累而致使冰川消融退缩；且该地区多为面积小于1 km²的小冰川，对区域增暖的响应尤为敏感。近50年，青海省祁连山区冰川面积减少198.44 km²（−19.17%），且祁连山东段南坡大通河流域冰川面积退缩相对速率最快，中段的布哈河—青海湖流域冰川面积变化速率居中，最西段土尔根达坂山以南的鱼卡河—塔塔棱河流域冰川面积变化相对速率较小，冰川面积减少由西向东总体呈加快趋势（孙美平等，2015）。而冰川的持续缩减将给河流径流造成明显影响，祁连山东段小部分流域冰川融水径流可能已达峰值（丁永建等，2020）；随后冰川固态水资源量的不断减小，融水补给也会随之迅速减少。

典型冰川定位观测结果表明，祁连山中段黑河流域上游葫芦沟流域源头的十一冰川（38°12′45″N，99°52′40″E），距青海省祁连县40 km，目前面积为0.48 km²，海拔分布介于4320～4775 m（方潇雨等，2015）。该冰川面积由1956年的0.64 km²退缩为2010年的0.54 km²，共减少0.10 km²；1956—2010年，冰川末端位置升高50 m，由海拔4270 m上升到4320 m；且2003—2010年该冰川的变化速率为1956—2003年的近6倍，呈加速退缩趋势。

宁缠河3号冰川，属青海省门源县，位于祁连山东段冷龙岭地区，是石羊河支流西营河上游宁缠河的源头区，面积1.39 km²，平均长度1.6 km，冰川末端海拔4140 m，最高海拔4777 m。观测结果显示，1972—2010年，该冰川末端退缩96.5 m，平均每年退缩约2.5 m，且呈加速趋势（刘宇硕等，2012）。1972—1995年冰川面积减少4.6%，1995—2009年减少8.9%，呈加速消融趋势。

6.3.1.2 冰川预估模型

这里采用谢自楚等（2006）提出的冰川变化系统模型对未来一段时间冰川的消融进行预估。

三江源区冰川上只有零星实测消融数据。要了解整个冰川系统的消融状况及水交换特征，目前比较普遍采用的是Kotlyakov等(2012)提出的冰川上夏季平均气温t_s与冰川年消融量a的关系模式：

$$a=1.33(9.66+t_s)^{2.85} \tag{6-21}$$

上式是根据不同气候条件下数十条冰川上的观测资料推导出来并经过修正。因而被称为"全球公式"，在应用于不同地区时，也曾对其系数作过修改。由于没有充分实验及更加精确而简便的模式代替，本节仍应用式(6-21)对冰川系统消融量作大致估算。

零平衡线处夏季平均气温t_s用最大降水带与统计公式法(Maximun Precipitation Formula，简称MPF法)计算。施雅风(2002)在应用MPF法计算现代平衡线时，提出如果气象站分布的海拔高于2000 m，则直接应用气象站的降水数据进行计算。而在MPF法中，这种现代理论平衡线处的气温和降水关系被进一步量化，比较有影响的是赖祖铭(1997)根据间接推算的中国西部山区16条冰川及巴基斯坦境内巴托拉冰川平衡线处6—8月平均气温(TSO)和年降水量(PEL)资料绘制的相关曲线，施雅风将此曲线转化成数学公式(6-22)：

$$T=-15.4+2.48\ln P_{el} \tag{6-22}$$

在实际应用MPF法计算现代平衡线过程中，用公式(6-22)求出现代平衡线处的气温(T)。

冰川零平衡线处(ELA0)的物资平衡状态能代表整个冰川平均物资平衡状态，在稳定状态冰川零平衡线高度与平衡线高度重合，此时零平衡处的净平衡$bn_{(\mathrm{ELA0})}=0$；在不稳定状态，冰川ELA0i处的净平衡仍等于整个冰川的比净平衡，即有：

$$bn_{(ELA0i)}=\overline{bn_l} \tag{6-23}$$

冰川ELA0处消融深度和径流深度也大致等于整个冰川平均水平。因此，在气候变化的条件下，第i年冰川的比净平衡$\overline{bn_l}$，便可由第i年零平衡线处的净平衡量(即消融增量与积累增量的差)估算出：

$$\overline{bn_l}=1.33[(9.66+t_s)^{2.85}-(9.66+t_s+\Delta t_{si})^{2.85}]+\Delta p_i \tag{6-24}$$

式中：t_s为起始年ELA0处夏季平均温度；Δt_{s_i}为ELA0i处较起始年ELA0处的夏季平均升温值；Δp_i为ELA0i处较起始年ELA0处的平均固态降水增加量(即积累增量)。

第i年冰川的比净平衡bn_i的绝对值与当年平均消融量a_i的比率α_i为：

$$\alpha_i=\frac{|\overline{bn_l}|}{\bar{\alpha}_i} \tag{6-25}$$

在新的起点上(第i年)，冰川径流先增大再回落到起点水平时，如蒸发忽略不计，则冰川退缩的面积S_d为：

$$S_d=\frac{S_i\alpha_i}{a_i+1} \tag{6-26}$$

S_d称为第i年冰川径流复原状态条件。应用中国冰川编目普遍使用的面积与平均厚度的关系，计算第i年达到复原状态的时间Te_i为：

$$T_{ei}=\frac{1.8(\alpha_i+1)}{|\overline{b_{nl}}|(\alpha_i+1)}\left\{53.21S_i^{0.3}\left[1-\left(\frac{1}{\alpha_i+1}\right)^{1.3}\right]-\frac{11.32\alpha}{\alpha+1}\right\} \tag{6-27}$$

以上模式已被应用于预测亚洲、中国西北，以及个别冰川径流变化趋势。

在持续升温时，式(6-27)中的参数逐年发生变化，在应用上述径流变化模式时，须逐年计算式(6-27)中各参数，以得到新的复原状态的冰川面积及其时间。其中S_d需通过已变化了的S_0计算，因S_d的年平均变化量为S_d/T_e，则第一年末冰川的面积应为：

$$S_1 = S_0\left[1 - \frac{\alpha_1}{(1+\alpha_1 T_{e1})}\right] \tag{6-28}$$

将新的冰川面 S_1，作为第二年的冰川初始面积，按上文程序逐年计算出 S_1、$S_2 \cdots S_i$，因此第 i 年的冰川面积 S_i 为：

$$S_i = S_{i-1}\left[1 - \frac{\alpha_i}{(1+\alpha_i T_{ei})}\right] \tag{6-29}$$

6.3.1.3　冰川变化预估

(1)三江源区冰川变化预估

唐古拉山北坡小冬克玛底冰川如果降水量不变，当平均气温升高 1 ℃，冰川将后退1.74 km，当平均年气温下降 1 ℃冰川前进 5.31 km；如果降水不变，当平均年气温上升到 1.7 ℃，小冬克玛底冰川将完全消失。气候变化具有不确定性，如预测的，到 2050 年，唐古拉山地区以大致 0.2 ℃/10 a 速率升温，降水以 3.8 mm/10 a 速率增加，黄河源区昆仑山附近根据这样的气候变化情景，用上述模型，对未来 30 a 长江源区三江源区冰川可能的变化趋势进行探讨，在未来 30 年 $\Delta S/S_0 = -0.539$，即在 2050 年冰川面积将减少一半。而这与王欣等人研究长江源区冰川对气候变化相应的结果有所差异，他是以 1970 年作为预测起点，冰川编目资料来自 1969 年的航空相片，长江源区的起始面积为 1276.02 km^2，未来气候预测情景考虑固定升温率，气温升率为 0.25～0.35 ℃/10 a，降水增率为 22.9 mm/10 a，预计 2050 年长江源区面积退缩 11.6%。从冰川系统面积变化看(如图 6-19)，冰川面积缩减的速率到后期有所减缓，这与径流变化规律比较一致。

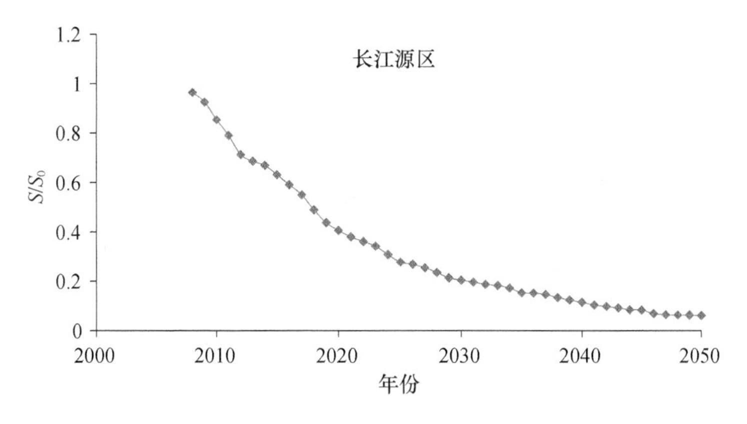

图 6-19　长江源区冰川系统变化过程

如预测的，到 2100 年本区气温上升 3 ℃，降水不变，则冰川长度小于 4 km 以下的冰川可能大都消失，残余的其他冰川主要集中于唐古拉山的沱沱河流域和当曲流域，其他各流域冰川基本上将完全消失，整个长江源区的冰川面积将减少约 60%以上。如果考虑降水增加，在冬季降水增加 20%，约相当于 40 mm，就会抵消由于升温造成的部分冰川消融，再加上冰川的积雪反馈作用，其冰川面积在 2100 年气候条件下减少约 40%(Wang et al.，1996)。依据小冰期以来冰川退缩的幅度，在考虑不同的冰川规模以后，估算到 2100 年本区冰川将减少 35%～40%，冰川面积将从现在的 1168.18 km^{2}减少到 700 km^{2}左右(苏珍等，2000)。

(2)祁连山区冰川变化预估

未来祁连山区气候变化继续以变暖和变湿为主要特征，基于能量物质平衡方程，对祁连山区冰川变化数值模拟及预估分析显示，在多种排放情景下，冰川物质平衡线高度(ELA)均在

2040年左右达到或超过冰川顶部。21世纪近期，祁连山区降水增加不足以抵消区域升温带来的消融影响，冰川将加速消融退缩，冰川物质平衡线高度将继续升高；并在2050年前超过冰川顶部，冰川积累区完全消失，祁连山区海拔5000 m以下的冰川极可能消失，届时因冰川消亡会引起区域水文水资源的变化（施雅风，2001；段克勤等，2017）。

6.3.2 气候变化对冻土影响预估

6.3.2.1 冻土现状

(1)三江源冻土现状

1961—2017年，三江源地区平均年最大冻土深度为132.2 cm，总体呈微弱减小趋势，平均每10 a减小0.5 cm（图6-20a），阶段性变化明显，1961—1982年前期减小后期增加，总体变化幅度较小，平均每10 a减小1.5 cm；1983年以来呈持续减小趋势，平均每10 a减小6.5 cm。

冻土层完全融化日期总体呈提前趋势，平均每10 a提前2.2天（图6-20b），其中1961—1989年变化不明显，1990年以来完全融化日期呈显著提前趋势，平均每10 a提前7.6天。冻土层开始冻结日期呈推迟趋势，平均每10 a推迟3.2天，进入21世纪以来，开始冻结日期呈明显推迟态势（图6-20c）。

从变化率空间分布来看，玉树、玛多、河南、囊谦、贵南等地年最大冻土深度呈增加趋势，平均每10 a增加0.2～4.6 cm，其中以玉树增加最明显；其余各地均表现为减小趋势，其中泽库、杂多、曲麻莱、清水河、玛沁等地平均每10 a减小12～6 cm，曲麻莱是年最大冻土深度减小最明显的地区（图6-21a）。

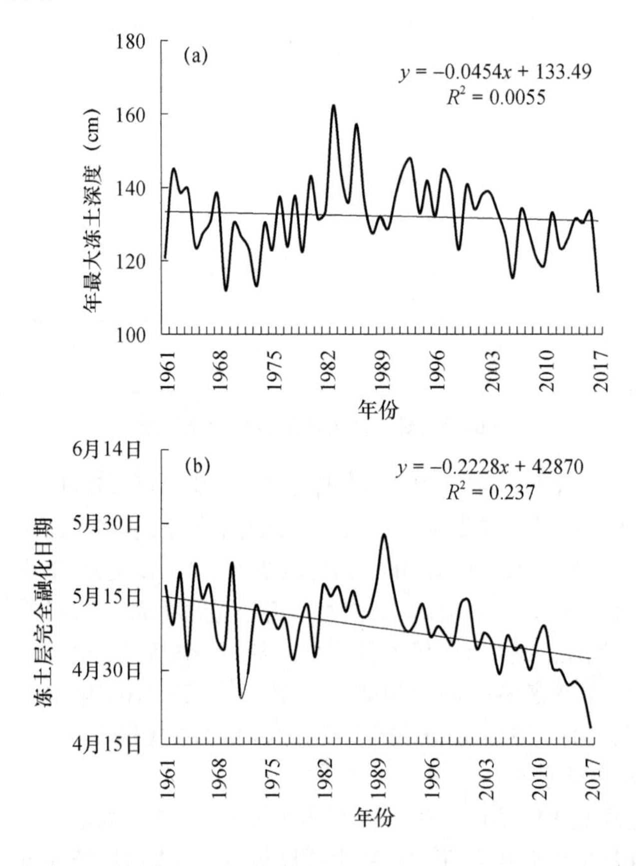

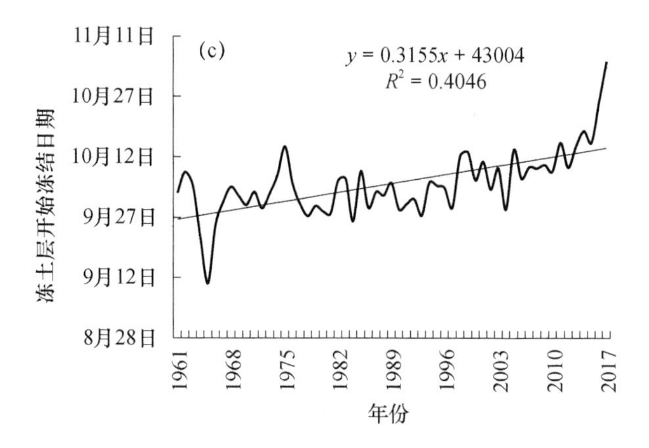

图 6-20　1961—2017 年三江源地区平均年最大冻土深度(a)、冻土层完全融化日期(b)、冻土层开始冻结日期(c)变化曲线

从冻土层完全融化日期变化率空间分布来看，除尖扎以 2.2 d/10 a 的速率呈推迟趋势外，其余各地冻土消融日均呈提前趋势，平均每 10 a 提前 0.8～25.2 天，其中泽库、玛多、清水河、玛沁平均每 10 a 提前 10 d 以上，玛多提前最明显(图 6-21b)。

各地冻土层开始冻结日期变化趋势表现不同，玛多、班玛、尖扎冻土层开始冻结日期有所提前，平均每 10 a 提前 1.5～8.5 d，其中玛多提前最明显；其余各地均呈推后变化趋势，其中治多、曲麻莱、清水河等地平均每 10 年推迟 10.3～23.3 天以上，曲麻莱推迟最明显(图 6-21c)。

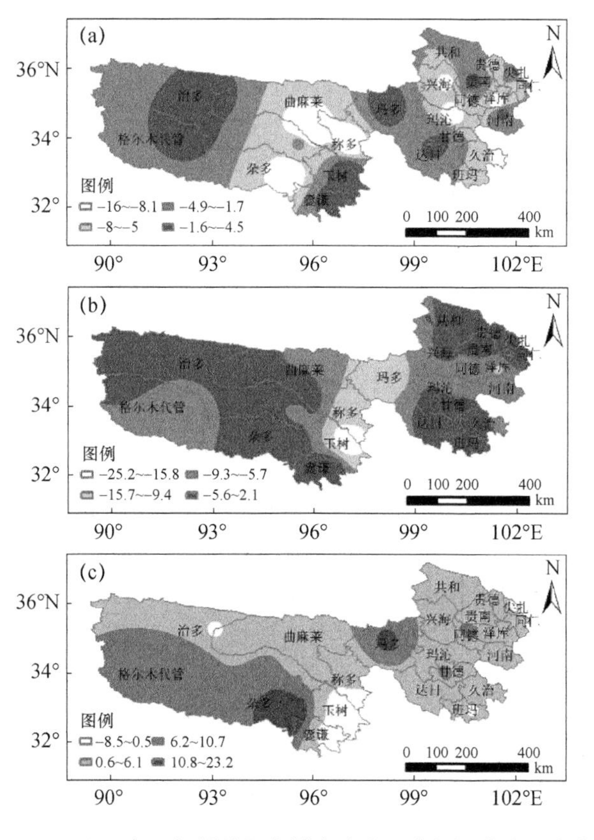

图 6-21　1961—2017 年三江源地区年最大冻土深度(a)、冻土层完全融化(b)及开始冻结日期(c)变化率空间分布(单位：cm/10 a、d/10 a)

(2)青海湖流域冻土现状

冻土环境是青海湖流域草甸生长和发育至关重要的条件,也是影响建筑工程的关键因素。1981—2017 年青海湖流域多年平均年最大冻土深度为 149.2 cm。1981—2017 年青海湖流域观测的季节冻土层温度显著升高,其年平均地面温度增温速率达到每 10 a 0.7 ℃,其中 2013 年地面温度达到 6.6 ℃,为 1981 年以来历史最高极值(图 6-22a)。受其影响,1981—2017 年季节冻土的冻结深度显著变浅,季节冻土厚度变薄,其中年最大冻土深度以每 10 a 15.3 cm 的速度减小,2017 年年最大冻土深度为 129.5 cm,为 1981 年以来历史最低极值(图 6-22b)。

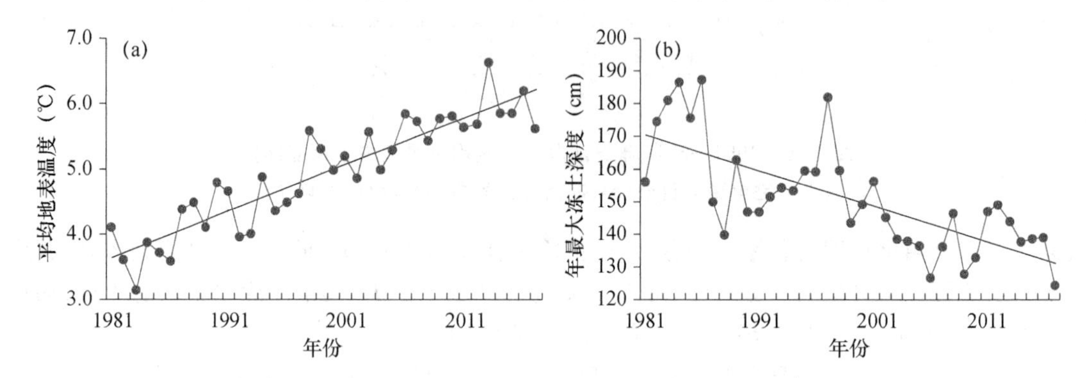

图 6-22　1981—2017 年青海湖流域平均地表温(a)、年最大冻土深度年际变化曲线(b)

6.3.2.2　冻土预估模型

李新等(2002)对冻土-气候关系模型做了分类。可以大致分为 2 类:一是建立在冻土传热学基础上的物理模型。它们的最大优点是动态性适用范围广、不只局限于极地或高海拔地区,因而具有普适性。但物理模型在用于实际的冻土分布模拟和冻土变化预测时,只能对大多数参数和初始条件的取值作出假设,而很难根据实测的参数值进行计算,因为它们需要的参数过多,而通常对冻土的观测,尤其是冻土热学特性的观测是极为有限的。二是经验模型,或某些半经验、半物理的模型大多只使用有限的变量,而且这些变量通常容易得到。这类模型的另外一个特点是使用 GIS,以获得变量的空间分布,同时也使模型具有空间性。它们的缺点是只能预测冻土存在与否,而难以模拟冻土在深度廓线上的变化。从另一个角度讲,它们都是静态模型,不使用微分方程描述模型,不能模拟冻土随时间的动态变化。即当影响冻土分布的变量达到某状态后,冻土分布迟早会发生相应的变化,但这种变化在时间上具有滞后性。

在中国西部高山、高原地区,高海拔多年冻土下界值与纬度有密切的关系。不同作者对多年冻土下界分布高度曾做过大量的研究。丁德文(1998)认为,多年冻土下界高度主要与纬度、年平均气温、高度变化率和年平均地气温差有关,汪青春等人并根据年平均气温与海拔、纬度的统计关系,得到青海高原多年冻土下界分布高度模型:

$$H=\frac{56.02-T-1.02L}{0.562}\times 100 \tag{6-30}$$

式中:H 为多年冻土下界海拔(m);T 为年平均气温(℃),L 为纬度(°)。

由于 21 世纪 80 年代以来青海高原气候明显变暖,比较 1961—1990 年和 1971—2000 年青海高原年平均气温和地面温度值,年平均地面温度上升 0.3 ℃,年平均气温上升 0.4 ℃。根据式(6-30)计算表明,在假定各纬度带增温幅度相同的情况下,由于年平均地面温度上升

0.3 ℃，使得多年冻土下界分布高度上升约 71 m，此数值与表 6-6 的巴颜喀拉山两侧实测多年冻土退化幅度相接近。

表 6-6 巴颜喀拉山两侧多年冻土退化幅度统计

地貌部位	纬度(°N)	多年冻土下界海拔高度(m)		退化幅度(m)
		1991 年	1998 年	
北坡(野牛沟)	34.20	4320	4370	>50
南坡(查龙穷)	34.00	4490	4560	>70

根据未来数据预估，巴颜喀拉山附近的玛多站，到 2050 年，年平均地表温度上升了 0.5 ℃，多年冻土下界分布高度上升 88 m，与表 6-6 中的结果比较吻合。

6.3.2.3 冻土变化预估

(1)三江源冻土预估

依据青海高原多年冻土下界分布高度模型，到 2050 年，巴颜喀拉山附近的玛多站年平均地表温度上升 0.5 ℃，多年冻土下界分布高度将上升 88 m。采用 HADCM2 预测的气温背景，长江源青藏公路沿线到 2099 年极稳定带分布面积由现在的占 5.59%减少到 0.65%，稳定带分布面积由现在的占 16.32%减少到 3.2%；亚稳定带由现在的占 25.5%减少到 17.43%。到 2099 年后，青藏公路沿线的多年冻土发生大面积退化，融区面积逐渐增大，多年冻土地温带谱中上带仅保留了稳定带，极稳定带全部消失，稳定带和基本稳定带全部转为不稳定带(吴青柏等，1995，2001)。模拟在年增温 0.04 ℃背景下多年冻土分布 50 a 后的变化情况，结果表明，年平均地温在气候变暖情形下发生不同程度的增温现象，但多年冻土没有大规模退化，比较明显的退化现象发生在多年冻土边缘地区，多年冻土总面积减少了约 12 万 km^2(沈永平等，2002)

(2)青海湖流域冻土预估

据青海省气候变化监测评估中心预估，在未来温室气体中等排放情景下，2016—2035 年间青海湖流域年平均气温在 0.95～1.5 ℃。根据气温与地表温度、冻结期、冻土深度的相关关系，预估在中排放情景下，未来 20 a 青海湖流域年平均地表面温度在 4.3～6.4 ℃(图 6-23a)，较 1984—2013 年平均升高 2.0 ℃，受地温上升影响，冻土退化趋势趋于加重，冻土冻结期较 1984—2013 年平均缩短 12 d，最大冻土深度减少至 150～168.6 cm，与前 30 a 平均相比减小 46 cm(图 6-23b)。

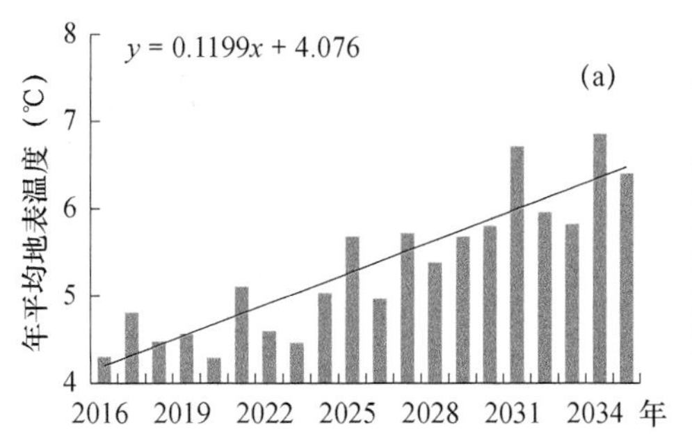

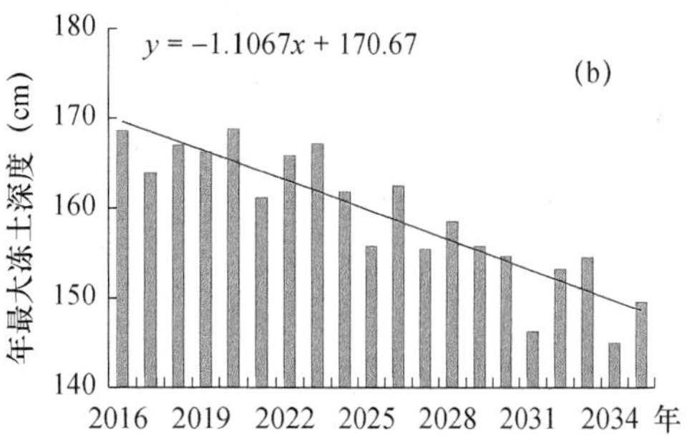

图 6-23 2016—2035 年青海湖流域年平均地表温度(a)及最大冻土深度(b)变化趋势

在未来气候变暖的背景下，青海湖流域冻土将继续出现冻土温度上升、冻结时间缩短、冻土深度变浅等退化问题，可能使冻土控制植被适应寒旱生境的能力、冻土中的大厚度区域性隔水层及其活动层对水资源的调节作用等特殊生态环境功能减弱；影响工程建筑稳定性的冻胀、融沉地质功能将增强，从而可能加速高寒草场的退化和地表水资源的减少，引发出更多的冻土区工程地质问题。同时，冻土持续退化可能使赋存于高寒草地和维系高寒草地生长发育的多年冻土表部的冻结层地下水水位下降或消失，从而引发并加剧高寒草地的草地退化、沙漠化、盐渍化和水环境的变异。

6.4 气候变化对生态系统影响预估产品

目前，气候变化对生态系统影响的预估产品主要是《青海省气候变化监测评估专题报告》，报告主要针对未来气候变化及其对生态承载力、冻土、河流径流量等生态指标的可能影响进行预评估。举例如下。

6.4.1 气候变化趋势预估类

案例 1：青海省五大生态功能区未来气候变化趋势预估

产品背景：政府在生态保护与建设的工作中，对青海省典型生态功能区未来的气候变化较为关注，有此方面的服务需求。因此，本产品主要针对东部农业区、祁连山区、环湖地区、柴达木盆地及三江源区五大生态功能区，对 2019—2050 年气候变化趋势进行定量预估，要素主要包括气温、降水和蒸发。

产品内容：根据国家气候中心对未来温室气体中等排放情景下（CO_2 浓度约 650 ppm）21 个全球气候模式预估订正结果，预计到 2050 年，与气候基准年相比，青海省各地气温升高 1.10～1.20 ℃（图 6-24），降水量增加 0.3%～9.2%，蒸发量增加 1.8%～10.4%。其中三江源区气温升高、蒸发增大幅度最为显著，分别为 1.18 ℃和 7.2%，东部农业区降水量增加最明显（7.9%）；而柴达木盆地降水量和蒸发量增加幅度最小（均为 3.2%）；祁连山区和环青海湖区升温幅度（均为 1.12 ℃）低于其他生态功能区（表 6-7）。为更好地适应未来气候变化，建议构建生态环境监测网络，推进农牧业结构调整，充分利用气候资源，最大限度地趋利避害。

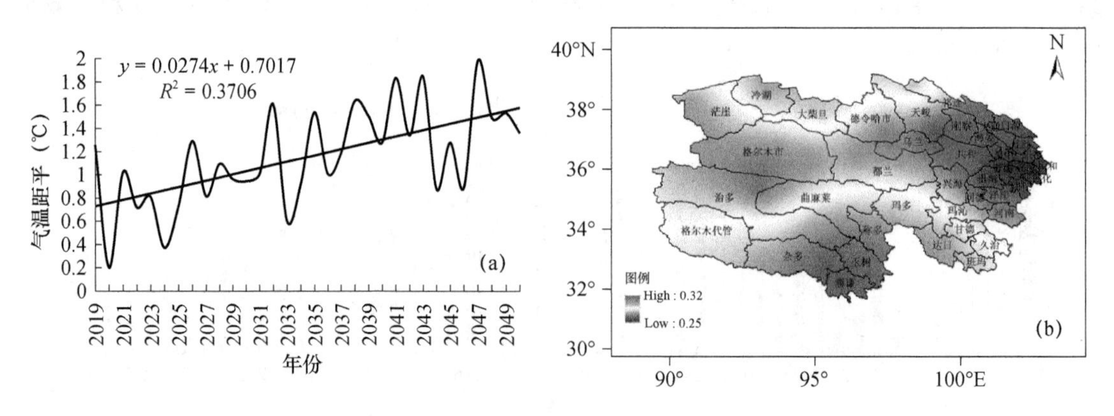

图 6-24 2019—2050 年青海省年平均气温距平时间变化(a)和空间变率分布图(b)(单位：℃，℃/10 a)

表 6-7　未来不同时间段内平均气温距平值(℃)

时段	东部农业区	祁连山区	环湖地区	柴达木盆地	三江源区
2019—2030 年	0.83	0.81	0.82	0.86	0.88
2031—2040 年	1.24	1.19	1.21	1.21	1.24
2041—2050 年	1.40	1.42	1.39	1.44	1.49
2019—2050 年	1.14	1.12	1.12	1.15	1.18

案例 2：三江源极端气候事件变化的事实、未来趋势及其可能的影响与对策建议

产品背景：IPCC 第四次评估报告指出，全球变暖正在导致并将继续导致更多的极端天气事件发生。虽然极端气候事件是发生概率极小的事件，但是与此相关的任何变化都可能对自然和社会产生重大影响，尤其是在对全球气候变化反应敏感、生态环境脆弱的三江源地区更是如此。加强对极端气候事件的分析，将有助于加深对全球变暖背景下三江源地区气候变化规律的认识，有利于今后更好地趋利避害。

产品内容：对三江源 1961—2000 年的极端高温事件、极端低温事件及极端降水事件进行了频次统计及趋势分析，并预估了未来温室气体中等排放情景下，2011—2050 年三江源地区极端气候事件的变化趋势(图 6-25)。提出了增强风险防范和管理意识等对策建议。

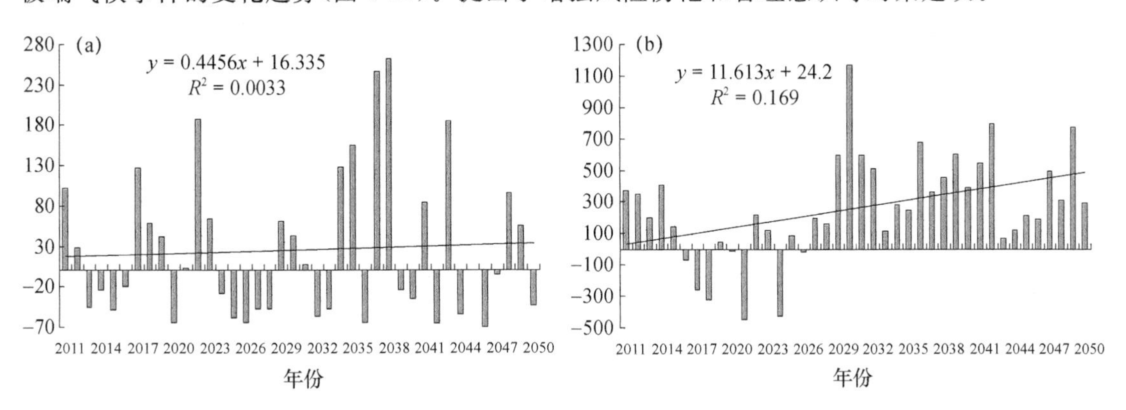

图 6-25　2011—2050 年三江源地区严重干旱事件(a)、暴雨事件(b)发生频次距平变化趋势

6.4.2　对水资源、生态环境影响预评估类

案例 1：未来黄河上游和长江源区水资源变化趋势及对策建议

产品背景：近 50 a 来，在气候干旱化和不合理的人类活动的共同作用下，青海水资源发生明显变化。因此，有必要对未来水资源变化趋势进行预估，为政府及有关部门提供参考。

产品内容：未来 35 a 黄河上游流量呈减少趋势，长江源区流量呈增加趋势(图 6-26)。黄河上游流量减少将造成断流现象频繁发生，对青海省乃至整个黄河流域社会、经济的可持续发展产生较大影响。长江源区流量增加，将使长江源区的植被得到明显恢复，有效抑制了沙漠化的发展，但其流量的增加量可能主要来自冰川融水的增加，如果未来趋势果真如此，这种以冰川消融为代价的流量增加趋势未必真正值得乐观，而气候变暖趋势下冰川消融可能会带来的一系列不利影响更应得到及早关注。

案例 2：未来青海湖水位可能回升，抓住机遇恢复青海湖周地生态

产品背景：近 50 a，受气候变暖影响，青海湖水位在波动中呈持续下降趋势，湖周地区出现

了草地退化、土地沙化及河流干涸等严重的生态退化问题，一度引起社会的普遍关注。

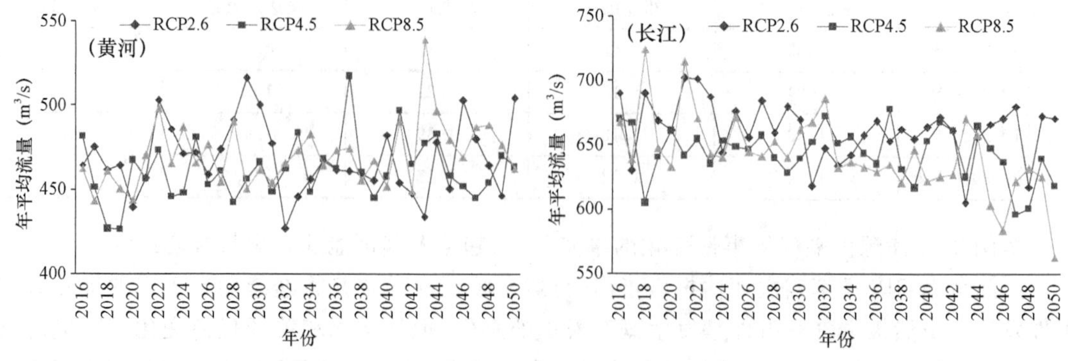

图 6-26 RCPs 情景下未来 35 年黄河上游和长江源区流量变化趋势预估值

产品内容：近 50 a，受气候暖干化和人类活动加剧的共同影响，青海湖水位在波动中呈持续下降趋势，湖周地区出现了草地退化、土地沙化及河流干涸等严重的生态退化问题，一度引起社会的普遍关注。而近 6 a 水位持续上升为近 50 a 来首次出现，使水位持续下降趋势趋缓，水资源短缺问题得到初步缓解。在全球持续变暖的背景下，未来几十年湖泊水量收支将可能会出现盈余，水位仍可能以上升为主(图 6-27)。为此，我们提出了抓住有利时机，恢复青海湖周地生态环境的一些对策措施，供省委、省政府和有关部门决策参考。

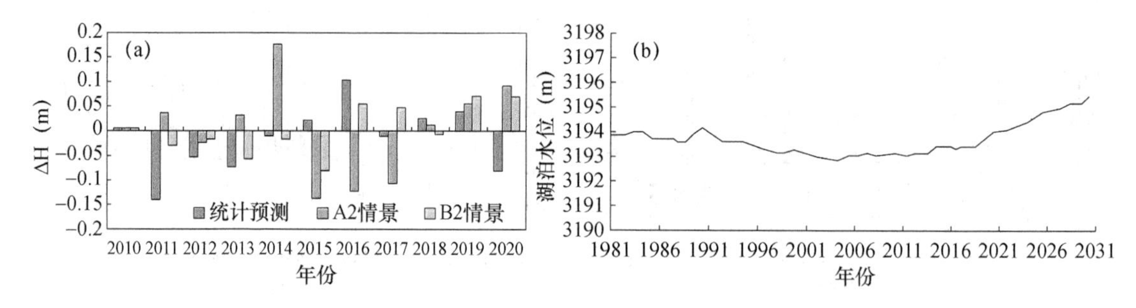

图 6-27 未来不同时期 PRECIS 模式(a)及 ECHAM5 模式(b)模拟青海湖水位变化

案例 3：未来青海湖流域冻土可能变化趋势及影响

产品背景：冻土环境是青海湖流域草甸生长和发育至关重要的条件，也是影响建筑工程的关键因素。在气候变暖的背景下，青海湖流域冻土出现冻土温度上升、冻结时间缩短、冻土深度变浅等退化问题，因此，研究冻土退化可能带来的影响和风险，是政府及公众普遍关心的问题。

产品内容：冻土是土壤状况的一个重要部分，冻土环境对农牧事活动、建筑行业等有着举足轻重的影响。在气候变暖的背景下，近 30 a 青海湖流域由于气温显著升高，致使流域冻土层温度升高明显，冻土冻结深度变浅，厚度变薄，其中年最大冻土深度以每 10 a 22.8 cm 的速度减小，冻土冻结时间缩短。预计未来 20 a，受地温上升影响，流域冻土退化将趋于加重(图 6-23)，因此，我们提出加强生态监测，规范人为活动等措施，为冻土环境保护等生态建设提供参考。

案例 4：未来气候变化情景下三江源生态风险预估

产品背景：气候是影响自然生态系统的活跃因素，是自然生态系统状况的综合反映，因此，研究未来气候变化对生态环境可能带来的影响和风险，也是政府及公众普遍关心的问题。

产品内容：到 2050 年，在未来温室气体中等排放情景下，三江源各地气温将升高 1.4～1.8 ℃，降水量增加 0.5%～7.8%，极端高温和暴雨事件可能增多。受气候暖湿化趋势影响，预计源区植被朝良性态势发展，覆盖面积将不断增加（图 6-28）；湖泊面积扩大，长江源区河流径流量增多；但气温升高产生的负面效应也将凸显，黄河上游河流径流量可能减少，冻土退化明显，长江源区冰川面积萎缩。为更好地适应未来气候变化，建议加强三江源生态环境保护，发展现代化畜牧业，确保生态、经济和社会的和谐发展。

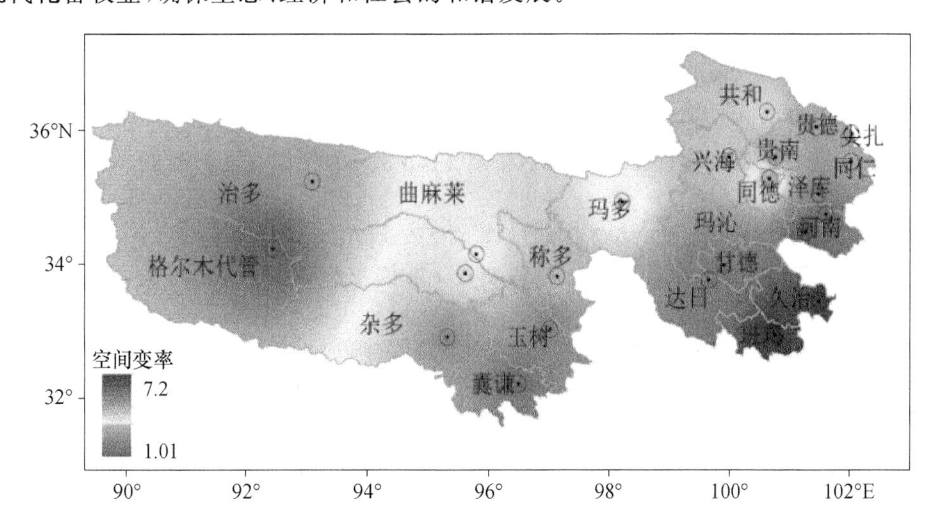

图 6-28　2018—2050 年三江源植被覆盖度的空间变率分布（单位：%/10 a）

参考文献

曹明奎，李克让，2000. 陆地生态系统与气候相互作用的研究进展[J]. 地球科学进展，15(004)：446-452.

陈波，2001. 陆地植被净第一性生产力对全球气候变化响应研究的进展[J]. 浙江林学院学报，18(4)：445-449.

丁德文，1988. 我国冻土热学理论研究[J]. 冰川冻土，10(03)：312-318.

丁一汇，任国玉，2008. 中国气候变化科学概论[M]. 北京：气象出版社.

丁永建，赵求东，吴锦奎，等，2020. 中国冰冻圈水文未来变化及其对干旱区水安全的影响[J]. 冰川冻土，42(01)：23-32.

段克勤，姚檀栋，石培宏，等，2017. 青藏高原东部冰川平衡线高度的模拟及预测[J]. 中国科学：地球科学，47(01)：104-113.

方潇雨，李忠勤，Wuennemann B，等，2015. 冰川物质平衡模式及其对比研究——以祁连山黑河流域十一冰川研究为例[J]. 冰川冻土，37(02)：336-350.

冯婧，2012. 多全球模式对中国区域气候的模拟评估和预估[D]. 南京：南京信息工程大学.

高桥浩一郎，王长根，1980. 根据月平均气温，月降水量推算蒸散量[J]. 气象科技(S4)：50-52.

侯英雨，毛留喜，李朝生，等，2008. 中国植被净初级生产力变化的时空格局[J]. 生态学杂志(09)：1455-1460.

赖祖铭，1997. 试论温室效应对我国西部河川径流的影响[J]. 冰川冻土，19(01)：12-18.

蓝永超，王书功，丁永建，等，2004. Local Modeling 模型及其在黄河上游月径流预测中的应用[J]. 冰川冻土，26(3)：344-344.

李新，程国栋，2002. 冻土-气候关系模型评述[J]. 冰川冻土，24(03)：315-321.

李忠勤，王飞腾，李慧林，等，2018. 长期冰川学观测引领大陆性和干旱区冰川变化与影响研究[J]. 中国科学院院刊，033(012)：1381-1390.

刘时银,郭万钦,许君利,2012. 中国第二次冰川编目数据集(V1.0)(2006—2011)[DB]. 国家青藏高原科学数据中心,DOI:10.3972/glacier.001.2013.db.

刘时银,姚晓军,郭万钦,等,2015. 基于第二次冰川编目的中国冰川现状[J]. 地理学报,70(001):3-16.

刘文杰,2000. 西双版纳近40年气候变化对自然植被净第一性生产力的影响[J]. 山地学报(04):296-300.

刘宇硕,秦翔,张通,等,2012. 祁连山东段冷龙岭地区宁缠河3号冰川变化研究[J]. 冰川冻土,34(05):1031-1036.

林慧龙,常生华,李飞,2007. 草地净初级生产力模型研究进展[J]. 草业科学,24(12):26-29.

朴世龙,方精云,郭庆华,2001. 利用CASA模型估算我国植被净第一性生产力[J]. 植物生态学报(05):603-608.

齐冬梅,李跃清,陈永仁,等,2015. 气候变化背景下长江源区径流变化特征及其成因分析[J]. 冰川冻土,37(04):1075-1086.

沈永平,王根绪,吴青柏,等,2002. 长江-黄河源区未来气候情景下的生态环境变化[J]. 冰川冻土,24(03):308-314.

施雅风,2001. 2050年前气候变暖冰川萎缩对水资源影响情景预估[J]. 冰川冻土,23(04):333-341.

施雅风,2002. 对青藏高原末次冰盛期降温值、平衡线下降值与模拟结果的讨论[J]. 第四纪研究(04):312-322.

苏珍,施雅风,2000. 小冰期以来中国季风温水川对全球变暖的响应[J]. 冰川冻土,22(3):223-229.

孙美平,刘时银,姚晓军,等,2015. 近50年来祁连山冰川变化——基于中国第一、二次冰川编目数据[J]. 地理学报,70(09):1402-1414.

王欣,谢自楚,冯清华,等,2005. 长江源区冰川对气候变化的响应[J]. 冰川冻土,27(04):498-502.

吴青柏,童长江,1995. 冻土变化与青藏公路的稳定性问题[J]. 冰川冻土,27(04):350-355.

吴青柏,李新,李文君,2001. 全球气候变化下青藏公路沿线冻土变化响应模型的研究[J]. 冰川冻土,23(01):1-6.

谢自楚,王欣,康尔泗,等,2006. 中国冰川径流的评估及其未来50a变化趋势预测[J]. 冰川冻土,28(04):457-466.

姚檀栋,2002. 青藏高原冰芯研究成果简介[J]. 中国科学基金(02):34-36.

于贵瑞,2003. 全球变化与陆地生态系统碳循环和碳蓄积[M]. 北京:气象出版社.

张宏,樊自立,2000. 塔里木盆地北部盐化草甸植被净第一性生产力模型研究[J]. 植物生态学报,24(001):13-17.

张佳华,符淙斌,延晓冬,等,2002. 全球植被叶面积指数对温度和降水的响应研究[J]. 地球物理学报,45(005):631-637.

张新时,1993. 研究全球变化的植被-气候分类系统[J]. 第四纪研究(02):157-169,193-196.

章新平,姚檀栋,1993. 祁连山敦德冰帽冰芯中气候记录的综述[J]. 新疆气象(06):1-6.

赵芳芳,徐宗学,2009. 黄河源区未来气候变化的水文响应[J]. 资源科学,31(05):722-730.

中国气象局气候变化中心,2018. 中国气候变化蓝皮书(2017)[R].

周广胜,郑元润,陈四清,等 1998. 自然植被净第一性生产力模型及其应用[J]. 林业科学,34(5):2-11.

周涛,史培军,孙睿,等,2004. 气候变化对净生态系统生产力的影响[J]. 地理学报(03):357-365.

Cao M, Woodward F I, 1998. Dynamic responses of terrestrial ecosystem carbon cycling to global climate change[J]. Nature,393(6682):249-252.

Fang J Y,Piao S L,Field C B,et al,2003. Increasing net primary production in China from 1982 to 1999[J]. Front Ecol Environ,1(6):293-297.

Kotlyakov V M,Xie Z C,Khromova T E,et al,2012. Contemporary glacier systems of continental Eurasia[J]. Doklady Earth Sciences,446(1).

Wang N L,Yao T D,Pu J C,1996. Climate sensitivity of the XiaoDongkemadi Glacier in the Tanggula Pass[J]. Cryosphere,18(2):63-66.

附录：正文所对应的彩图

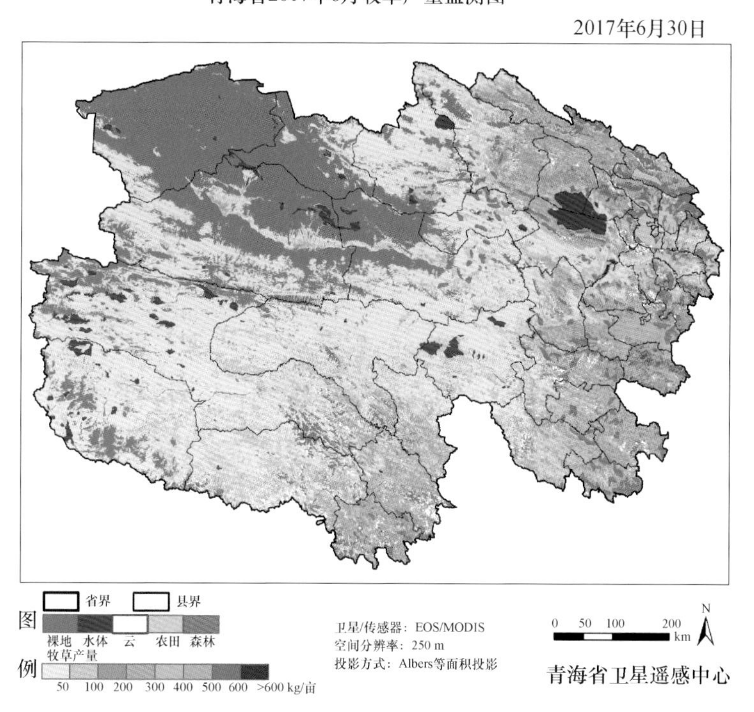
青海省2017年6月牧草产量监测图
2017年6月30日
图例
省界
县界
裸地 水体 云 农田 森林
牧草产量
50 100 200 300 400 500 600 >600 kg/亩
卫星/传感器：EOS/MODIS
空间分辨率：250 m
投影方式：Albers等面积投影
0 50 100 200 km
N
青海省卫星遥感中心

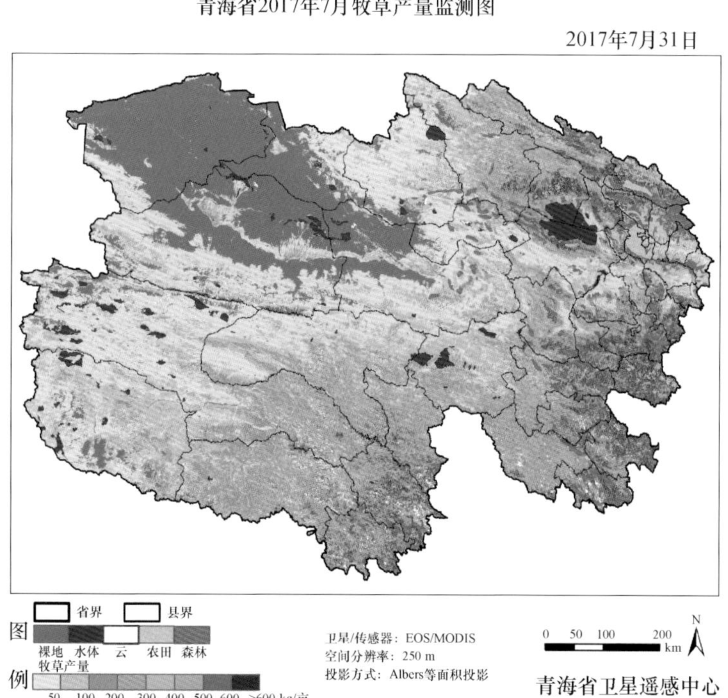
青海省2017年7月牧草产量监测图
2017年7月31日
图例
省界
县界
裸地 水体 云 农田 森林
牧草产量
50 100 200 300 400 500 600 >600 kg/亩
卫星/传感器：EOS/MODIS
空间分辨率：250 m
投影方式：Albers等面积投影
0 50 100 200 km
N
青海省卫星遥感中心

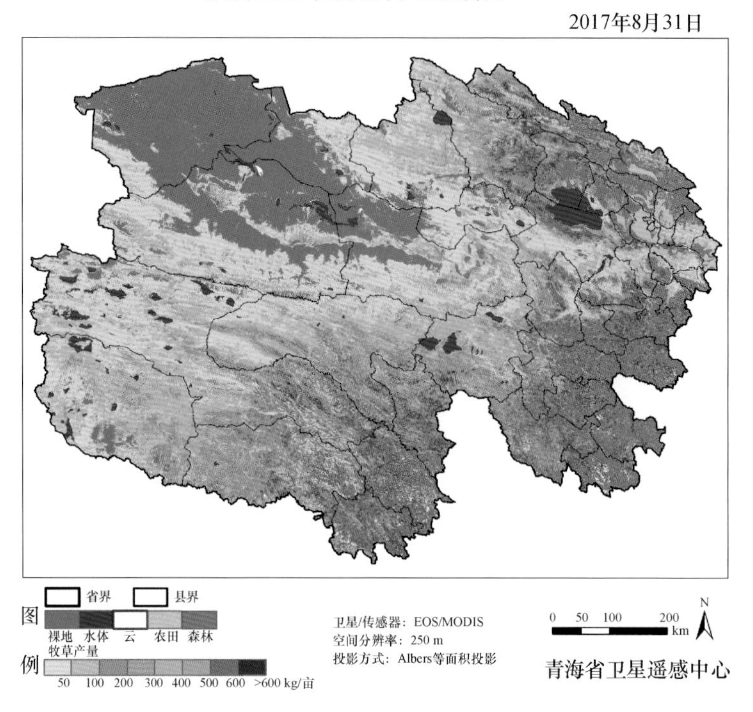

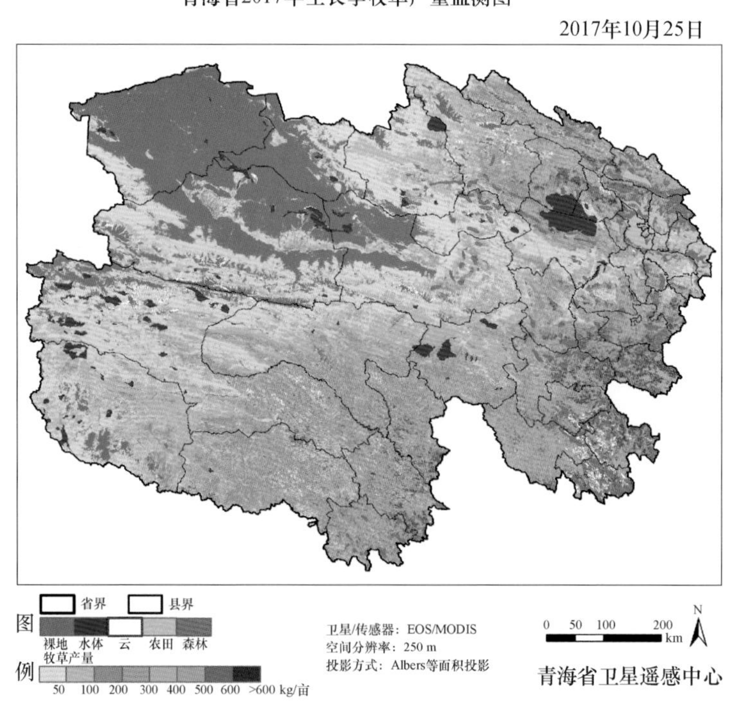

图 5-17 2017 年牧草生育期内 EOS/MODIS 卫星遥感监测图

（正文见 115～116 页）

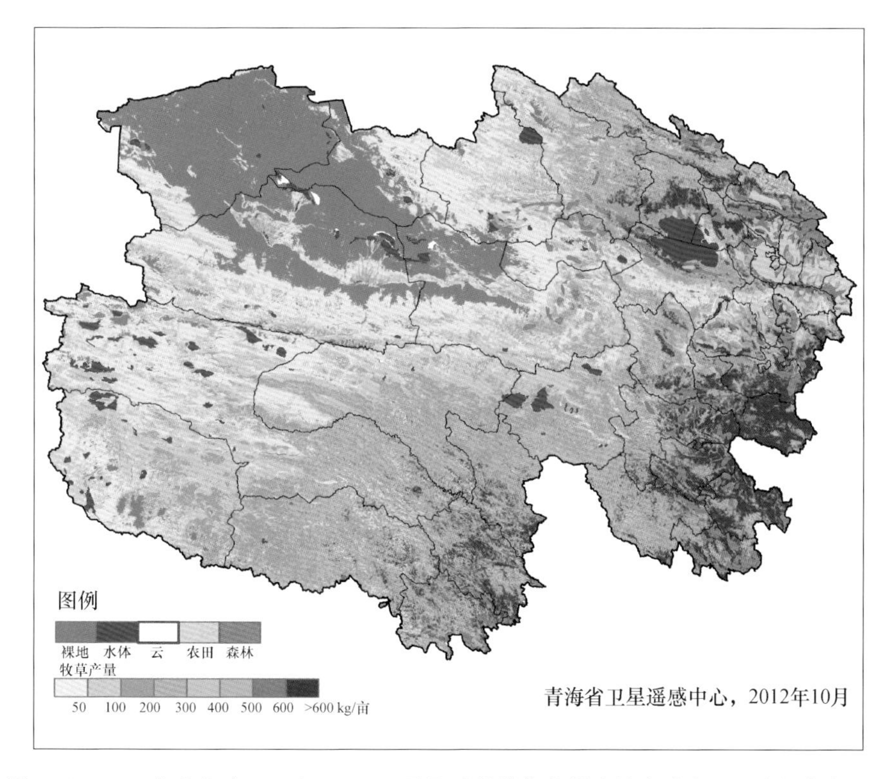

图 5-18 2012 年青海省 EOS/MODIS 卫星夏季植被指数最大值合成产品反演牧草产量图

（正文见 116 页）

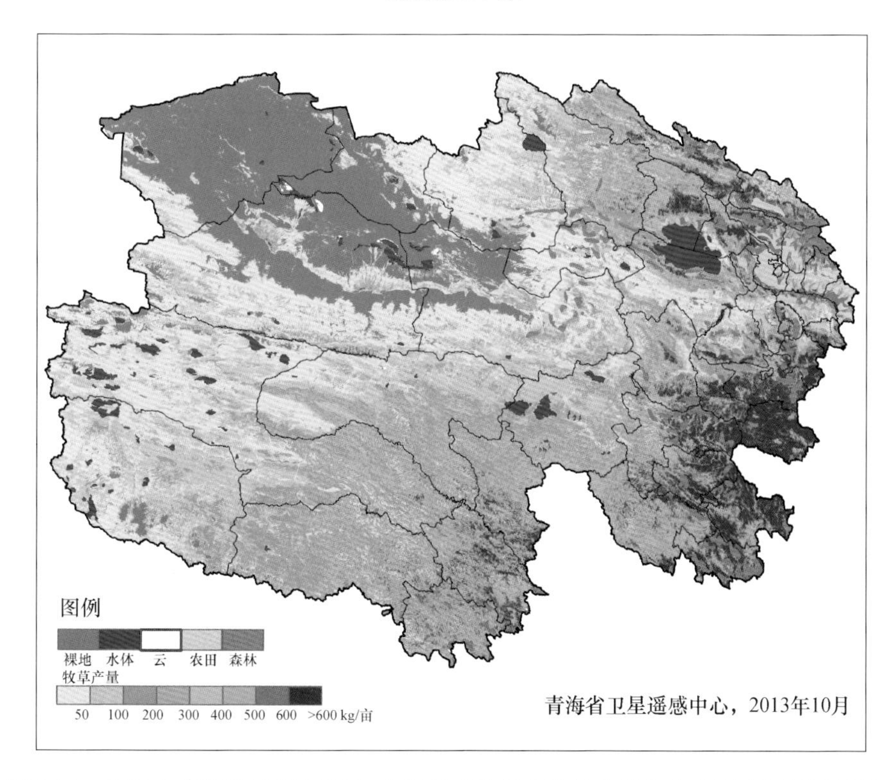

图 5-19 2013 年青海省 EOS/MODIS 卫星夏季植被指数最大值合成产品反演牧草产量图

（正文见 117 页）

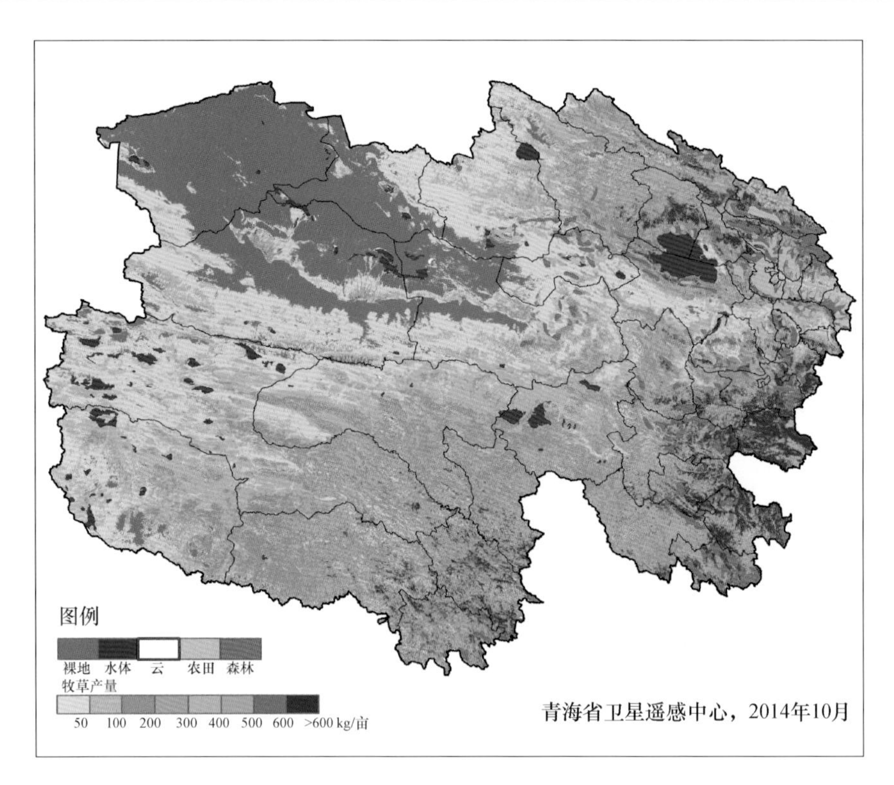

图 5-20 2014 年青海省 EOS/MODIS 卫星夏季植被指数最大值合成产品反演牧草产量图

（正文见 118 页）

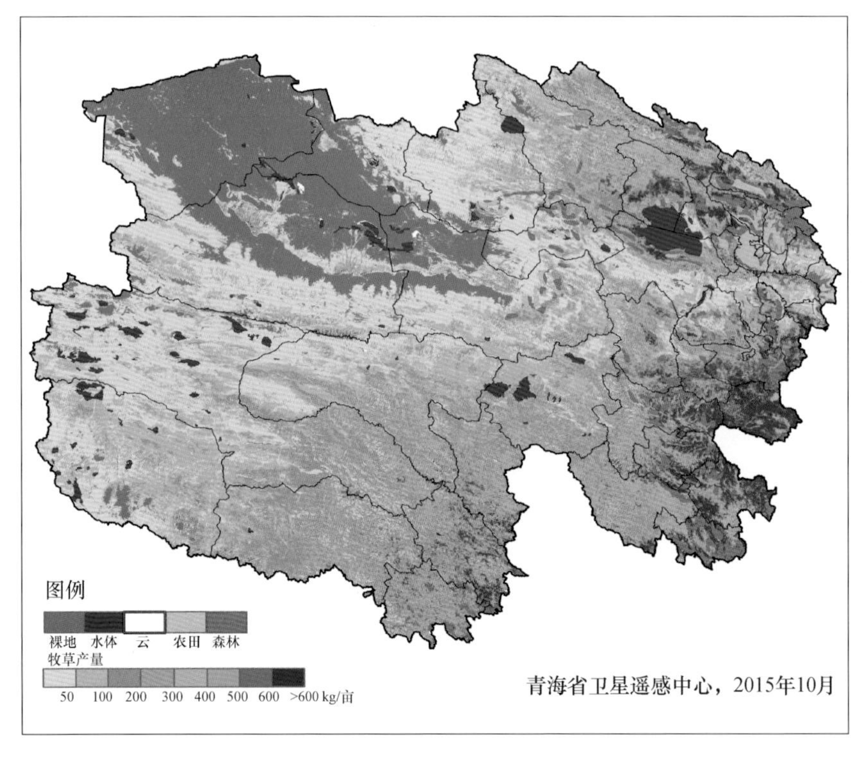

图 5-21 2015 年青海省 EOS/MODIS 卫星夏季植被指数最大值合成产品反演牧草产量图

（正文见 118 页）

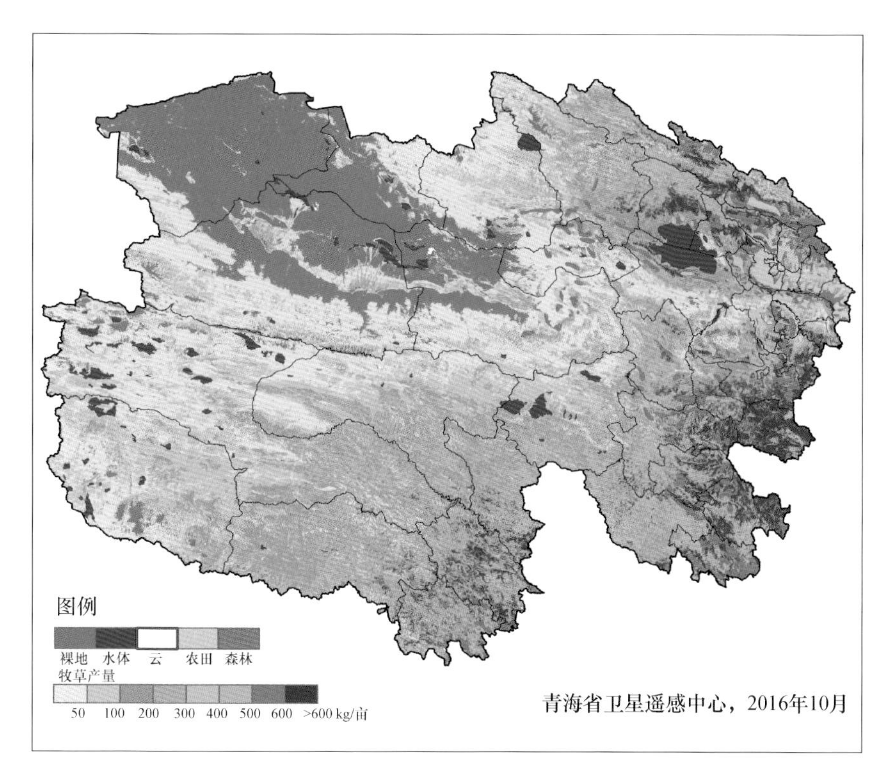

图 5-22 2016 年青海省 EOS/MODIS 卫星夏季植被指数最大值合成产品反演牧草产量图

（正文见 119 页）

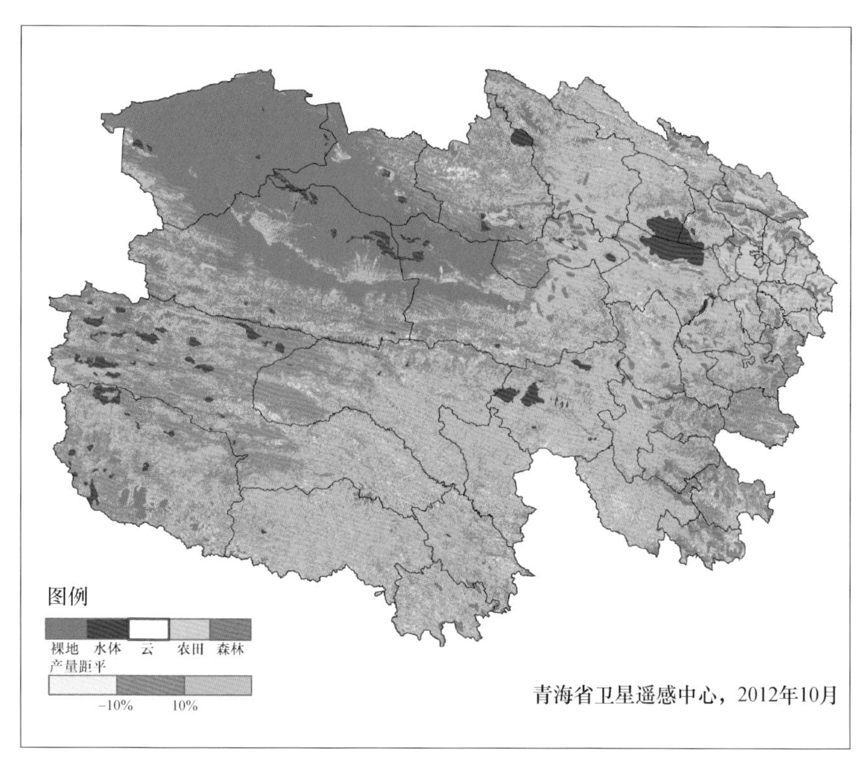

图 5-23 2012 年青海省牧草产量与近五年距平图

（正文见 120 页）

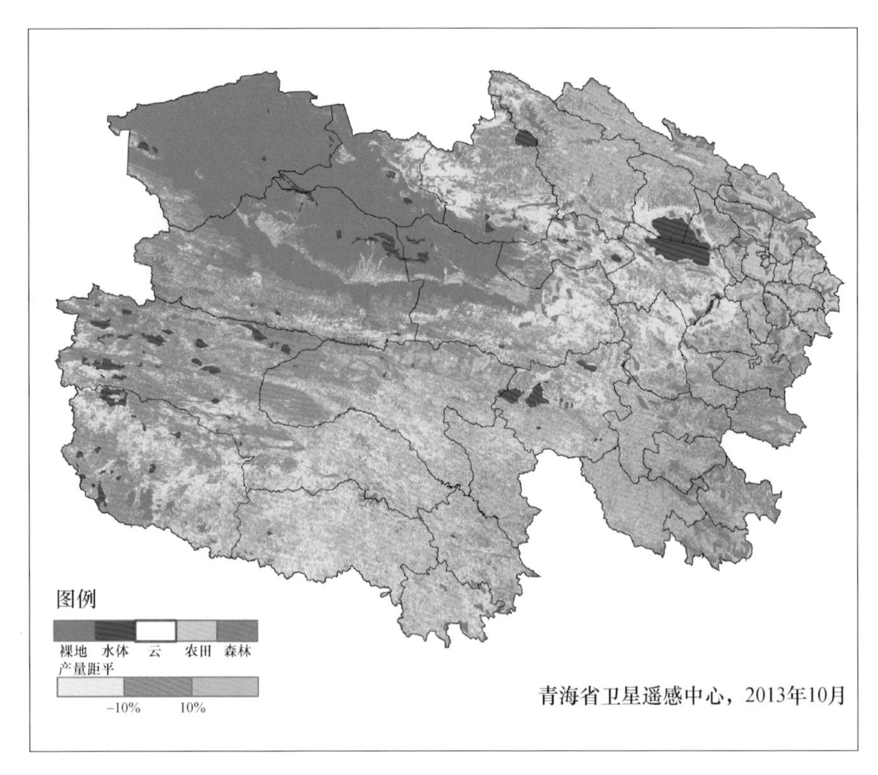

图 5-24　2013 年青海省牧草产量与近五年距平图

（正文见 120 页）

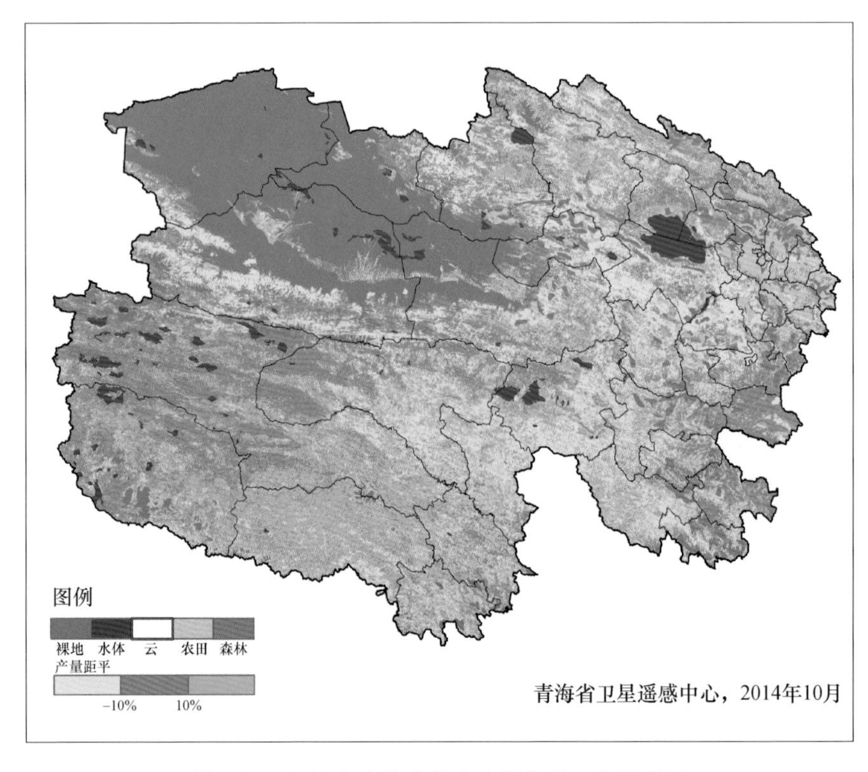

图 5-25　2014 年青海省牧草产量与近五年距平图

（正文见 121 页）

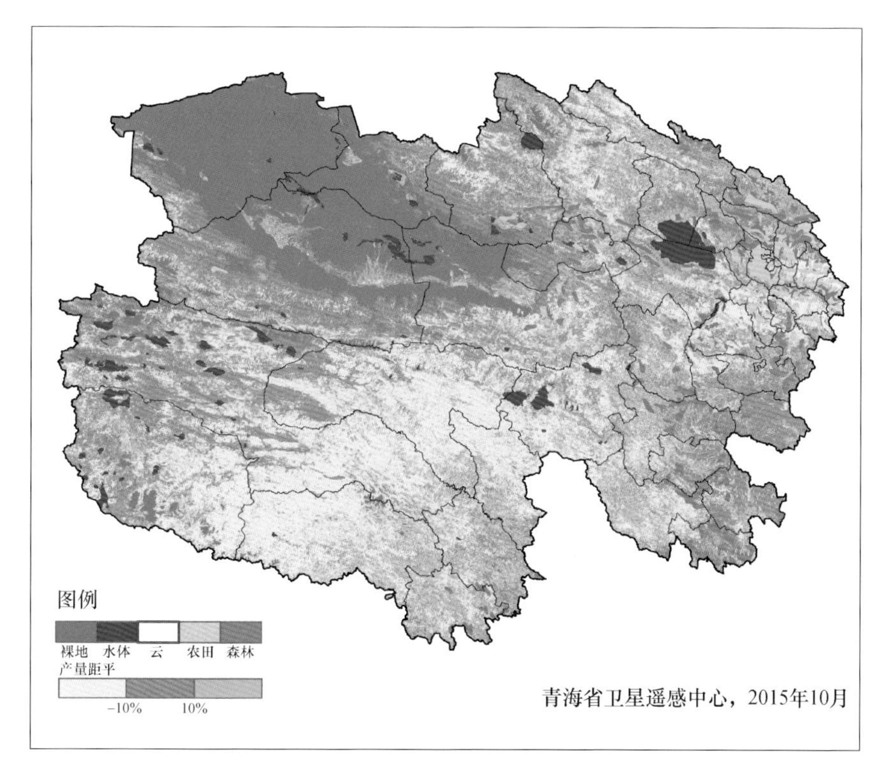

图 5-26 2015 年青海省牧草产量与近五年距平图

（正文见 122 页）

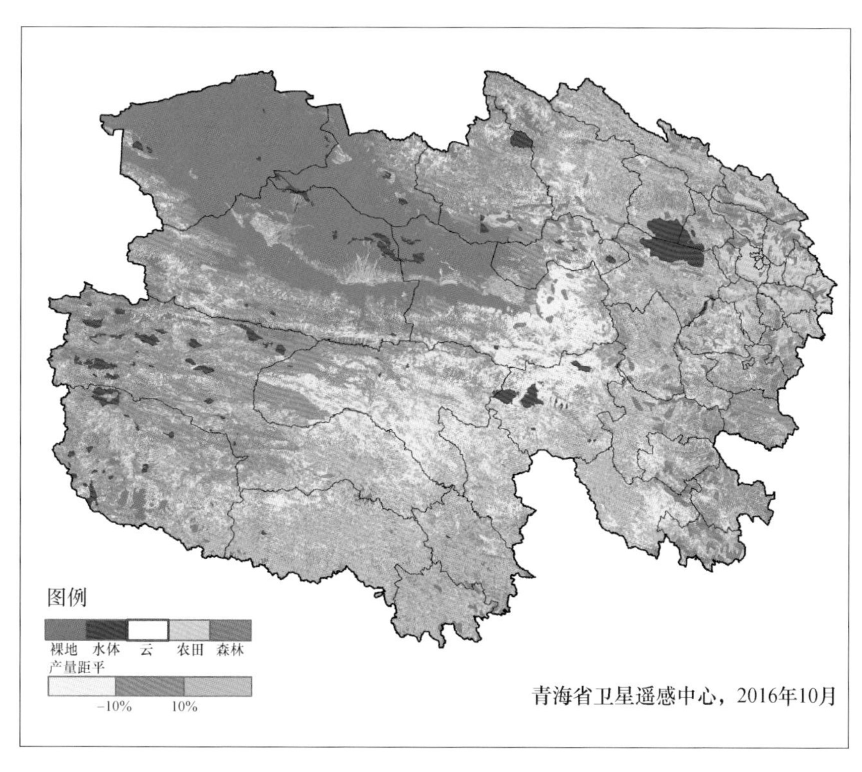

图 5-27 2016 年青海省牧草产量与近五年距平图

（正文见 123 页）

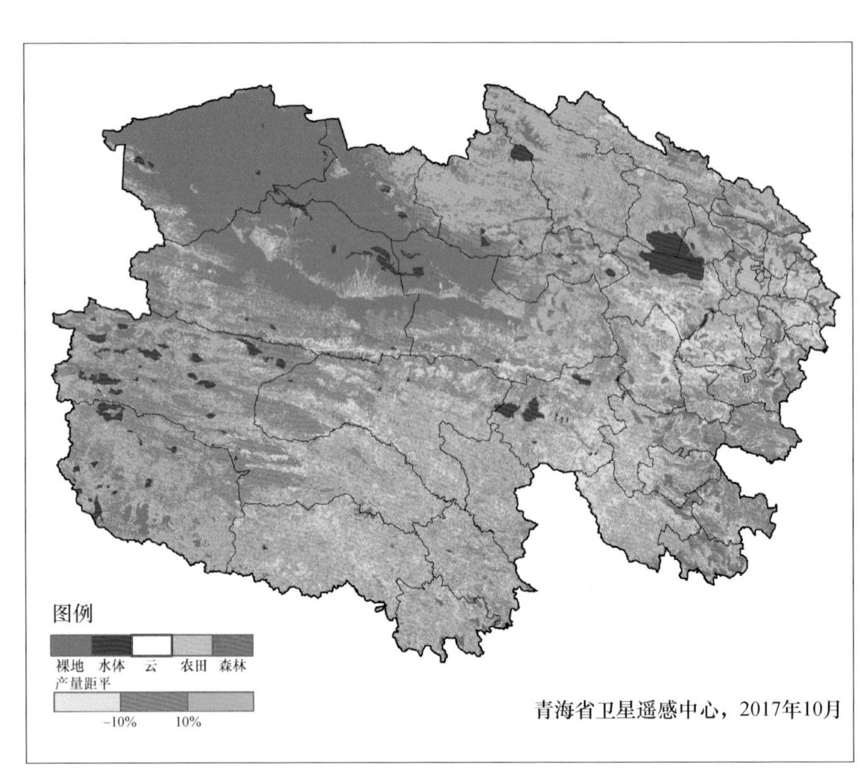

图 5-28 2017 年青海省牧草产量与近五年距平图

（正文见 123 页）